建构中国生命伦理学：新的探索

范瑞平　张颖　主编

中国人民大学出版社
·北京·

前言

是否应当发展中国生命伦理学乃是一个在国内外学界均引发争议的问题。支持者将这一尝试与复兴中华文化、实现中国梦联系起来，反对者则批评这不过是一种“打文化牌”的小动作，没有多大意义。

我们认为，在看到人类文明重叠与相交的同时，必须承认各种文化特质的迥异、其经受的现代境遇的特殊性以及其所追求的终极关怀的不同。由此而言，各个文化传统探索其文化学科的可能性，取决于各个文化中人的文化自觉。虽然生命伦理学涵盖大量的现代医学科技，但更重要的是有关价值取向问题，因此不能回避具体的历史脉络和人文传统。即便在西方，我们看到不少伦理学家致力于研究“基督教生命伦理学”“佛教生命伦理学”，其目的就是在生命伦理学的大框架下强调具体的宗教和文化传统的特殊性以及它们在生活世界中的指导意义。中华文化这一从未间断的古老文明，饱含一系列有关生老病死、人伦天道的价值和资源；与此同时，传统思想必须面对当今蓬勃发展的生命科技以及现代医学所伴随的种种棘手问题，并做出应有的回应。在如此重大的生命伦理关注面前，打牌的比喻似乎过于轻浮。

本书的成果是在《中外医学哲学》期刊及香港浸会大学应用伦理学研究中

心多年来的学术活动的基础上取得的。本书的编者、作者正是这些活动的一部分积极参与人，本书的内容正是他们的最新研究成果。具体说来，本书从一些受到热烈关注的理论和现实问题出发，探索“建构中国生命伦理学”的可能取向、意义、方式、内容及挑战，包括六大部分共25篇文章。这六大部分的标题是：中国生命伦理学的本体论，中国生命伦理学的方法论，生殖科技的挑战，医疗体制的困惑，医患关系的纠结和家庭本位的伦理。本书重视跨文化比较研究的重要性，突出多学科（如科技、医学、哲学、宗教）生命伦理探讨的适用性，涉及尚未得到中文文献研究的一些新的生命技术问题，并且特别强调在已有研究基础上提出新的见解的可能性及突破性。因此，我们希望本书能够填补我国生命伦理学著述的一些不足之处。

读者可以看到，在一些理论及现实问题上，各篇文章的作者存在一些不同的观点及论证。我们认为这不但是正常的，而且是有益的，因为读者可以从中领略问题的复杂性和体会思想的丰富性。最后，对于书中存在的缺点乃至错误，我们诚恳欢迎读者批评和指正。

主编简介

范瑞平，包头医学院医学学士、中国社会科学院研究生院哲学硕士、美国莱斯大学（Rice University）哲学博士，现任香港城市大学公共政策学系生命伦理学及公共政策讲座教授。兼任“亚洲医学哲学及生命伦理学”丛书（Springer）主编、《中外医学哲学》（香港）联席主编、美国《医学与哲学期刊》（*Journal of Medicine and Philosophy*）副主编、《中国医学伦理学》副主编。发表中文论文60余篇、英文论文80余篇。专著有《重构主义儒学：后西方道德问题反思》（英文，2010）和《当代儒家生命伦理学》（中文，2011）。主编及参与主编著作：《儒家生命伦理学》（英文，1999）、《儒家社会与道统复兴》（中文，2008）、《当代中国的儒学复兴》（英文，2011）、《儒家宪政与中国未来》（中文，2012）、《礼学及德性生活》（英文，2012）、《儒家政治制度》（英文，2013）及《以家庭为基础的知情同意》（英文，2015）。

张颖，中国人民大学文学硕士、美国莱斯大学（Rice University）宗教哲学博士。曾任教于美国天普大学（Temple University）宗教系，现执教于香港浸会大学宗教及哲学系，并为浸会大学应用伦理学中心研究员。研究领域包括老庄哲学、佛教哲学、比较哲学及应用伦理学。现任《中外医学哲学》(香港)联席主编，美国 International World Council for Ethical Standards in Healthcare 成员，欧盟 Horizon 2020 Genethics 特邀成员。与伦理学相关的著作包括：《生命伦理学的中国哲学思考》(合著，2013)，“Vulnerability, Compassion, and Ethical Responsibility: A Buddhist Perspective on the Phenomenology of Illness and Health” (2014)，“On Human Rights and Freedom in Bioethics: A Philosophical Inquiry in Light of Buddhism” (2014)， “The Unity of Corporeality and Spirituality: Love in Daoism” (2013)，“ ‘Weapons Are Nothing but Ominous Instruments’: The Daodejing's View on War and Peace” (2012)。

目录

一、
中国生命伦理学的本体论

为什么应该支持发展一门中国生命伦理学?

恩格尔哈特*

中国文化的一个决定性特征根源于儒家思想，这一特征使得中国生命伦理学（作为一门本土的生命伦理学）可以避免当代欧洲所犯的一个危险的错误，即追求一种驱除了任何偶然因素的道德规范和生命伦理。与西方生命伦理学相比，中国传统的生命伦理学更好地理解了人类行为的社会—历史复杂性。儒家传统所提供的人的适当行为观并不仅仅是抽象的、概念性的哲学反思。相反，儒家思想对于个人的正当行为的反思使得人们至少能够珍视家庭的丰富价值。为了更好地理解这一点的重要性，可比较西方传统中对于法律与道德的不同进路：英国的法律与道德观根本不同于希腊—罗马式的法律与道德观，两者反映

* 恩格尔哈特（H. Tristram Engelhardt，Jr.），美国莱斯大学哲学系教授，贝勒医学院医学系荣休教授，《医学与哲学期刊》主编。

在当代英、法两国对于道德和法律所进行的不同反思和对比之中。盎格鲁-撒克逊的普通法根植于这样一种法学方法，即用来区分行为恰当与否的根据乃是习俗和惯例，而不是抽象哲学的概念推演的行为标准。也就是说，普通法对恰当行为的理解扎根于活生生的习俗，而不是抽象干瘪的希腊—罗马式的哲学说明，而后者却是大陆法系的特征。具体说来，希腊—罗马哲学思想塑造了西欧大陆，反映在斯多葛学派和自然法的理解之中，后者构筑了 6 世纪初的《查士丁尼法典》的基本框架，而《查士丁尼法典》又被拿破仑拿来在 1804 年重铸《拿破仑法典》的法学理念。《拿破仑法典》是当今欧洲大陆法系的基础。然而，儒家的法律和道德与普通法类似，并不建立在对于恰当行为的抽象哲学解释上。

中国文化的儒学核心培育和保持了文明和美德的一种综合力量，使得中国的道德观和形而上学观能够承受 20 世纪的种种剧烈与残酷的社会动荡。这些动荡包括 1911 年传统帝国的终结以及 1966 年到 1976 年间的“文化大革命”。中国皇帝曾作为道德关注的制高点，统一了道德和形而上的承诺；中国皇帝也是贯穿一个复杂而古老的文化的协调人。每年都要举行的祭天礼仪使得礼仪行为在文化上所体现的道德承诺深入人心。这一切的核心都在于礼所承担的重要作用：通过礼这一核心观念使得人们能够把对于正当行为的理解与体现美德生活的关键的行为结构统一起来。由这种礼而达成的复杂多样的社会识别系统使得丰富多元的社会和道德关切得以体现，从而不需要假设只有依靠抽象的概念演绎形式才能充分理解这类关切。与之类似，富有复杂象征意义的动作在东正教的礼拜活动，尤其是圣餐仪式中得以展示——它不只是语言，更多的是神父的一组象征性的肢体动作为参与者提供了一种生活方式的意义结构，而这种生活方式的广度和深度远远超出了纯粹的抽象概念可以表达的范围。如同儒家的道德和生命伦理一样，东正教的礼拜仪式也不可能完全用纯粹哲学的概念演绎说明来得到理解。

在这方面，无论儒家还是东正教，都和正统犹太教的理解方式类似：哲学探讨无法穷尽对于正直人生的全部理解。例如，没有哲学论证可以说明为什么不是犹太教牧师的人都不应该穿羊毛和亚麻混合面料的衣服。相反，这被理解为基于上帝意旨的戒令。孔子和亚伯拉罕一样，都是在充分考量了支撑道德和生命伦理的基础性的历史和境遇的特征之后，才给出了什么是恰当行为的说明。他们同康德形成鲜明对比——康德试图寻求普遍理性的命令，为脱离了具体的历史与境遇的、抽象的人提供评判的标准。康德工程的结果是空洞的。也就是说，不同于孔子，康德试图超越性别、种族、历史，因而在完全抛开特殊性和历史性的前提下，构建自己的道德主体。正是这种先于任何特殊性的道德说明特点才是康德的道德观和生命伦理理论在原则上对立于诸如孔子和亚伯拉罕所坚持的具有历史条件的道德观和生命伦理观的根源。儒家思想和儒家生命伦理表明，康德的道德观和生命伦理观错误地固执于过分的抽象。

中国生命伦理学得益于儒家道德观的复兴，它与那种源于康德的道德承诺的生命伦理学——即致力于寻求道德和生命伦理的普遍的、抽象的、理性基础的生命伦理学——大异其趣。例如，正是后一种生命伦理学邀请人们独立于自己的自然性别来选择他们的"性别身份"，从而成为"变性人"。这些，在这种生命伦理学看来都是合适的。在这种情况下，那些想要尝试新的性别的人就可以对自己的性别进行"占卜"，就像人们可以尝试对于已经死亡的、神秘的赫梯语（Hittite）的名词词性进行占卜一样。在此，人们可以联想到，"太阳"一词在拉丁语中是阳性的，而在德语中则是阴性的。的确，名词的性别是具有历史和境遇的偶然性的。然而，如果个人身份中的核心要素脱离了境遇和历史，就会成为任意的捏造或选择："我曾是女人，但我现在是男人。"如果缺失了儒家为中国人所提供的、犹太教为犹太人所提供的那些社会传统和境遇的约束，所有这些都会发生！中国生命伦理学植根于儒家思想，可以显示历史和境遇的适当的规范特征，从而赋予中国生命伦理和道德具体性和洞察力。一种恰当有序的礼可以超越那些纯粹推演性的哲学论述，向人们直接传达美德和力量。其结果之一是对于家庭权威的理解：对于家庭成员相对于家庭中的病人和受试者所具有的权威的理解，从而使得人们有权参与自己配偶的有关临床治疗的沟通与决策。因此，配偶作为有权威的具体人士在具体情况下有权为病人做出医疗知情同意。儒家生命伦理认为，人是处于现实的社会关系网络之中的，而不是那种在确定的境遇之外来为自己做选择的、孤立的、非历史的和没有社会定位的康德式的道德主体。

中国的道德和生命伦理深嵌于浓厚的家庭和社会责任意识中，它不把人置于历史和境遇之外。中国的道德观和生命伦理观肯定家庭的重要性，并根植于家庭境遇之中，它不会将任何人视为独立于复杂的责任关系网络之外的个体。

在这一背景下，我们可以更好地理解以康德为代表的西方道德和生命伦理的发展谱系，并且明白康德的道德观和生命伦理观与中国的道德观和生命伦理观截然不同。按照这一对比，我们能够更好地诊断现代西方的重大智性错误，即企图抛开具体的历史和地域来看待道德和生命伦理。通过支持中国生命伦理学，我们可以更好地认识到，脱离具体的历史和社会结构的道德观和生命伦理观乃是一个危险的现代西方迷思。

（蔡昱 译，范瑞平 校）

中国生命伦理学如何可能

倪培民*

一、问题的提出

中国生命伦理学作为一门学科开创已经有三十多年的历史了，更何况中国古典哲学中就有关于生命伦理的丰富思想，提出“中国生命伦理学如何可能”这个问题也许会让人觉得荒唐。有必要问这么一个问题吗？

事实是，这三十多年来“建构中国生命伦理学”的问题被反复提出来，这本身就是一个值得反思的现象。如许许多多学者反复指出的，作为一门学科，生命伦理学是从西方引入中国的，所用的是西方的范式、标准。生命伦理学作为学科在中国的出现，“是西方生命伦理学的简单移植和嫁接的结果”①。因而前三十多年的中国生命伦理学在相当的程度上是“生命伦理学在中国”，而不是“中国生命伦理学”。生命伦理学是个领域，或者说学科，而中国生命伦理学应当是生命伦理学里的一个有中国特色的理论群，或者说学派。就像“哲学”是个领域，“中国哲学”指的是根植于中国传统的哲学，“医学”是个领域，“中医”是医学中的学派，中国生命伦理学应当是带有中国传统文化和思想特点的生命伦理学，而不是对西方生命伦理学的简单批发介绍。如果本质上没有变化，即便是给它套上了中国传统思想的术语，它还是一个穿了“汉服”的“洋人”。

我这里不准备重复一些学者已经做过并且可以比我做得好得多的工作，即考察生命伦理学在中国内地和香港的发生发展过程。我想借鉴（但不是严格意义上的拷贝）康德提出科学如何可能、道德如何可能之类的问题的视角，来思

* 倪培民，美国格兰谷州立大学哲学系教授，北京大学高等人文研究院执行副院长。

① 边林：《中国生命伦理学建构问题探论：基于历史与逻辑统一的视角》，载《中外医学哲学》，2010，8（2），14页。另参见张颖为《中外医学哲学》［2012，10（2）］所写的导言和范瑞平为该刊2007年5（2）、2009年7（1）、2014年12（2）所写的导言。

考中国生命伦理学如何可能。康德的视角既不意味着科学、道德等存在，也不意味着它们不存在，需要去创建。他提出的这些问题，是考察科学或者道德必须具备什么样的条件才是可能的。同样，本文既不肯定已经存在中国生命伦理学，也不是说它还不存在或者不完善，而是提出康德式的先验问题：中国生命伦理学如何才是可能的，也就是说，只有基于什么样的条件，才有可能出现中国的生命伦理学，而不仅仅是生命伦理学在中国。需要说明的是，这个问题其实非常庞大。我并不想声称我是在系统地回答这个问题。读者最好把我这篇文章当作是对这个问题的一些思考的记述。

让我们首先从许多学者提出的要“构建和创造根植于中国传统伦理文化肥沃土壤中的生命伦理学”的观点出发，来对我提出的问题做进一步的理解。这个观点本身有一个预设，即中国原先并不存在生命伦理学。正因为不存在，所以才需要构建，否则这个命题就没有意义了。但问题是，虽然作为一门学科的“生命伦理学”概念是新近从西方引进的，中国传统思想当中就没有生命伦理学的内容吗？在近代科学出现以前，中国从来没有 H_2O 的概念，但不等于中国直到近代才开始有了水（H_2O）。如果说生命伦理学就是有关生命的伦理学，那么中国传统的伦理学难道都不是关于生命的伦理学？如果中国早就有了生命伦理学，那也就不存在什么构建与创造的问题了；我们面临的问题，充其量也就是发掘整理中国传统生命伦理学思想，并且在与西方生命伦理学和当代生命科学技术及当代社会生活条件的对话当中去实现中国传统生命伦理学的现代转化。如果预设中国原先就不存在生命伦理学，然后去“构建和创造”中国生命伦理学，那么这个中国所没有的，被称作“生命伦理学”的学科，除了是西方既有的那种生命伦理学又能够是什么呢？如果它的原型只能是西方的生命伦理学，那么，要构建中国生命伦理学这个说法本身似乎就已经设定了西方生命伦理学是原型、是标准。

从逻辑上推论，这个问题按理也存在于西方的生命伦理学当中。作为一门学科，生命伦理学在西方也是近半个世纪前才出现的。但生命对西方来说，也不是上世纪才有的新事物。难道西方以前没有关于生命的伦理学？要是没有的话，西方的传统伦理学是关于什么的呢？难道西方两千多年的伦理学都与生命无关，直到半个世纪以前才突然关注起了生命？

对此，生命伦理学的中文翻译可以给我们一点启示。在英语里，生命伦理学是“bioethics”。这个“bio”是起源于希腊文的表示“生命”的前缀词，它主要是指生物学意义上的生命。西方的bioethics的出现，与生物学biology和生物科技biotechnology的发展密切相关。上世纪从生化武器、核武器的研究和使用以及它们造成的严重后果，到生物科技在医学上的广泛使用，包括对自然生殖、成长和死亡过程的干预，都提出了一系列伦理学的新问题，包括生化科技的开发本身是否应该设定限制、医疗体制的公正与公平如何保障等等。正是在那样的背景之下，bioethics吸引了大量的关注，得到了长足的发展。这个起源似乎告诉我们，bioethics的中文翻译严格来说应当是“生物科技伦理学”。如果这样翻译，那就很容易理解为什么中国和西方直到最近才出现了这门学科，而且也容易理解为什么它是从西方引入中国的。在中文里，生命的概念要丰富得多。它包含了所有生命的形态，从最低级的生物到高级的人的生命。而在西方语言当中，“bio”这个词根却把所有的生命都还原到了生物形态！如果我们心里想的是“生物科技”，而用的是比它大得多的“生命”的概念，结果就会无意中把生命问题还原成生物科技问题。这就造成了一个瓶颈，使得丰富的中国传统伦理学的内容或者因其与生物科技无关而游离在外，或者被摄入而与生物科技相关，但却与其产生和发展的背景条件及其自身的逻辑脱离了关系。比如说流行于非洲的女性割礼，如果仅仅从生物医疗科技的角度来理解和评判，显然就会使我们对整个问题本身的理解变得十分贫乏和肤浅。①

正是上述观察可以让我们反过来追问bioethics这个概念本身是否很理想。任何一个概念都是对其对象的限定。生物科技伦理学的问题本身是更为广义的有关生命的伦理学的一部分。把这个部分孤立出来有助于对象的清晰化，同时却也把它与周围其他的内容分割开了，因而也限制了人们的目光，容易使得人们以为它与周围的内容无关。在这个意义上，突破bioethics概念的框架而引入广义的生命概念，反而是有好处的。从中文的“生命伦理学”再重新翻译成英语，变成ethics of life，可以帮助我们把本来仅仅从生物科技的角度来观察的问题放置到更为广阔的角度上来考察。

---

① 参见Jeffrey P. Bishop:《现代自由主义、女性割礼，及传统的合理性》，载《中外医学哲学》，2012，5（1），5～34页。

二、中国生命伦理学的可能性何在

要“构建和创造根植于中国传统伦理文化肥沃土壤中的生命伦理学”这个观点还蕴含着另外一个前提，那就是中国生命伦理学有存在的必要。如果它还不存在，那就有必要去构建这样一个东西；如果已经有了，那就需要去保护、发展它。如果没有存在的必要，那它也就失去了一个重要的可能性的条件。那么为什么它有存在的必要？

有人认为这个需要是基于对不同文化的尊重。生命伦理学这个领域需要体现多元文化，不能以西方的生命伦理学作为唯一的形态，否则就是西方文化霸权。但这样的尊重实际上是个政治权利的问题。我可以尊重你相信 1＋1＝3 的权利，不强制所有的人都接受 1＋1＝2，但这并不意味着 1＋1＝3 是与 1＋1＝2 同样正确的。同样，你可以要求基于对文化的尊重而创建中国生命伦理学，但如果这个文化没有自身的生命力，仅仅依赖于政治的正确，它的可能性也不是学理上的可能性，而是政治的。失去自身生命力而靠政治正确保护以生存，无异于博物馆的标本，失去了真实的可能性。

与此相近的一种态度是邱仁宗先生所批评的“打文化牌”的态度。他告诉我们，“在生命伦理学界有一种说法，现在西方在生命伦理学方面研究得很全面了，我们的唯一出路是‘打文化牌’，即主要利用来自中国文化的理论资源”①。把生命伦理学当作争胜负的角斗游戏，显然不是严肃的学术。在这样的基础上去构建和创造中国生命伦理学，即便是为了争夺民族文化话语权，也只是在学术领域进行的政治角斗，而不是学术活动。不过我相信大多数主张发掘中国传统文化资源的学者并不是在“打牌”。邱先生在那节文字中实际批评的三种现象，即那些“打文化牌”的人对中国传统文化缺乏理解、对现实中的实际问题缺乏分析及对当代生物科技缺乏了解，与“打文化牌”的动机没有必然的关联，但它们确实是所有学者都需要注意防止的问题。

还有一种可能性，那就是强调中国客观条件的特殊，认为这样的客观条件需要中国有自己的生命伦理学规范。比如中国人口众多，资源稀缺。这是中国

① 邱仁宗：《理解生命伦理学》，载《中国医学伦理学》，2015，28（3），301页。

面临的现实条件。这些条件决定了中国在医疗条件上满足个人意愿的可能性受到更大的制约，因而在医疗资源的分配上应更偏向于社群主义，而不那么强调个人的权利。这个观点实际上是普适伦理的一种形态。它强调的不是文化的特殊性，而是客观条件的特殊性。这样的特殊性和“杀人是不道德的，除非是出于正当自我防卫”那样的特殊性没有本质上的区别。带有条件限制的普适原理还依然是普适原理。因此在此基础上建立的生命伦理学，还是“生命伦理学在中国”，而不是“中国生命伦理学”。

比上述三者显得更有学术含量的，是当代著名道德哲学家麦金泰尔（Alasdair MacIntyre）的名著《谁的正义，哪个理性?》里所表达的观点。他认为各种文化造成了特殊的文化环境，不同的传统本身就提供了它自身的合理性的意义圈。换句话说，一个传统的合理性应当在一个传统自身当中去进行质询。并不存在一种能够超脱一切地域性，放之四海而皆准的普遍理性。[①] 运用到讨论中国生命伦理学的可能性，这种观点会认为中国特定文化本身就是中国生命伦理学的存在条件。中国生命伦理学就是被中国的特定文化条件认同为有效的、合理的那种生命伦理学。这显然涉及了道德相对主义这个棘手的问题。如果说一种文化（比如中国封建社会妇女的裹足、溺婴和上古的人殉等习俗）因为曾经或者依然是其当地传统的一部分，就是在那个传统当中合理的，那么任何文化本身就成了它的合理性的保障了。这实际上是循环论证，尽管也许是个很难避免的循环论证。

在我看来，避免这种循环论证的唯一办法，就是以一种我的同事 Stephen Rowe 称为“开放的肯定性”（open definiteness）的态度去与“他者”进行对话。[②] 所谓开放，指的是认识到自己的可错性、有限性，愿意倾听别人的想

---

① 这个观点很自然地令我们想起庄子的话：“既使我与若辩矣，若胜我，我不若胜，若果是也？我果非也邪？我胜若，若不吾胜，我果是也？而果非也邪？其或是也，其或非也邪？其俱是也，其俱非也邪？我与若不能相知也，则人固受其黮暗。吾谁使正之？使同乎若者正之，既与若同矣，恶能正之！使同乎我者正之，既同乎我矣，恶能正之！使异乎我与若者正之，既异乎我与若矣，恶能正之！使同乎我与若者正之，既同乎我与若矣，恶能正之！然则我与若与人俱不能相知也，而待彼也邪?”（《庄子·齐物论》）

② 参见 Stephen Rowe, *Rediscovering the West*, SUNY Press, 1994, p. 93。这里的“他者”可以指别的文化，指自己文化当中的持不同意见者，也可以更加广义地指日新月异的知识、技术和社会条件等等。

法，愿意努力去理解别人，并且在面对确实更有说服力的观点和事实的时候，愿意改变自己原来的观点。所谓肯定性，是指有一个自己的立场和观点，并且在有充分的理由去否定它们以前不随意地放弃这些立场和观点。认识到自己的可错性是开放心态的最基本的规定。那些固执己见、自以为是的人是不会觉得有对话的必要的。他们也许会认真地听别人的想法，希望从中找到可以攻击的漏洞以驳倒或说服对方，但不是为了探讨真理。对此，麦金泰尔曾提出过一个颇有建设性的建议。他说，与其他传统进行有益的对话的一个基本条件，“是设法由我们自己的立场出发，尽可能地将此［即我们自己的观念］视为是最成问题的，而且是最易被对方击败的最软弱的系统。唯有当我们真正认识到这样一种可能性，即自己的观点最终会被我们的理性不得不抛弃的可能性，才能了解自己的观念或理论与实践探索的传统究竟拥有怎样的智识与道德资源，并同时了解对方传统可能拥有的智识与道德资源”①。其实，对自己的文化的更加严格的要求，是在上述的基础上，再从别的文化的立场出发来尽可能苛刻地审视自己的文化。如果在这样的交互审视下它依然显示出不可否认的合理性，那就可以被认作是经得住考验的文化了。

以这样的心态去看待中国生命伦理学的问题，就不会把它当作仅仅是争取文化话语权了。要是中国传统文化确实经不起用开放的肯定性心态去与他者对话，经不起从自我和他者两方面的标准交互审视，那么这样的文化让它成为历史也罢！中国传统文化不能永远以一种他者的形态来寻求包容，满足于在政治正确的保护下获得一席之地，而必须展现其真正的内在价值，来向世界证明出自其自身内涵的存在的可能性。

三、西方近代科学主义的理性标准

中国生命伦理学的困难，是和过去百年来中国哲学所面临的困难相通的。中国哲学至今没有完全被西方主流哲学界接受，在很大程度上就是因为从西方哲学对理性的理解出发，中国传统思想的许多内容显得是非理性的（缺乏清晰

① Alasdair MacIntyre, “Incommensurability, Truth, and Conversation between Confucian and Aristotelians about the Virtues,” in Eliot Deutsch ed. *Culture and Modernity*, University of Hawaii Press, 1991, p. 121.

的概念和系统的逻辑论证），甚至是反理性的（常有自相矛盾的语言）。正因为如此，中国哲学在西方一流的大学里至今还通常只能依附于宗教研究或者地域研究，而很少在哲学系里有一席之地。[①]

且不论那表面的非理性和反理性的背后有没有其自身的理性，对于非理性的内容不见得就不能有理性的分析。有一种说法，认为生命伦理学应该是一门理性的学科，所以所谓“基督教生命伦理学”或“儒教生命伦理学”之类的说法是自相矛盾的。“宗教以信仰为前提，伦理学靠的则是理性”[②]。用同样的逻辑，持这一说法的学者还认为生命伦理学不能理解为是对生命的爱，因为“爱是人的自然感情，是无法论证的”[③]。这些观点其实按照西方最普遍接受的理性标准审视也是非常成问题的。宗教讲的是信仰，但这不等于对信仰无法有理性的哲学研究；爱是情感，但这不等于不可以把情感当作是伦理的基础。事实上，宗教哲学和爱的哲学都是西方哲学中的显学。“基督教生命伦理学”是指基督教对于生命伦理的理论或者观点，就像功利主义伦理学是对于伦理学的功利主义理论一样，其合理性正是需要哲学加以研究分析的。同样道理，用“爱”这样的自然情感作为伦理的基础，在西方也大有人在。从休谟到当代的女性主义哲学，都认为人的自然情感是（或者应该是）伦理的基础。

上述所引的观点，其逻辑虽然不严谨，但确实反映了哲学界的一个大问题，那就是现在盛行的一种狭隘的理性主义倾向。这种倾向试图把一切现象都纳入理智的范围。这种情况其实也蔓延到了整个学术界。如果说中国传统的学术是和修身养性密不可分的，现在它们已经成了两回事。修身养性不仅不被看作做学问的必要组成部分，而且被看作了需要剔除在外的非理性成分。笔者若干年前参加过一个国际道学沙龙，参会的既有学者也有修炼者。本来这是一个很好的学者和修炼者交流对话、相互学习的机会，结果却是这两方面的人如油和水一样，没法融汇到一起。当学者发言的时候，修炼者们往往一脸的不屑，似乎在说你们全是在隔靴搔痒，根本没有领会道学的真意，而当修炼者发言的时候，学者们又往往一脸的不屑，似乎在说你们概念含混、逻辑不通，充满了神秘主义，根本谈不上是学术！即便是用餐的时候，这两方面的人也讲不到一

---

① 参见 *APA* Newsletter on Asian and Asian-American Philosophers and Philosophy (APA Newsletter vol. 08, No. 1, Fall 2008).

②③ 邱仁宗：《理解生命伦理学》，载《中国医学伦理学》，2015，28（3），298页。

起，自动地分开两边，各自与自己的同道坐在一起。

这个现象非常值得我们深思。如果说中国生命伦理学之可能性取决于它在多大程度上显示出其中国特色，那么最能体现中国传统特色的，应该就是贯穿于中国儒道佛三家的那种与身心修炼紧密结合在一起的伦理学。它不仅是“关于生命的伦理学”，而且是“生命直接需要的伦理学”，[①] 或者说是“生命与伦理贯通的生命伦理学”[②]！在中国传统的儒道佛三家思想当中，道德都不仅仅是外在的行为规范，而且也更加直接地就是实现广义上的（作为身心最佳状态的）健康本身的方法。道家和佛家的修炼与健康的关系自不必多言，其实儒家的道德修养和个人健康之间也存在密切的关系。[③] 从总体上说，中国传统思想的特点可以归结为道学——为人之道。这种道，借用宋明儒学里常用的说法，就是做人的“功夫”（工夫），是人生的艺术。[④] 中国传统功夫里“万法归宗，以德为本”的说法，显示了伦理之德与功夫之功法的同一性。在这里，伦理的最终依据不是它符合某种在民族文化当中已经先验地规定了的本体论承诺，而是相反，它背后的本体论本身恰恰是因为可以实现前述广义的健康才被当作承诺的。[⑤]

把这个修炼传统和修炼实践引入哲学的讨论，而不是装聋作哑地回避，可以说是中国生命伦理学必须要做的工作。张祥龙在《中外医学哲学》12（2）（2014）上发表的《王凤仪伦理疗病阐析——儒家生命伦理之活例》一文，为我们提供了一个范例。文章介绍了清末民初一个名叫王凤仪的人，以伦理疏导

---

① 张祥龙：《王凤仪伦理疗病阐析——儒家生命伦理之活例》，载《中外医学哲学》，2014，12（2），9页。

② 蔡祥元：《〈王凤仪伦理疗病阐析〉一文评析》，载《中外医学哲学》2014，12（2），39页。

③ 参见拙著《儒家的道德修养与个人健康》。此文乃基于本人为范瑞平所编的 *Confucian Bioethics*（Netherlands：Kluwer Academic Publishers，1999）所写的英文论文“Confucian Virtues and Personal Health”翻译和改写而成，发表于牟博编《留美哲学博士文选，中西比较研究卷》（北京，商务印书馆，2002）。

④ 参见拙著《中国哲学的功夫视角和功夫视角下的世界哲学》，载《周易研究》，2015（2），99～107页。

⑤ 参见拙著“Does Confucianism Need a Metaphysical Theory of Human Nature? —Reflections on Ames-Rosemont Role Ethics，” forthcoming in Jim Behuniak ed. *Appreciating the Chinese Difference：Essays in Honor of Roger T. Ames*，SUNY Press，及“A Comparative Examination of Rorty's and Mencius' Theories of Human Nature，” in *Rorty，Pragmatism，and Confucianism*，edited by Yong Huang，New York：SUNY Press，2009，pp. 101－116，with Rorty's response，pp. 285－286。

为治病手段，据说取得了出人意料的，甚至可以说神奇的疗效。这个例子的突出意义，在于它比孔子的“仁者寿”那样的说法更加直接地挑战了人们对医学科学的常规理解，因为它的成功确实很难纳入现代生物医学的解释框架。当然正因为如此，对它的真实性的怀疑是完全可以理解的。但如果仅仅因为它难以纳入现代生物医学框架，不去了解核实就排斥为一定是不可能的，那本身就是违背科学精神和反理性的态度了。张文对王凤仪的分析显示了作者运用理性处理这类材料的可贵的努力。我们现在所用的“科学”这个词，实际上常常游离于两种极不相同的概念或含义之间。在一种概念之下，它指的是从近代以来所逐渐形成的一整套科学体系，包括对世界的一些最基本的（往往以公理的形式被确认的）看法、它所遵循的基本的方法论原则和对真理的检验标准。但是“科学”这个词还有另一个含义，那就是指人类认识世界和认识自身的孜孜不倦的求真知的活动。这种活动包含的那种严格的、一丝不苟的，不计个人得失、不畏任何禁区或权威，知之为知之、不知为不知，不迷信、不固执成见的求知态度，叫作科学精神。作为求真知的活动，科学是无止境的。在科学精神指导下的科学活动中，没有任何一个科学体系可以宣称自己已经达到了终极真理。没有任何一个科学体系可以宣称，不但它自己不再接受任何挑战、质疑、检验，甚至它自身也已经成了检验真理的标准。正因为当代科学体系是在科学精神指导下的科学活动的结果，才使它得以冠上“科学”的美名。一旦它自封为检验一切的标准，它就违背了科学精神的基本要求，从而把自己放到宗教信仰的位置上去了。可以说，科学精神本身就要求我们对任何科学体系都不迷信，包括现代科学体系本身。

实际上，现代科学体系的标准一方面有合理性，另一方面，即便用西方通常所用的理性标准来看，也可以发现它有很大的局限性。如托马斯·库恩等学者所揭示的，当代科学的范式并不是绝对的真理。它的三个方法论的基础，即原子论、还原论、实证论，在哲学上都不具备绝对的地位。原子论认为所有的事物均像独立的原子，有一自存的、可以用概念去把握的本质。这个原则使人容易忽视一事物与他物之间的关系。还原论是把各种现象全部归结为物理现象，然后又把物理现象都量化地用数学公式来表达。它容易使人忽视无法量化的事物的存在。实证论认为只有能够由感官所观察得到的才有认知价值，而且观察所得来的材料只有具备可重复性的才被算作科学知识。可是观察的能力本身也不都是天生的；有些观察能力是需要修炼才能获得的。另外，由于事物的广泛联系、千变万化，实际上没有任何一个事件是可以严格地被重复的。可重复性的要求本身是建立在把事物孤立、片面地看待的形而上学之上的。套用杜卡奇（Ducasse）的说法，那些简单地把当代科学所不能解释的现象看作是不可能的人，是把科学教科书的编辑误认作了造物者——在他们的眼里只有科学教科书的框架所能接受和发表的，才是造物者所可能创造的。① 而直接把所有科学教科书无法解释的现象都不加调查地判定为“骗子”所为，把对这类现象的理性思考说成“笑话”，是进一步把科学教科书的编辑误认作了法官。这实际上恰恰是缺乏科学精神，以理性的名义压制理性，对科学发展设置障碍的表现。

四、结论：必要的张力

回到我们前面的问题：中国生命伦理学如何可能？从我们上面的分析来看，中国生命伦理学至少需要三个条件才有可能：首先，只有突破了把生命伦理学狭隘地理解为“生物科技伦理学”，中国生命伦理学才有可能。其次，只有用开放的肯定性心态去与他者对话，从中展示其内在的价值（而不是靠外在的保护），中国生命伦理学才有可能。最后，只有尊重理性但不被狭隘的理性主义所限制，以真正理性的态度去分析和研究中国传统所特有的身心修炼，中国生命伦理学才有可能。而这三条，其实也是中国生命伦理学能够为生命伦理学做出其贡献，促进生命伦理学发展之处。

如果说越是能够凸显中国传统的独特性的内容就越是能够把“生命伦理学在中国”变为“中国的生命伦理学”，那么，能够让生命与伦理贯通的伦理学，也就是把伦理作为功夫修炼的思想和实践，就是最能够体现其中国特色的生命伦理。这个具有中国传统特色的生命伦理要在现代以一个学术理论的形态立足，必须与西方科学主义的理性进行碰撞和对话，并从中显示出它的合理性。当然，修炼的成效有许多特殊性，它涉及主观意念，难以做量化的统计，在过去没有科学理性指导的情况下，其记述的方式也不规范，这些情况都会使那些

---

① 参见 C. J. Ducasse，1956：“Science，Scientists，and Psychical Research.” *Journal of the American Society for Psychical Research* 50，p. 147。

记述的可靠性受到质疑。更何况无论在历史上还是现代，都有装神弄鬼盗取名利的人混杂在真正的修炼者当中，保持适当的怀疑更是使中国传统的真髓能够得到确立的必要条件。如库恩指出的，合理的态度乃是在两个极端之间保持必要的张力：一个极端是拒斥一切与常识和当下普遍接受的科学规律不符的东西。这样做不仅使中国生命伦理学变为不可能，还会把当下的科学范式当作绝对真理和判断真理的标准，这本身就违背了科学的理性，也会阻碍生命伦理学的发展。另一个极端是无批判地接受任何传说，拒绝接受科学和理性的挑战。这样做就无法彰显中国生命伦理学的合理性，也就无法确立它在当代世界的学术地位，而这同样意味着它失去存在的可能。[①]

这里要“允执其中”很不容易。从既有的科学范式框架来看，任何无法被现有范式认可的事物都会显得是不可能的，因此学者们哪怕仅仅是认真地去看待那些超出科学范式的有关修炼的材料，也需要有不怕被同行讥笑和排挤的勇气。而且越是与既有范式不同的内容，就越是难以得到确立。它要求学者既熟悉当代学术规范，又对传统有深刻的把握，并非常谨慎地从传统中寻找出能够与现代科学理性对话的内容、角度和方法。工作的难度与学术生涯的风险这双重的困难，足以使多数人探求“中国生命伦理学”的脚步移向更加安全平坦的“生命伦理学在中国”。但是，生命伦理不能满足于只是对生命的保护和尊重，还应该关注生命的升华，关注如何唤醒生命中最美好的潜能。使人的生命走向完美，这是生命伦理学的题中应有之义。近代以来的世界正是在“理性”排斥了各种精神修炼传统，把它们仅仅当作个人的信仰自由以后，出现了所谓的“失魅”现象，即整个宇宙和人生都变成了本身毫无意义的物质和运动的集合。如果排斥了所有基督教生命伦理、儒家生命伦理、佛教生命伦理等等，生命伦理学还剩下多少可以利用的资源？是在纯理性的分析当中还是在身心的修炼当中更能产生出生命伦理所需要的指导来？当然，我这里不是说不需要理性的分析。事实上上面这些话本身就是在摆道理。

中国生命伦理学如果没有自己的独特性，当然就没有所谓的“中国生命伦理学”，但如果中国生命伦理学除了外在的理由（如文化的话语权），没有自身

---

① 参见 Thomas Kuhn 1970：*The Structure of Scientific Revolutions*，2nd. Ed. Chicago：University of Chicago Press，pp. 92-110，及拙著《气功科学如何才是可能的?》，载《中外医学哲学》，2001，3(3)，7～20页。

在当代世界学术界中能够展示的合理性作为内在依据，也失去了它存在的可能性。可以说它的可能性最终需要建立在其内在的合理性的展现上面。而它的合理性，又恰恰是主要地体现在它可以为生命伦理学打开瓶颈、扩大视野、提供有益的视角，而不仅仅在于它是中国传统文化的一部分而需要保留，或者为所谓普世的西方生命伦理学提供一些零零碎碎的补充。

十年一思：建构中国生命伦理学的一些理论问题

范瑞平*

从2007年开始，香港浸会大学应用伦理学研究中心同《中外医学哲学》期刊一道，举办每年一届的“建构中国生命伦理学”研讨会。十年来，这项工作得到国内外学术界的许多朋友和同事的热情支持。研讨会先在香港举行，其后在内地举办，已在大连、承德和昆明留下大家积极参与和热烈讨论的身影，并在《中外医学哲学》期刊连续登载了多篇有关的主题论文。十年光阴，不长不短；生命伦理，历久弥新。随着生物医学科技的旗帜不断花样翻新，西方国家的生命伦理学研究当然风头不减，其影响力也在全球各地区不断扩大。相形之下，“中国生命伦理学”的状况如何？我们的“建构”的理据何在、成效怎样？这些问题值得我们认真考虑。的确，十年一思，现在正是我们进行反思和总结的一个良好时机。

毫无疑问，我们碰到的问题比我们能够解决的要多得多。有些问题是现实问题，诸如资源不足、人才不够等等，各个学科都会面对，我们并不特殊。但另一些问题则是理论问题，这些问题即使不全是“建构中国生命伦理学”这一学术追求所特有的，也是同这一工作的基本概念、想法、理由和论证密不可分的。十年来，我们听到了不少疑问、反驳乃至责难；我们自己也常常感到力不从心，总觉得没有把事情给说清楚。现在，本文将我自己认为已经提出的四个重要的理论问题罗列下来，并试着给出我所能提供的解答。这些问题，大多数不是在正式刊登的学术论文中提出的，而是在相关的学术会议中议论的，或者是在一般的交流中提到的，在此就不一一注明出处了。有一点无疑是清楚的，那就是，如果建构中国生命伦理学的学术事业有望健康成长、发展壮大的话，那它势必会在一定程度上得益于各种各样的批评和诘难。为此，我们应该首先

---

* 范瑞平，医学学士，哲学博士，香港城市大学公共政策学系生命伦理学及公共政策讲座教授。

感谢下述朋友对于本文初稿的评论和建议：王明旭、王珏、丛亚丽、李瑞全、张颖、贺苗、倪培民、曹永福、聂精保、韩跃红、蔡昱。

向所有提出意见和问题的人表示真诚的感谢。我的回答是自己一直以来所思考的东西，有可能是不正确的，更有可能是不完备的。但我希望本文能够起到抛砖引玉的作用，有助于大家把建构中国生命伦理学的学术研究和争论继续进行下去。

一、“建构中国生命伦理学”是一个伪命题吗?

十年来，我们不断听到一种质疑的声音，即“建构中国生命伦理学”是一个伪命题，因为需要建构的东西一定是尚未出现的东西，已经存在的东西怎么还需要建构呢？这种质疑强调，即使不算中国古老的医学伦理学，中国生命伦理学也至少从改革开放以来就已经存在并且发展了三十多年。即使需要提高其学术研究的水平及解决问题的能力，也无须再来“建构”。

在我看来，这一质疑是由于误解了“建构中国生命伦理学”的意思所造成的。我们当然不是说中国还不存在生命伦理学的学术活动、研究及教学，而是说我们只是进口了西方生命伦理学，但没有提出新的生命伦理学观点、原则和理论，特别是没有提出具有中国伦理传统根源的新观点、新原则、新理论，来从事生命伦理学学术研究。具体说来，我们当然知道中国存在大量生命伦理学问题，也在进行许多生命伦理学的活动、研究及教学。但我们认为，这些活动、研究及教学并没有产生多少有价值的新观点、新原则、新理论，因为我们不过是在照抄照搬西方生命伦理学的观点、原则和理论来从事我们的工作。我们只是把现代西方价值当作“普适价值”或者“道德硬核”，实施本土的生命伦理应用。在这种学术倾向下，我们很难提出真正意义上的新观点、新原则或新理论。

我不是说这种遵循西方生命伦理学理论的研究没有任何价值。学者们当然有权按照他们自己的看法来做这种研究。有些学者可能认为，只要面对的是中国的生命伦理问题，那就是中国生命伦理学研究；需要利用的是“合适的”伦理学理论、原则和方法，不论这些理论、原则和方法来自何处。他们会强调，这里的重点是“合适”而不是“中西”。这一看法表面上完美无缺，实际上回避问题，因为问题在于什么是“合适的”？事实上，大家所使用的不都是进口和翻译的西方生命伦理学的观点和原则，特别是美国乔治敦大学的学者所提出的生命伦理学四项基本原则和观点吗？在这种情况下，我们提出应该从中国自己的伦理传统出发，建构新的观点、原则和理论来探讨中国社会的生命伦理问题，树立一种不同的学术倾向。这才是我们所说的“建构中国生命伦理学”的意思。这一命题，何假之有呢？

早在1998年，香港浸会大学应用伦理学研究中心主任罗秉祥与尚在美国休斯敦留学的本人一起创办了《中外医学哲学》期刊。这一工作，得到美国生命伦理学家恩格尔哈特（H. T. Engelhardt，Jr.）热情无私的支持。由秉祥和我一道草拟的《发刊词》表明：“《中外医学哲学》想望在医学哲学及生命伦理学领域架起一座中西沟通的桥梁。无疑，当代西方在这一领域处于领先示范的学术地位，可供学习和借鉴；但东方在人文医学传统及伦理价值资源中悠久深厚的灵根植被，也应该得到发掘和培植。”① 我们强调“发掘和培植”东方人文伦理的“灵根植被”，就是号召我们的生命伦理学研究应该贴近自己的历史文化，利用自己的道德资源，尝试开拓不同于西方学说的思想和观点。《发刊词》提倡“与西方学术真诚相对，互通有无”，就是提示中西思想各有所长，我们不必妄自菲薄，应该努力拿出一点自己的东西来，不要一味照抄照搬西方的理论。虽然当时没有明确提出建构中国生命伦理学的主张，但指向这一方向的初心则是彰彰明甚的。②

“建构中国生命伦理学”的提议绝不包含不需要学习西方生命伦理学的意思。相反，我们十分清楚，西方生命伦理学的问题意识、研究方法、理论建树以及学者的学术功底，一般说来都还是大大高出了我们。③ 不夸张地说，如果

---

① 《发刊词》，载《中外医学哲学》，1998，1（1）。

② 《中外医学哲学》头几年的期刊主编是邱仁宗、杜治政、罗秉祥和我。除罗秉祥外，浸会大学应用伦理学研究中心副主任陈强立、后来加入中心的张颖以及中心的工作人员，都为期刊的出版以及“建构中国生命伦理学”研讨会的举行，提供了极大的人力和物力支援。赵明杰、王明旭、边林、蔡昱等内地同事也为本刊的推广以及“建构中国生命伦理学”研讨会在内地的筹办，做了很多努力。

③ 以《中外医学哲学》最近刊登的两篇美国生命伦理学家的论文为例：David Solomon（“Bioethics and Culture：Understanding the Contemporary Crisis in Bioethics”，载《中外医学哲学》，2014，12（2），87～117页）让我们了解到围绕布什总统生命伦理学委员会学术活动的有关人的尊严问题的细致争论，论文有助于我们理解为何美国的道德冲突来源于深刻的文化分歧，即构成当今美国生命伦理学危机之真正渊源的世俗自由主义文化与传统基督教文化之间的交锋。Jeffrey Bishop（“From Biomedicine to Biopsychosociospiritual Medicine：A Lesson in the History of Medicine in the West”，载《中外医学哲学》，2015，13（2），89～118页）论证为什么自20世纪中叶起西方医学的三次改革——生命伦理学、生物—心理—社会医学以及生物—心理—社会—精神医学——全都失败了：因为它们不仅没有触及科学主义的核心，反而或明或暗地接受了科学主义的逻辑，从而延续、发展了科学主义。

不努力学习西方生命伦理学，恐怕很难更好地从事和深化中国生命伦理学，因为西方生命伦理学已经为我们提供了一面有用的镜子。以其多方面的细致、精到和深入，这面镜子的确值得我们认真研究。然而，我们还是不能把这面镜子拿来就用。不论它有多少优点，最终可能都不是适宜我们来直接使用的，因为我们无法心安理得地接受这面镜子所反映的全部东西。也就是说，如果我们一味使用从西方舶来的生命伦理学的观点、原则和理论来从事我们的研究，那么这种研究就难以与根植于我们心灵深处及存在于我们社会实践中的中华传统文化进行有机的对接与交融。说到底，中国生命伦理学还需要制造一面自己的镜子来更好地审视自身——这就是“建构中国生命伦理学”的本意。

二、普适生命伦理学还是文化生命伦理学?

第二个经常听到的批评意见是，生命伦理学是理性的、普适的学术；如果一个伦理学观念、原则或理论适用于中国人，那它也应该适用于西方人或其他地方的人，反之亦然。这样一来，所谓“中国生命伦理学”就只能是个描述性的、地域性的概念——即是在中国研究的，或者即使不是在中国研究的，也是探讨中国生命伦理问题的生命伦理学，但不能成为一种规范性概念——即其观点、原则和论证是更适合于中国文化中而不是其他文化中人的生命伦理学。“宗教以信仰为前提，伦理学靠的则是理性。国内个别学者……扬言要搞‘基督教生命伦理学’或‘儒教生命伦理学’，结果与现实脱离，变成道德说教。”[①] 从这种观点出发，“建构中国生命伦理学”的提议似乎有违理性，不讲道理。

在我看来，这一批评反映了两种不同的生命伦理学之间的对垒，我把它们称为“普适生命伦理学”与“文化生命伦理学”。它们之间具有明显的道德分野，并且对于当今世界的道德现实做了不同的应对。当今世界的道德现实是什么呢？一个主要特点就是越来越突出的道德多元化：源于不同文化、不同地区的人们持有不同的道德信念、进行不同的道德实践、倾向不同的法律政策。这方面的例子，在生命伦理学领域俯拾皆是。当代强势的自由主义生命伦理学是

① 邱仁宗：《理解生命伦理学》，载《中国医学伦理学》，2015，28（3），298～299 页。

“普适生命伦理学”的代表，它推崇一套自由、平等、人权的个人主义价值作为论证前提，标榜其为理性的“普适价值”；“文化生命伦理学”则认为，任何道德观都不可能是无源之水、无本之木，伦理学的理性论证无法逃脱具体文化资源的限制，而具体文化资源统统不是社会学意义上的“普适价值”，因为它们都面对着源于其他文化的持不同意见者。因此，这两种不同的生命伦理学之间具有很大的分歧。当然，我们还需要看到，它们之间也有不少相同之处。特别是，它们的分歧可能并不在于有关理性论证的作用：两者其实都认可理性论证对于生命伦理学研究十分重要；也不在于有关其道德结论的范围：两者其实都承认其道德结论应该适用于世界上所有的人。

在本节的后面，我将具体指出它们之间具有四点真正的分歧。但在此之前，我将首先把它们放在更广阔的当代价值潮流之中来理解它们之间的相同与不同之处。所谓“价值潮流”，我指的是社会上流行的对于价值特别是道德价值的看法和实践。在我看来，当代世界存在四种主要的价值潮流：虚无主义（nihilism），科学主义（scientism），自由主义（liberalism），及文化主义（culturalism）。后三种潮流都可以看作是对现代虚无主义的回应。无疑，古代社会也有虚无主义的踪影，但与之相比，现代世界的虚无主义的力量要厉害得多，影响要大得多。简言之，虚无主义认为，价值是虚无缥缈、毫无根据的东西；人们没有办法认识价值，也没有办法交流价值。事实上，当代虚无主义潮流大都同尼采的观点一脉相承：上帝死了，世界本不存在客观的秩序或结构，任何秩序或结构都是人赋予的，而且对于世界的任何解释都不过是人的权力意志的体现。西方二战后的存在主义就是这种虚无主义的一种绝望的反映：世界本无意义或目的，意义或目的都是人造出来的——因此人的“存在先于本质”。最后，后现代主义的反基础主义乃是虚无主义的一种冷漠的反映：“真理”是没有基础的，任何“真实的”知识都不过是在被更为怡人的知识取代之前而为“真实”而已。基础性、真实性、确定性、绝对性等等，都不过是人虚构的形式。

虚无主义是极具杀伤力的挑战。面对这一挑战，科学主义坚称，人类还是具有一种适当的认知方法——且只有一种，即经验科学的方法，来客观地认识世界：只有经验科学才能为我们提供权威性的世界观和价值观。在科学主义看来，我们只有遵从现代自然科学所确立的一整套观察、假设、预测、检验、证实、证伪的方法，才能得到真正的知识。而且，科学的力量不在于其理论、学说，而在于其技术、工程；有权威的知识不在于你能否“说”出来，而在于你能否“做”出来，从而得到别人的青睐和认同：当我做出真实的飞行器把你送上天时，你就不能再怀疑我的气体动力学理论是不真实的。早期的道德科学主义持有一种物理主义思想，认为只有物理事实（如“象比狗大”）才是客观事实，而道德事实（如“快乐比痛苦好”）不是客观事实。当今的道德科学主义不必如此粗糙，也不再有兴趣从语言学上把“价值命题”还原为“事实命题”。但当今的道德科学主义者依然试图按照科学的客观性来解释道德的客观性，强调科学能够并且应该决定道德。他们似乎采取两种不同的进路。一种是道德心理学家的进路：他们通过实验研究来证明道德判断的真正原因是情感（emotion）而不是理性（reason）（人们提供的理由不过是为自己已经做出的道德判断所进行的事后理性化而已），而一切的最终解释还在于进化过程的积淀与社会环境的影响这二者之间的组合。[①] 另一种进路是道德功利主义（utilitarianism），其特征是首先接受功利主义的道德预设：道德所真正关注的无非是影响有意识生物的幸福（wellbeing）的那些意向和行为。因此，人们在道德上应该做的事情就是促进这些生物的幸福，而不是减少他们的幸福。哪些事情（意向、行动或机构）可以促进而非减少这些生物的幸福呢？这只有通过科学研究才能发现。因此，道德研究成为科学研究。[②] 对于道德真正有用的东西不是规范伦理学，而是科学。

自由主义与文化主义都无法满足于这些科学主义的尝试。首先，无论道德心理学家们多么看重未加理性反思的情感的力量，他们都不得不承认，一旦认识到自己的情况，人们就能在一定程度上同自己的情感隔开距离从而进行理性思考。这就是说，理性还是有一定“自由”的，并不一定就是情感的奴隶。另一方面，道德功利主义强调有意识生命的多种价值都可以放到“幸福”这个综

---

① 当前最有影响的这类道德心理学家有两位：一位是 Jonathan Haidt，使用社会心理学试验的方法，见其 *The Righteous Mind: Why Good People are Divided by Politics and Religion*，Pantheon Books，2012；另一位是 Joshua Greene，使用观察人脑不同部位的血流多少的实验方法，参阅 Greene，et al.，“The neural bases of cognitive conflict and control in moral judgment，” *Neuron* 44.2（2004）：389-400。

② 除了人们耳熟能详的一系列功利主义伦理学家之外，最近一位引起关注的道德功利主义尝试者是 Sam Harris，见其 *The Moral Landscape: How Science Can Determine Human Values*，Free Press，2012。

合的价值天平上来衡量。即使我们可以接受这一点，问题还在于，衡量它们的适当方法一定就是功利主义的“代价—好处”最大化公式吗？一个明显不过的事实是，人们对于仁爱、自由、平等等价值的关注经常无法通过它们对于最大多数人的最大幸福的贡献这种功利主义观点来得到解释。简言之，在自由主义与文化主义的观点看来（我认为这种看法是正确的），无论是道德心理学还是道德功利主义，这些所谓的道德“科学”好像真的为人们的道德信念及问题提供了一些“科学”命题，但其说服力，远不像物理、化学或生物学的命题那样来得有力。

自由主义潮流认为，只有自由主义才能为当代人类社会提供适当的道德和政治指导。当代自由主义分为政治自由主义与道德自由主义两支。政治自由主义致力于为现代社会提供正义原则。它基于现代西方民主社会的“重叠共识”——即平等的、自由的、理性的公民观念——来做这项工作。这类正义原则的主要对象是当代道德多元化社会的基本结构而不是个人行为，是作为公民身份的人而不是私人，从而把大量道德问题留给个人去酌情处理。政治自由主义认为，政府对于社会上不同的、合理的良善生活观念应当保持中立，不应当利用法律、政策或行政去推行或促进任何一种具体的宗教或良善生活观。也就是说，只要一种行为不损害他人的基本自由和权利，个人就有权选择和施行。众所周知的罗尔斯的《正义论》就是政治自由主义的杰出代表。然而，道德自由主义（也常被称为完善自由主义，perfectionist liberalism）的看法则有不同：道德多元化固然是事实，但不同的道德价值不能扯齐拉平。在道德自由主义看来，个人自主（autonomy）才是客观的、中心的道德价值，必须得到政府的保护和推崇。这样一来，政府只应该对于那些个人自主的生活方式保持中立，而对于那些有悖于个人自主的生活方式或道德传统，则应当限制、改造乃至打压，以达成社会进步。①

显然，道德自由主义是比政治自由主义要求更强的一种自由主义潮流，对于当代生命伦理学的影响也来得更大、更多、更直接。事实上，“普适生命伦理学”的实质即道德自由主义，因而下面对于“文化生命伦理学”与“普适生命伦理学”之间的比较，也主要针对道德自由主义而发。然而，需要指出的

---

① 当代道德自由主义的一位突出代表是 Joseph Raz，参见其 *The Morality of Freedom*（Oxford：clarendon Press，1986）。

是，尽管以罗尔斯为代表的政治自由主义学者不断强调政治自由主义并不承诺综合的道德自由主义的价值观，也不坚称个人自主乃是中心价值，但他们的一些表述与要求也难以同道德自由主义划清界限。具体说来，罗尔斯的政治自由主义正义观需要在“合理的”（reasonable）与“不合理的”（unreasonable）综合学说或良善生活观之间做出区别，而他所提供的“合理的”标准已经把许多民众所持有的文化观点或宗教信仰排除在“合理的”综合学说之外。他给出的标准是：包含容易理解的（intelligible）世界观、为相互冲突的价值观念提供解决方案、相容性、协调性、综合性以及受到理由或证据的影响而逐渐演变等等。[①] 正如有的学者指出，按照这些标准，当代大量民众所信奉的占星术、新世纪宗教、风水世界观等都将因为“不易理解”而成为“不合理的”；基督教的三位一体学说肯定无法通过相容性、协调性这些要求，其恩典学说（即上帝的恩典不是基于理由，但必定正义）则注定是“不合理的”；佛教的转世信仰恐怕很难通过这些标准；一些传统犹太教的原则也将大有问题。[②] 由此，我们发现，即使我们放下较强的道德自由主义的个人自主的道德主张不提，就连道德价值色彩较弱的政治自由主义也包含着强人所难的“公共理性”要求，使得许多文化观点和宗教信仰都成为“不合理的”东西，不能拿上台面来进行所谓的“理性”交流。

这一分析表明，尽管自由主义潮流在当今世界所向披靡、似有不可阻挡之势，但自由主义文化其实并不是鼎立于各具体文化之上的一种“高级”文化、“程序”文化或“文化的文化”。看得准确一点，自由主义文化其实是有它自己的一套强烈的价值观和理性观的一种具体文化。问题在于，自由主义潮流推崇个人自主作为中心价值，这种极强的个人主义价值特征难以为许多不属于个人主义文化的传统（如儒家传统）所接受；同时，自由主义潮流确立一种世俗的、无神论的乃至反宗教的理性观，使得传统的宗教文化信仰在本质上无法见容于这种理性观。这就是说，绝不是属于各具体文化中的人都可以且应该同时服膺于自由主义潮流。从文化主义的观点出发，自由主义并非对其他的道德学说或价值观念真的保持中立，而是持有和推行一套自己的道德学说和价值观

---

① 参见 John Rawls，*Political Liberalism*，New York：Columbia University Press，2005，p. 59。

② 对于罗尔斯“合理性”标准的有力批评，参阅 Martha Nussbaum，“Perfectionist Liberalism and Political Liberalism,” *Philosophy & Public Affairs*，39. 1（2011），pp. 3－45。

念——即个人的自主和世俗理性，同时维护自由主义的社会政治秩序——即自由主义的正义原则。即使古典自由主义一开始不是一种独立于基督教文化的具体文化，但自由主义在当代也已经在本质上转化为一种具体文化而已。[①]

自由主义当然不是虚无主义，因为它认定个人自主和世俗理性乃是人类生活的中心价值。但在文化主义看来，自由主义距离虚无主义并不太远。首先，自由主义所推崇的理性乃是非宗教的、世俗的、形式主义的理性，它已经直接地或间接地将传统的、厚重的、时而带有现代自然科学无法解释的有点神秘色彩的理性排除在外，因此难以树立个人之外的传统文化权威，从而为价值虚无主义打开大门。加之，自由主义确立个人自主为中心价值，只要不违反其他“公民”的基本自由和权利，个人就是最终的道德权威。这种极端的个人主义价值，同现代科技发展所提供的机会一道，使得人类道德不断滑向实际上的相对主义，从而靠近了虚无主义。这一点，我们从自由主义生命伦理学（即所谓“普适生命伦理学”）的发生、发展可以看得很清楚。从人工堕胎到辅助生殖、从捐精捐卵到代理母亲、从干细胞研究到克隆人、从医助自杀到安乐死、从基因编辑到单亲家庭、从同性婚姻到家庭乱伦，自由主义生命伦理学无法也不愿脱离世俗理性、个人自主这一主线来提供自己的观点和论证，因为这些原本就是其最终的价值依托。而这一价值依托的结果，实在难以逃脱虚无主义，因为在这种依托之下，任何其他的文化道德内容都只能成为实现世俗理性形式或个人自主程序的一种有用的手段或可变的工具而已。

然而，自由主义所推崇的世俗理性主义不过是一种狭隘的理性主义，同大多数人在实际生活中所体现的完整理性难以交融贯通。世俗理性主义要求任何公共政策的制定或讨论只能基于世俗理由，不能涉及任何宗教形而上的信念或理由。不太严苛的世俗理性主义者允许人们使用具有世俗版本的宗教要求或理由（如犹太—基督教十诫中的不许偷窃律令，因为在世俗法律中也有同样的律令）。严苛的世俗理性主义者觉得这样做都是成问题的。在他们看来，人们不但应当“世俗地”发言，而且应当“世俗地”思考。人们怎么可能完全脱离自己的宗教或文化来思考呢？自由主义学者认为，在思考任何公共问题时，人们应该成为忘掉自己的宗教或文化的、无私的、脱离利益关系的观察者（disin-

① 参见 Alasdair MacIntyre，*Whose Justice? Which Rationality?*，Notre Dame：The University of Notre Dame Press，1988，ch. 17。

terested observers)，这样才能提出公正的理由。但问题在于，即使人们真能变成这样抽象的人来观察和思考道德与政策问题（我抱怀疑态度，自觉没有能力做到)，为什么就一定会把个人自主看作中心价值呢？我至今没有看到道德自由主义学者给出可信的回答。任何具有规范价值的结论，其实都只能从具有规范价值的前提得出。号称使用了这种“无私观察者方法”而得出“公正”结论的人，恐怕都已经偷运进了（smuggling）自己的价值前提。

半个多世纪之前，英国哲学家奥克肖特（Michael Oakeshott）已经揭示了这种狭隘理性主义的近代根源，即一种偏颇的科学主义知识论。在奥克肖特看来，人类活动势必涉及两种不同的知识：技术知识与实践知识。技术知识是可以概念化、可以言传、可以从书本学来的知识，而实践知识则是只能意会、不能言传、无法从书本学来的知识。技术知识可以通过公式、规则或原则来得到精确表达，而实践知识则无法获得这样的精确表达。实践知识只能通过实践、礼俗、操练、经验，通过身教胜于言教的师傅带徒弟的方式得来。奥克肖特认为，良好的人类活动（无论是艺术、科学还是道德、政治）需要这两种不同知识的密切合作才行，不能偏向一种知识。遗憾的是，现代的道德教育与政治事务却一味倾向于技术知识、工程设计，忽视了实践知识的重要性。人们只想找到和利用几条放之四海而皆准的基本原则来把事情搞定，实现理想社会。由于技术知识追求确定性和普遍性，传统宗教和文化所倡导的行状、礼俗、智慧因其实践知识的显著特点而日益受到贬低和排斥。在道德和政治领域，自由主义潮流以其世俗理性主义的旗号而占了上风，并逐渐变成正统，只能推举几条光秃秃的、抽象的、世俗的道德和正义原则来管控社会。其结果是，奥克肖特强调，一种知识横行，毁掉全人教育，腐败人的心灵。[①]

实际上，奥克肖特提示我们，自由主义所推崇的这种狭隘理性主义的真正意义不在于它认识到了技术知识的重要性，而在于它没有认识到实践知识的重要性。文化主义潮流需要弥补这一缺陷。因而，真正的文化主义潮流势必同自由主义潮流分道扬镳。我说“真正的”是要同两种极端的文化主义区分开来。一是极左的多元文化主义（multiculturalism)，强调一律平等，要求所有不同族裔的文化都要受到平等的认可和对待，国家政策应当给予少数族裔的人特殊

---

① 参见 Michael Oakeshott，*Rationalism in Politics and Other Essays*，Liberty Press，Indianapolis，1991，pp. 6－42。

权利从而弥补他们因属于少数族裔文化而易处的不利地位；一是极右的文化主义，要求国家维护一种单一的文化，对其他文化不抱任何尊重，甚至打压、迫害、消灭其他文化。极左的文化主义面临着如何对待“内部少数”（internal minorities）的困境，即如何维护少数族裔文化内部的个人权利问题；这一问题迫使多元文化主义回复其道德自由主义的本性，即最终只能坚守个人自主、世俗理性。而极右的文化主义不过是极权主义的爱国主义（patriotism）、国家主义（nationalism）或种族主义（racism）的翻版，无法得到合情合理的支持。我所说的真正的文化主义乃是一种中庸的文化主义：一个国家往往存在一种主流的道德文化（例如中国的儒家道德文化），其主流地位乃是历史形成的，不是现时强加的；国家的宪政及政策可以给予主流道德文化更多的尊敬和应用，这是自然的、合理的事情，不能强求所有文化一律平等；但同时要宽容其他道德文化，不可打击、压制它们。这种中庸文化主义的道德实质是利用主流道德文化的资源来进行国民道德教化及伦理研究；其文化关系的形式是既不强求平等，也不施加强迫。在我看来，这种中庸的文化主义才是国家对于虚无主义的最合适、最有效的回应。

回到“普适生命伦理学”与“文化生命伦理学”之间的分歧这一问题。在我看来，它们之间的真正分歧在于以下四点。其一，本质上属于道德自由主义的“普适生命伦理学”认为其道德论证的前提主要源于理性（其实是世俗理性），即使这类前提还有具体的文化来源，那也不重要，因为所有理性的人都能够并都应该接受这类前提；而在“文化生命伦理学”看来，道德论证的实质前提不可能来自纯粹的理性，而只能来自具体的文化，因而不是所有理性的人都能够毫无差别地接受这类前提。例如，受儒家文化影响的人认为成年子女具有照护老年父母的道德责任，而受自由主义文化影响的人则认为没有这样的责任。这一道德前提显然来源于儒家文化。其二，伴随第一点，“普适生命伦理学”认为无须说明或标示自己的道德前提的文化来源，因为这种来源并不重要——它们本质上是理性的、普适的；而“文化生命伦理学”认为，说明这种来源乃是重要的、文明的、礼貌的表现，因为其他文化的人可能不把自己的道德前提视为理所当然的东西。例如，儒家生命伦理学一贯指明“成年子女具有照护老年父母的道德责任”乃是源于儒家文化的一个道德前提。其三，“普适生命伦理学”认为自己的论证对于所有人都具有同样的说服力，而“文化生命伦理学”认为自己的论证对于属于自己文化社群中的人具有较强说服力（因为他们已经接受了自己的道德前提）。例如，那些基于“成年子女具有照护老年父母的道德责任”这一前提的论证，的确易于受到儒家文化（以及持有相似道德信念的文化）环境中的人的接受和欢迎。其四，“普适生命伦理学”对于不同文化中的人都采用相同的道德前提和论证，而“文化生命伦理学”则试图寻找同情的文化前提来增强其论证对于另一文化中人的说服力。另一方面，“文化生命伦理学”也经常使用比较研究的方式来把双方的分歧清楚地展示出来。

简言之，“建构中国生命伦理学”的提议是在把“中国生命伦理学”理解为一种文化生命伦理学的基础上进行的。它把“普适生命伦理学”的主张放在不同的价值潮流中进行了解，对其具有清晰的评价理路。因此，有人要搞“基督教生命伦理学”或“儒教生命伦理学”，不但没有与现实脱离，而是紧扣现实的需要；不但不是不讲理性，而是要突破狭隘理性主义的藩篱，回应健全理性主义的召唤。

三、直觉主义的还是建构主义的?

文化生命伦理学的工作应当如何从事？对于“建构中国生命伦理学”提议的第三种重要批评意见是：即使人们同意儒家伦理是中国传统社会的主流道德，那也无法说明现在仍然应当应用这种道德来指导当代中国社会，因为当代中国社会的情况已经明显不同于传统中国社会的情况；特别是，当代中国社会已有许多人不再信奉儒家道德，我们没有理由勉强他们接受儒家道德。因此，在这种意见看来，“建构中国生命伦理学”的工作不可以“建构儒家生命伦理学”的方式来进行。

完整回应这一批评需要在下一节来完成。在这一节中我将指出两个问题，一是态度问题，二是方法问题。就态度而言，一些学者的确是以“建构儒家生命伦理学”的方式来进行“建构中国生命伦理学”的工作，但其意向不过是要提出一套道德学说来让人们和政府进行选择，并不包含任何勉强之意。事实上，任何一套学说，要想转化为实际的制度、政策及法律，都不能只靠学术论证的力度，还需要依靠人们的认可。也就是说，政治的合法性不会仅仅来源于道德的洞察力和论辩力，还需要来源于社会的支持度。好在，在我看来，生命伦理学家只需要做好自己本分的工作即可，即提供强有力的学术论证。其他的事情，不是他们管得了的，也不是他们应该管的。

就方法而言，我一向认为，适用于当代中国社会的、与公共政策相关的儒家生命伦理学应当使用建构主义（constructionism）的方法，而不是直觉主义（intuitionism）的方法。传统儒家道德研究的方法大致是直觉主义的，包括两方面的鲜明特点。首先，传统儒家伦理学家陈述儒家的宗教形而上学信仰，说明儒家的人伦秩序是天命、天理、天道的一部分，是宇宙的实在。也就是说，他们是在进行宗教形而上学的陈述。其次，就认识论而言，传统儒家伦理学家宣称儒家所传布的道德知识（如仁义礼智）是真理（即使他们没有使用“真理”这一词语），宣扬人有天生的直觉能力来认识这种真理，就如同人有四肢、有食欲性欲一样明白无误（如同西方学者论证人有直觉能力认识数学真理一样）。也就是说，他们在做道德的直觉论证。无疑，在多元化程度较低的传统中国社会，他们进行这样的宗教形而上学陈述及道德直觉论证是合理的，也是有效的。然而，当今中国社会已有较大的多元化发展，不少人不再相信儒家的天命、天理、天道，也不再相信道德真理如同数学真理一样可以直观了解。面对这样的读者，儒家学者难以继续使用直觉主义的方法来从事中国生命伦理学的工作。他们自己固然持有儒家的宗教形而上学信仰，也坚守儒家伦理的客观真理地位；但在向其他人提供论证时，他们需要将儒家的宗教形而上学陈述转化为单纯的道德陈述，将儒家的道德直觉理由论证转化为心理学的、社会学的及政治学的理由论证，以便更好地说服非儒家信奉者们来接受和支持儒家的道德观点。也就是说，他们需要进行建构主义的工作。

需要指明的是，我并不是说当代儒家学者不可以进行直觉主义论证。事实上，我相信这样的论证不但对于阐明儒家的全部观点是必要的，而且对于保持儒家学者本身以及其他儒家信奉者的道德洞察力及想象力，也是重要的。但当代儒家学者还需要提供建构主义的论证。对于那些同公共政策密切相关的儒家生命伦理学主张，建构主义的论证尤为重要，因为需要说服非儒家信奉者们。例如，围绕与“成年子女具有照护老年父母的道德责任”相关的问题，儒家学者没有必要强调这是客观的天命、天理、天道的一部分，也没有必要说只要是人就能认识到这一真理，而是需要指出这是包括儒释道在内的中国文化传统所共享的一个道德信念，同时需要阐释遵循（或不遵循）这一道德信念将会产生的心理、社会及政治意义及后果。这类工作，就是建构主义所擅长的工作，我在《当代儒家生命伦理学》中称之为“重构主义儒学”，意思是一样的。当代“重构主义儒学”的主张是：“本真的当代儒学只能通过重构的方法来完成：面对当代社会的政治、经济和人生现实，综合地领会和把握儒学的核心主张，通过分析和比较的方法找到适宜的当代语言来把这些核心主张表述出来，以为当今的人伦日用、公共政策和制度改革提供直接的、具体的儒学资源。”①

许多观察表明，尽管当代中国人信奉不同的宗教（或者不信奉任何宗教），但他们依然在很大程度上持有儒家道德观念，仍在实践仁义礼智孝道，这就为我们使用建构主义方法来重构儒家生命伦理学提供了切实的基础。在建构的过程中，我们不能抛弃或改变儒家道德的核心主张，但我们不需要人人信奉儒家的宗教形而上学，也不需要人人认可儒家道德的核心主张为客观真理；只要在实践中有相当多的人接受一些基本的儒家道德观念，以儒家道德为基础来建构中国生命伦理学的提议就有充分的合理性，也会有相当的有效性。关键在于，我们是否能够做出高水平的建构主义工作。

四、文化只是资源还是具有结构?

事实上，不少学者认可“建构中国生命伦理学”提议的合理性，但他们强调适宜的建构不能以一种文化（如儒家文化）为基础，而是要以多种文化为基础，因为任何文化都不是自我封闭的整体，而是通过人际交往、贸易、迁徙、战争等方式不断同其他文化进行相互作用和相互影响。特别是，在他们看来，当代许多人已经生活在世界主义的（cosmopolitan）文化混合体（cultural hybridity）中，想要沉浸于一种传统文化来进行当代学术工作只能构成一种神奇的人类学实验。因而，就“建构中国生命伦理学”而言，这种意见认为，应该把不同的中国文化流派都看作可以提供资源、资料的合理成分来进行建构，而不应该一味贴近或依照一种文化（如儒家文化）的结构。

本人对于这种意见并不欣赏（详见下述），但“建构中国生命伦理学”的提议并不拒绝这种意见。首先，中国文化传统当然不是只有儒家一派。事实

---

① 参见拙著《当代儒家生命伦理学》，2页，北京，北京大学出版社，2011。

上，我们这些年的征文广告一直倡导论文作者“从中国某一传统伦理学派（诸如儒、佛、道、中医等）出发，论述当代重要的生命伦理学课题”。之所以号召从“某一”而不是“多种”出发，绝不是拒斥“多种”，而是因为一般说来一篇文章需要一个重点、需要集中探讨，不能涉猎太广，才能论述得清楚一些。从结果上看，从儒家学派出发的文章居多，但这并不是由于我们的要求，而是出于作者们的自愿选择的结果（这或许也反映了大家自觉或不自觉地承认儒家的主流道德地位的事实）。学者们完全可以从各自认可的多种学派出发来“建构中国生命伦理学”，正如有的学者常常强调儒释道三者，有的学者甚至要求包含中西马全体一样。说到底，这是一件属于学术自由范畴的事情，没有人可以强求。我们所要求的，不过是一些基本的学术规范，如论点清晰，论证合乎逻辑，摆事实讲道理，等等。

但我还是想就文化资源与文化结构的问题做点阐述。生命伦理学的研究对象是道德问题，它所依据的是道德文化。建构中国生命伦理学的工作，需要把中国文化中的道德方面凸显出来。也就是说，儒释道也好，其他中国文化流派也罢，我们至少在表面上不需要盯住其宗教形而上的部分，而是只需要着眼于其入世的道德观念部分，不管这两部分最终能否分得开。这样一来，我们似乎真的可以把不同的文化流派统统用作资源，远离任何道德文化的结构。然而，问题在于，道德文化本身可能是无法脱离某种结构存在的。我们看一下道德观念的范围：个人应当培养什么样的道德品质？应该形成什么样的人际关系？应当如何对待他人、环境、自然？什么样的行为可以接受，什么样的行为不可以接受？应该支持和利用何种科技发展，应该反对和排斥何种科技发展？应该赞成和确立何种政策、法律和制度，应该反对和拒绝何种政策、法律和制度？等等。就大多数人而言，这些道德观念既不可能是从一种文化的一两项抽象的基本原则演绎出来的齐整系统（因为无论哲学家们多么努力，他们也做不出这样的演绎系统），也不可能是从众多文化得来的、杂乱无章地混合起来的东西（道德心理学、社会学的研究已经证明不是这样的情况）。也就是说，虽然人们的道德观念不存在一种严密的演绎结构，但还是有一定的结构的。我们也许可以把这种结构称为维特根斯坦意义上的“家族相似结构”。例如，受儒家道德文化影响的人，即使在宗教上信奉的是佛教、道教或其他某个宗教，但在道德观念以及日常道德行为上却有很大的相似性，使得我们可以颇有根据地把它们归结为儒家道德文化。

如果我的这个看法是对的话，那么贴近一种道德文化（例如儒家道德文化）的结构来进行建构中国生命伦理学的学术研究，可能是更有成效的工作。

五、结语

近二十年前，我在北京举行的一次国际生命伦理学研讨会上报告一篇儒家生命伦理学的论文，国内多数同行的反应都包含些许惊奇。那时大家的生命伦理学见识并不多，但“普适生命伦理学”的意识却格外强。现在，虽然“建构中国生命伦理学”的工作有时还被人讥讽为是“打文化牌”，但我相信，实实在在的学术研究工作总是会有适当的回报的。

中国生命伦理学之方向与基本原则

李瑞全*

儒、释、道三家是中国哲学中的主流理论，构成中国传统文化的基本而又全面的内涵，对中国人的生命与价值，以至天地人、家国天下之群己、物我的关系都有决定性的影响。三教的理论与概念已融入我们的生活与生命之中而密不可分，不但反映在我们的社会政治结构与价值，反映在我们的日用伦常之中，也反映在我们的宗教观念、生死问题上，也自然在生命伦理的各种课题之中影响我们。在三教之中，儒家可说是主流中的主流，主要形成我们在日常生活中各方面的价值与取向。三教在哲学义理的层面自然有很多不同和争议之处，但在一般人的日常生活中却常是互补或互相容让，并没有很明显或严重互相排斥对抗的情况。

儒、释、道三教的哲学义理自然有很多不同，也因此有很多交互批评而形成丰富的文化生活内容。① 但三教都着重在生活生命中实践出人生的意义与价值，因而实有一共同的价值理想和取向，形成中国文化中多元并容、人格世界多种形态的生命。而在生命伦理的课题上，也可以视为一整体的儒、释、道三教合一下的文化取向来加以反省，申论中国文化中所蕴含的中国生命伦理学的义理。以下以儒家的论述为基础，辅以佛、道二家的观点，以展示出中国生命伦理学的基本方向和一些基本的原则，以供进一步讨论发展之用。文中亦引述一些相关的议题，如临床的生死决策、健康照护、动物实验等重要议题，做一些基本而简要的发挥，以见三家之互融共通之处，反映出中国文化之内容和切合现代中国人的现代伦理价值的取向、道德判断与道德行为的原则。

---

* 李瑞全，台湾“中央大学”哲学研究所教授。

① 参见唐君毅先生之《中国文化之精神价值》，现收于《唐君毅全集》（台北，学生书局，1984）第四卷。

一、中国生命伦理学的核心原理：对生命苦难之关怀与人之为人的人格升进

孔子以仁奠定人之为人的价值，并由此以证成礼乐文化之价值根源。人与人之间的仁心之感通，即是维系人与人的生命纽带，是社会文明得以建立和发展的动力。仁心之安不安，是对生命之苦乐的直接感应，不但是道德价值的根源，也是人与人、人与一切生命，以至天地万物结合为休戚相关的一体的根据。[①] 依儒家之义，宇宙一切实构成一有机的整体，是一互动的道德社群。此一全体的道德社群，基本上以每个人之家庭为根据地，从共同生活的亲密关系中层层开展，由家而国而天下，以至全宇宙。因此，仁之感通始自家庭，但心灵的感通并无界限，仁之感通无限，感通所至，隔阂即消除。每个人之仁心总由自己而辐射出去，由近及远。因此，儒家认为人与人之间的互相亲爱，自然“爱有差等”而有不同的人际关系之间的相对义务。但仁者之爱亦无界限，因而必由人而物，乃有“仁民而爱物”“仁者与天地万物为一体”之说，必至与天地万物感通而为一体。究极言之，圣人亦必是大公无私以抚育万物，使天下人与物都得以各尽其性分。

道家自老子立教，见出人间社会的斗争基本上出自人我的差别，出自人为价值之高下取舍，因而产生出无限的争端，以至战乱相残。道家因而主张小国寡民，简化人间的秩序，取消各种繁文缛节、各种人为的价值高下之分，使人民能从中解脱出来，复归于简朴自然的生活，让生命得以回复逍遥自在、与世界冥合为一的境界。但道家亦不是完全否定人间社会之组织，亦体认出父母子女之间，社群政治组织不可完全废除之处，只是以消极的松绑方式[②]，以无可奈何安之若命的顺应态度响应各种自然限制，以达成自然逍遥的生活。

佛教的基本义理，简言之，是以“诸行无常”“诸法无我”“有漏皆苦”

---

① 中国古代的文献中即有许多反映有这种人类关怀天地万物的感受，儒道二家更把此种天地情怀提升到哲学的层面来阐释。人类对其他生命的关怀，在今天也还是历历可见，特别是在我们日常生活中，对虐待动物、摧残河川土地、环境破坏等会有强烈的反应，实出自人类的天性。人类生命与自然世界相通的感受，几乎在所有原始民族的信仰中都有相若的表现。西方社会虽有较强烈的人类宰控世界、以个人主义为理性考虑的基础之取向，但仍然强烈主张保护动物，反对以人类为中心的自私自利，与罔顾他人他物福祉、完全隔绝的行为。

② 哲学上此即所谓道家之作用的保存方式以真正实现仁义礼智的意义。

“涅盘寂静”等四法印来解说生命如何陷于无明，陷于无穷的痛苦，以及如何由修行破除生命中的无明，让生命得到解脱。佛教以“缘起性空”说明人生之苦都是出于各种执着。而此种种世间的事物或价值，因为没有真实性，变幻不测，也不可能持久，只会使人为了追逐这些欲望的满足，而更深陷于痛苦的深渊，更形堕落，永无了期，因而陷于无边的苦海之中，受尽无穷的痛苦。佛家认为要解脱种种无明之覆盖，得到涅盘寂静之常乐我净，必须破除各种自我的妄执，戒杀护生，舍离此恶浊世界，破除无明，然后才得以永生西方极乐世界。动物与人并无等级的差别，天地万物也是可以互相转化的。而佛教的大乘菩萨在破除自身的人障我执之后，以大慈大悲之心，誓愿解救一切生灵，故不惜深入地狱，超度苦难的众生，以同登佛界，此亦是众生与佛同为一体之义。

简言之，三教均以悲悯众生之苦难，以解救众生出苦海为实践的基本原则。三教均正视当前现实的苦难，而求从当下做起，使生命得到解脱。因此，三教都注重在现世的实践，切切于推行仁爱与关怀生命之工作。但三教也不只是解脱民众之形躯之苦痛，更重视如何超升或转化此种种痛苦，由智慧与洞见，把生命向上提升，以求得精神的解脱，共同进入大同世界，人人各尽其性分，自由逍遥，得到生命之真实而永恒的愉悦。有限的个体生命通过与天地万物合一而得到永恒和无限的存在和价值。

其中最重要和共同的是，三教的理论中都有追求理想人格的目标：儒家之圣人，道家之真人，佛家之成佛。而这一最高的人格价值，也是人类生命的最高价值所在。当一个体通过实践而达到此一理想人格成就时，即显示一个人在现实上虽不免有各种限制和有限性，但也可以打破来自自然生命的局限而得到自由解放，也由此可以说突破自然生命之最大限制的生死的痛苦。此最高的人格成就是每个人都可以成功的，关键只是个人的努力，即实践工夫的深浅。由于肯定人人皆可以为圣人、真人与佛，因此，三教都肯定每个人的生命价值，生而具有其他人不可侵犯的人格尊严。[①] 儒释道三教对于最高人格价值的构想，虽然依教理各有不同，但都是每个人都必须经努力才能达成，也都可以达

① 此肯定人人具有不可侵犯的尊严价值，所指的是人格价值，并不同于生命神圣之说。因此，如果一个人侵犯了他人（同时即是侵犯了自己的人格价值），即一般不道德的行为，他即降低了他自己的人之为人的价值，以至不配为人，即应予以适当的惩罚，由受简单惩罚，以至被剥脱自由，与他人隔绝坐牢；若罪大恶极，彻底违背和伤害他人的尊严与生命，其极则是死刑。

成的人格成就。因此，三教强调在现实上，每个人都不即是圣人、真人或佛，因而更注意到人之现实上的不完整性、有限性，但亦同时肯定每个人都可以通过自己的努力以成就此最高的生命价值。因此，三教都提供一实践的方式和理论，建立学以成人的途径，指引信徒如何可以成就此一人格理想。在生命伦理学的论述中，人格价值是我们的最高价值所在。

二、生命共同体的人间世界：同情共感与道德规范根源

由于现代世界的发展，主要受西方自启蒙运动开始以来，把个体从各种不当的社会政治体制的压迫解放出来，因而高举个人的自由与权利。西方哲学更鉴于人际关系之偏私，是社会中许多不公义不公平之事的来源，因而人与人之间的紧密联结被排除在公义的反省之外。以至于涵育这种人与人之间最亲密的道德社群，即家庭，常被高举公平正义的人或理论所认为要加以取消的制度。这种取消家庭制度的论述，在西方哲学史中，上自柏拉图哲学，以至今天的马克思主义与各种极端的自由主义和女性主义等，都仍然存在。因此，在西方政治哲学之中，只有个人与社会或政府的权利义务的论述，家庭并不是社会的基本单位，家庭被视是私领域的事，不在公共制度的反省和规范之内。这不但不了解和不能说明道德和道德行动的来源，更违反和破坏了人类生命本有的内在的亲和性，以及共同生活上同情共感的必要性。儒家基本上是以家庭为人类社会的最基本的伦理社群，视其为人类社会中一自然的基本组织单位。它的基础性更在于每个人基本上是在一自然家庭中出生的，家庭并不是一纯然的人为建构的制度。共同的生活中即含有和培养出生命的最亲密的关系，此中的亲子关系既重要，也不可被消除，因此儒家认可之为“伦常关系”，是与个人永不可分的一种内在关系。反之，社会政治社群是一种人为的制度，可以有也可以取消。儒家也与道家共同提出可以有一种与现实社会政治权力无关的关系，即，人可以脱离社会国家而成为“天民”。天民没有政治，但仍然有伦常生活。社会政治制度的存在是为了共同生活的安排，其基础正是人类的家庭。因此，儒家由个人之修身必至齐家、治国、平天下。虽然道家不太强调家庭的基础，但也不忽视家庭的重要性。佛家强调出世，对男女之情欲视为贪嗔痴的根源，但仍然有“世出世间”不可分之教义，佛教的教义并不积极取消家庭的存在。在

现实生活上，三教都自觉或默认家庭的存在和重要性。

对相应人与人和人与物之间的道德行为与义务的要求，在追求理解其根源和方向上，我们不能不正视人与人之间自然而有的“同情共感”（empathy）、“同理心”（compassion）、“同情心”（sympathy）等所指的心灵的作用。生命之间[①]自然具有的同情共感是维持生命之存在与价值，以及物种的繁衍与生生不已的发展最重要的机制。在人类社会中，人与人之间的同情共感更是重要的结合基础。而同情共感最重要和明确的表现是在家庭成员之间，在亲子的关系之中。此所以儒家肯定家庭与家人之间的优先性与基础性，并不能为各种政治社会经济利益所取代或取消。在提出和重视人际间的感通方面，儒家最典型的表现是孔子之“摄礼归仁”[②] 的观点。而此一观念可见于以下的一段著名的对话：

> 宰我问：“三年之丧，期已久矣。君子三年不为礼，礼必坏，三年不为乐，乐必崩；旧谷既没，新谷既升，钻燧改火，期可已矣。”子曰：“食夫稻，衣夫锦，于女安乎?”曰：“安。”“女安则为之。夫君子之居丧，食旨不甘，闻乐不乐，居处不安，故不为也。今女安则为之。”宰我出。子曰：“予之不仁也！子生三年，然后免于父母之怀。夫三年之丧，天下之通丧也。予也有三年之爱于其父母乎！”（《论语·阳货》17：21）

此段文献有很丰富的哲学意涵，我们在此主要指出其中家庭亲子关系中同情共感的重要性。“三年之丧”是周朝丧礼中最重要的礼制，即父母去世守丧三年的规定。宰我即认为三年太长，要求把它缩短。但孔子回答宰我的质疑时，反而质问宰我在父母死时享受美衣美食是否会觉得“安”。此所谓“安”自是指心之安不安。三年之丧来自对于父母之死的深心不安的感受上，而此一人与人之间的生死悲恸，即是亲子之间的感通，即同情共感的表现，孔子称之为“仁”。宰我的响应表现出对父母之死若无所感，父母之死亡与自己痛痒隔

---

① 此处普泛以生命为言是因为同情共感式的表现，不只限于人类，在各种层级的生物中亦是常见之表现，此特别容易见于动物之母性之哺育与保卫幼儿的行动中。此亦可以说是 Edward O. Wilson 所谓生物之间的亲和感（affinity）的表现。

② 摄礼归仁是《论语》中孔子最重要的哲学理论，即“以仁为一切礼乐价值的基础”，此一说法见诸当代新儒家的各种著述之中，诸如徐复观先生之《中国人性论史：先秦篇》第四章，明确提出此一论题的亦可参见劳思光《中国哲学史新编》第一册。

绝，故孔子骂宰我为“不仁”。如果没有此感通或悲痛，则三年之丧只是虚文，没有必要遵守的价值和意义。此即表示仁是三年之丧，也是一切礼乐的根源。礼乐制度是为了体现我们的仁心的要求而来。在古代，礼乐就是我们日常的道德规范和社会政治制度，“摄礼归仁”即是以仁心为一切价值的根源。而仁的具体呈现即是人际间的同情共感的生命的感通的表现。

孟子更明确地提点出儒家的道德根源是出我们本具的“不忍人之心”[①]，即道德本心，而且指出此不忍之心即同时具备情与理，以及道德行动的动力：

> 孟子曰：“人皆有不忍人之心。先王有不忍人之心，斯有不忍人之政矣。以不忍人之心，行不忍人之政，治天下可运之掌上。所以谓人皆有不忍人之心者，今人乍见孺子将入于井，皆有怵惕恻隐之心，非所以内交于孺子之父母也，非所以要誉于乡党朋友也，非恶其声而然也。由是观之，无恻隐之心，非人也，无羞恶之心，非人也，无辞让之心，非人也，无是非之心，非人也。恻隐之心，仁之端也；羞恶之心，义之端也；辞让之心，礼之端也；是非之心，智之端也。人之有是四端也，犹其有四体也。有是四端而自谓不能者，自贼者也；谓其君不能者，贼其君者也。凡有四端于我者，知皆扩而充之矣，若火之始燃，泉之始达。苟能充之，足以保四海，苟不充之，不足以事父母。”（《孟子·公孙丑上》）

在此引文中，孟子首先即指出人人都有此不忍他人他物受伤害的本心，而由此建立的政治制度即是最符合人性人情的仁政王道。此即表明儒家由道德根源开展政治社会制度的内圣外王的观点。引文更进而明确指出所谓不忍人之心的表现即在于我们看到一个无辜的生命即将受到严重伤害时，内心自然而实时呈现的“怵惕恻隐”的情状。孟子所举的例子是当时的农村的日常例子，我们今天则可以用更多相应的事例，如看到小孩在把玩尖刀，或在繁忙车道两边走动玩耍，或一小狗在大路上徘徊不去，等等，当我们看到小孩或小狗快要被刺伤或撞倒的刹那，我们的内心也不期然而有一种悚动。此即是孟子所指的我们内心在当下即有一种不安不忍的“怵惕恻隐”之痛。它不但使我们觉知一生命受到严重伤害，使我们感受到一种隐痛，而且使我们当下感到有一拯救的义

① 关于道德规范根源的论述，请参阅李瑞全著《儒家道德规范根源论》（台北，鹅湖出版社，2013）一书，特别是第三、第四章。

务，即自觉有义务要解救即将受伤害的小孩或小狗。此是一当下的直接的感受，不但没有经任何反省，也根本没有时间做任何反省。但这一悚动即同时是义务的自我要求，也同时是一推动我们去行动的动力。此义务完全是我们自己的自我要求，如果我们不去做出任何相应的拯救的行动，我们会感到需要有更重要的道德理由以压倒这一内在的要求，否则我们会自觉不安，会感到羞愧，事后会感到内疚。因此，依儒家的分析，这种当下呈现的不安不忍的感受，或面对儿童欢乐之感到愉快，即是与他人他物的生命的同情共感。这在母子关系之中特别明显，对子女之需求与苦乐，母亲都很明显常有一种感通的觉知。母亲不只是知道子女受伤时的痛，而且自己也感到痛，甚至有时候比子女有更强烈的心痛的表现。这是生命之间的自然而有的感通。母亲之当下所感到的义务而直接采取行动，有如关系伦理学（care ethics）所指出的，常有一很强烈的"我必须"（I must）的感动与行动的自我要求。[①] 道德的义务即是对他人他物的苦难有一不容自已的同情共感，以及由此而来的自我要求和行动。

道家亦对他人之苦乐和人为制度的束缚与痛苦有深刻的阐述，认为需要加以解救。此中涵有道家不但认可生命之间本有的感通，更认可生命之间本自相通，故有蝴蝶与庄周之间实难以分割的比喻：人与物可以转化，是一体的宇宙生命的不同面相的转化。因此，生命之间的感通亦犹如一体的内在感通，人可以直接感知鱼之从容出游之乐。佛家也有所谓"自通之法"，即，不想他人伤害自己也应知道不能加害于他人，近乎儒家恕道之"己所不欲，勿施于人"的感通。大乘菩萨更有感于生命之堕于无明，无法解脱，以至堕入最苦楚的地狱世界，乃发出"大慈大悲"之心，誓要普救众人，甚至"有一众生不成佛，我誓不成佛"。菩萨为了普救众生出苦海，宁愿不进入涅盘静寂的世界，特别"留惑润生"，进入地狱，与众人苦乐与共，因就众生之情状而拯救众生出苦海。由此可见，生命之间的同情共感，特别是对生命的苦难的同情共感，可以破除人我之隔，和自觉有义务去解救有需要的人与物，是儒释道三家共认的生命之间的道德义务。

因此，在生命伦理学上，中国文化所展示的是重视人与人之间的同情共感与亲密关系。我们主张家庭成员对于医疗决策应有合理的参与，在病中的人的理解能力不免会减退，情绪会受影响而不稳定或失常，家属的支持与协助，更

---

① 关于关怀伦理学的论述，请参阅 Nel Noddings，*Caring*：*A Feminine Approach to Ethics and Moral Education*（Berkeley：University of California Press，1984）一书。

能让病人安心，使病人的真正意愿和价值取向得以表达和沟通，更能达成符合病人意愿的医疗决定。医护人员对病人的同情共感亦能舒减病人的不安和因为处于一不熟悉的环境而有疏离恐惧的心理影响。医护人员以视病犹亲的真诚态度，对在病痛的病人身心精神上，实具有重要的舒缓痛苦的疗效价值，不是医药精良所能代替的。

三、儒释道三家之无我观与利他爱物之感通与义务

如上所述，儒、释、道三教都具有一个共同的取向，即以一切苦痛的根源都由自我自私之欲望产生，因此，都寻求破除此自私之自我，展现无私利他的大爱精神。《论语》中孔子自述“无意、无必、无固、无我”，以摒除私心之偏执，而且更以“克己复礼为仁”，在实践工夫上去除一切为己利己的私念私欲，以大公无私之心，实践为他利他之事。由“己所不欲，勿施于人”之恕道，“推己及人”之忠诚，打通人我之隔阂，达到与天地万物为一体之仁。在这样的仁者关怀之下，尽力使人人皆能各尽其性分，物物都得到化育，以臻大同世界。

道家亦同样反省出“吾有大患，为吾有身，若吾无身，吾何患焉”，因而要从自己之形躯解脱出来，与“天地并生”，同其无限，则不但一切因自我与私我而来的各种限制与束缚得以打破，更进而使自己能超脱有限的“形躯的限制”，而可“与万物合而为一”，生命互相转化，由此取得无限的意义与价值。此一让“物各付物”，人与物都能顺其自然而无人为的束缚与限制，得以“同于大通”的“与天地万物合为一体”的结果，真正解除了人生的各种牵引限制，以及由此而来的痛苦，使有限的生命一同进入自然逍遥的境界。因此，道家既不汲汲于追求加快生命之结束，亦不恋恋于生命而人为地延长下去。凡事皆以顺其自然而行，即所以达到最高境界与最高的幸福。

佛教更明确地对于一切事物之“自我”“自性”加以彻底的批驳，不但指出这种种“我执”“法执”，正是人之受到“生老病死”之苦的根源，使人与他人他物分割，互相戕害，陷于永恒的“轮回”之劫中而不得解脱。佛家由“缘起性空”，见出不但世界是没有自性的存在，没有真实的独立自存的实体，由此打破人我的区隔，同归于一体之平等。由平等空性观照所及，佛家辩破对自我与自私自利的我执，不但是针对形躯之限制与由此而来的利己自私的欲望与行为加以否

决，同时更由此而有感于他者之苦痛与自己实息息相关，由生命之感通而有利人利物之利他主义，更有一众生不成佛，不能脱苦海，自己也不成佛，不独自脱离世间的一切灾难，而有同体大慈大悲的菩萨心肠。此一利他去私的反省，可以说是根除一切罪恶痛苦的渊源，从而实现天人一体的至乐世界。

儒释道三家之智慧汇聚的重点是见出对自己生命之执着是痛苦的根源，因而以去除私我私利，而以利人利物为自己的道德义务。去除自我的执着，则对于生死自然可以坦然接受，以一种顺其自然的方式来响应。因此，中国传统对于死亡并不惧怕，也有舒解之道。基本上是通过超越个体的生命与形躯的执着，以安时处顺的方式，面对死亡和一切相应而来的痛苦。也由于深感与他人他物之感通，由同情共感而来的生命之感通，故对于其他生命总有苦乐共感与敬爱之情。此如反对杀生和虐待其他生命。佛家更明显强烈地反对杀生而奉行素食，在追求解放生命的各种苦难上，也最为用心与用力。也由于由近及远，由家而国、天下，中国传统伦理亦重视由爱有差等而来的差别对待，承认家人之间具有亲密而不可分割的关系，是我们义务实践的优先对象。但也不容许因此而变为利己与利家而对他人的不公不义。因为，三教都有天下万物为一体的同情共感的感通，因而也必谨守不杀人、不杀生的基本戒命。

由于亲密的关系，对于亲人之离世，自然有不舍的感受，但也不忍亲人临终受到不必要的巨大痛苦。许多难以决定的情况，多少是不明了病情与医疗的效果，以及临时出现的生死抉择，而有恐惧错误决定带来终生的遗憾。但三教对于个体的不免于死亡，且有死而不亡的超个人生死的信念，所以，基本上最后会放手，接受自然的死亡。在临终上，中国传统文化的取向是珍惜生命，重视生命生存的价值，即生命的质量，因而对病人的照护更为重视。使老年人和长期病人得到最好照护的安宁疗护，让病人安详离去，自是符合三教之使老有所终的理想。由于三教都能较合理地平视人类与动物的关系，不主张对动物进行具有伤残性的实验，自然也反对残忍的动物实验，而宁可接受合理地发展对人类疾病的治疗，并不急求对奇难杂症的疗治。唐代孙思邈之敬重含灵生命，不以杀害生命而来的药物为人治病，实粿合了三教的人道精神。

四、实践工夫对生命价值之了解与决定的影响

由于每个人不是生而即是圣人、真人或佛，必须经过工夫的努力才可能实

现人的生命的最高价值，由实践以成就最高的人格即成为三教的理想和行动的目标，因此，对于如何由未为圣人、真人或佛，通过工夫实践以成就更高以至最高的人格境界，三教也提供了各种修行入路的方法。

实践工夫是一个人自觉生命的行为和价值的自我反省与提升。在反省中含有对发生的事有一理性的了解与评估，不但于道德价值有所肯认，也培养实践者自觉自己的行为的对与错，对自己的私欲私念加以反省纠正，建立自己的德性人格，使自己的同情共感得到更好的发挥，使生命发挥更高的价值。通过实践的反省，我们在与人相接之处，即处事做人方面，更能反省自己的盲点或过度的主观，更能虚心接纳他人，增进人与人之间的沟通交流，互相了解合作，使彼此的同情共感得以共鸣，生命人格受到尊重。儒家最为强调此中德性人格的建立，强化同情共感的亲和性；道家亦由实践而得出顺应自然的各任其性的自由；佛家之修行则可使人免除执着，消除各种贪嗔痴的偏执，消除人我的隔阂。由此所共同建立的不只是一和谐的社会，更是一具有亲切亲密感的社群。

三教所着重的实践的意义，使得理想并不只是空想，而是可以落实到日常的行事之中，使诸如破除生死、无我无私、利他利物的原则，可以在生命伦理的各种真实境况中，得以发挥出来，以消除各种偏执成见，更能增进整体的福祉，使人人养生送死无憾。由于了解必须经过实践方能达到最高的生命境界与成就，因此，三教也不会勉强每个人都以最高境界的方式行事，这是在现实上不可普遍要求的理想。三教也深明此中每个人都必须努力学习提升自己的生命的必要，也因此在一般日常行事上照顾每个人的差异性和有限性。依此而言，三教也在一般日常生活中留出一些容许个别人或家庭在实践上和趋向上各自不同的方式，来响应日常生活中的各种道德课题。因此，在不同的教义下，我们也容许人们可以采用不同的取向或宗教仪式等来处理相应的事件。这是在民主共容之下，容许多元的实践方式。

三教对人格修养的重视，在生命伦理的课题上，具有很多重要的启示。在对个人的私利私欲的反省和美德的提升上，不但可以促进医护人员的德行表现，更可以促进医患关系的信任，化除不必要的医疗争执，对于医药的质素和效果更有正面的提升。中国传统医药伦理中对于医师的医德要求极为重视，不但对病人要有视病犹亲的真诚，不准有种族、男女、贵贱、贫富等的歧视，强调济世为怀，赠医施药，对于极贫困多病的病人，更予以米粮的资助。而医师人格的提升，发挥为仁心仁术，也更能减轻病人和家属的疾病痛苦和死亡的困难，让病人得到合理的医疗和生命痛苦的解脱，使到末期的病痛得到较为可接受的出路，以避免部分医师护理人员为免可能违法或被控告，而只按章办事，无视病人与病情的真正需求。医德与家人的修养工夫的提升，自然使病人可以得到更多的支持，病人与家属有更良好的相互谅解，不致因为各种不舍或资源无助的困难，导致死者与生者无限的痛苦。医疗中加强了医护人员的人格修养的提升，建立人际间的信任，同情共感，方可望在生命伦理的抉择上达到养生送死无憾。

五、亲密关系之开展：爱有差等之公平合理性

依生命之同情共感的表现，每个人自然首先对共同生活的成员，通常是家庭或广义的家庭成员，产生亲密关系以及强烈的同情共感的一体感。家庭常是一个人的生命开始即存在的亲密的道德社群。此即表现为一般的家庭的亲子关系。此所以儒家强调家庭生活中的“孝、悌、慈”，强调实践仁道必由“孝悌”开始。不但强调我们要照顾幼弱，亦同时强调我们对抚育我们生命以至成长的父母长者有一感恩的道德情感。家庭这种亲密关系，不但对于每个人的生命有重要的内在价值和外在的道德行为的规范，而且是使人在人世间保有一最后可以回归和安身立命的场所，不致因为在社会上失意失败而成为偏激无助的生命。由此而自然产生对家人特具的认同和亲密关系，也促使我们相互间具有无私的一体的生活，相互间以利他的义务而不是分割的权利来维系，因而儒家所谓“爱有差等”实是出于我们的同情共感的生活中互相感通的自然表现。此在道佛二教所强调的方向似有不同，但就生命之自然开展来说，二教与儒家也无异词。在日常生活之中，我们的个人生活都以家庭为中心而辐射出去，由近及远，自然有序。这不但构成我们现代生活中一种稳定而可互相期待的规则，也使我们在互相关怀中开展和实践我们的同情共感的行动和决定。

这种自然而强烈的出于同情共感和共同生活而来的家庭成员之间的亲密无间的一体感与对外之“爱有差等”的相互对待，并不会产生不公义或不公正的偏差，因为，这也是人人都异地皆然而可行的原则。在家人之间，儒家依同情共感的原则，见出家人之间特别强烈的义务责任所在。而在社会群体方面则是

以公平和不偏私的原则为准，并不容许以私意私情扭曲公共众人之事。公事仍然要秉持大公无私的原则，人人平等对待。换言之，儒家强调每个人都应依亲密的共同生活关系而有差别的相互义务，不但可以让我们对家人特具的道德义务得以自然而畅顺地实践，而且人人皆应如是，这即是爱有差等的公平性。而在社会公共事务方面，则要求人人平等互相对待，在此可以强调每个人的权利与义务，如此，社会事务并不会因爱有差等而产生不公正的问题。佛道二家虽然没有积极提倡家庭的重要性，但并不排除家人之间的亲和关系。与此同时，道家的回归自然一体，佛家之破除妄执，以平等视众生，也可以建立公正无私的屏障，使妨碍公平正义的私情私意可以被适当地规范。

由于以家庭为社会活动的基本单位，不但使个人在面对各种生命伦理决定和选择时，得到可靠和互相了解的家人所支持，更可以使家庭成员合理地参与个体的生命伦理中的决定，不但有助医护人员了解病人的价值与真正的意愿，使病人自主的意愿更能达成，还能避免病人在重病中会感到无助和受到医护人员的宰制。因此，家属的参与实可以合理地解决一些生命伦理的两难和化解病人不必要的痛苦。由于家人资源共享，可以减轻个人的医疗资源匮乏之困难，家人参与长期照护和与医疗机构的共同合作，以至当病人在失去行为能力时，仍有家人可以代为进行决定，争取合理的医疗保障，保护病人免于不必要的医疗和痛苦，对每个人之得以善终，是极为重要的因素。在家人之间的义务也常更为密切和具有优先性，此如在器官捐赠上，家人之间实有更紧密和优先的义务，不能以个人自主的利益为由而拒绝施以必要的救助，如捐肾救助自己的小孩等。综言之，家属不但有合理的参与决策的权利和利他的义务，家人的亲情，也是病人临终要回家所要寻求的最后慰藉和能安心离去的关键。至于如何安排居家服务和配合在家离世的医疗和照护，则是政府与医疗机构所应加以响应和规划的任务。

六、尊重自律之生命伦理学意义：自尊、尊人与互尊

家庭成员之间的亲密结合，实质上形成家人的苦乐与共，共同生活不可能分割，共同的利益也不可能分割。而且，家庭是社会的基本单位，个人乃在家庭整体之内，因此，儒家主张家庭之内是以和谐共决的方式处理家庭成员所遇

到的各方面的事，此中情理并融，较能得出对每个家人和整体的最大利益。依儒家之伦常亲密关系来说，个人与家庭本不分，家庭成员的利益即是全体家人利益，以同情共感的感通相互沟通，应当可以以和谐和坦诚的方式取得最符合全家福祉的决策和决定。在此，道家之退让自谦，可以给家中主导者以一种让开的精神，让家人各自的意愿得到充分的表达和达成。而佛家之智慧亦可告诫家人不可执着，尽量寻求共认共可，以解决内部可能出现的纷争。

经由内部的商议结果，即可对外代表当事人与家人的共同决定，即是一家庭的自主自律的决定，此一决定自应受到外部相关的组织制度所承认和尊重。由于此是一经家庭咨商，在和谐的方式之下所取得的决定，应具有高度的合理性。但是，我们也不能漠视传统与现代家庭中，仍然不免有由于知识与经济能力的差异，以至社会文化所含藏的宰制形式，对家庭中弱势者会有不当的伤害。因此，如果其间有异状，则相应的外部组织或制度，如医疗制度与专业人员，应提供正确的专业知识和辅导，与评估审察的制度，以避免家人因误解、蒙蔽，或有隐藏的暴力或压力而做出不当的决定，以保障每位成员得到最佳的利益，个人应具有的权益不致受侵犯。对外方面，由于得到家人之团结与支持，个人较有保障，自然较少受到外部的欺瞒或伤害。

如家庭成员之间有不可解的对立情况出现，最后可能是以家庭暂时分离的方式处理，回归当事人与其他家人宛如各在一独立的家庭之中，由当事人依其独立意愿行事，以解决其中不可解的争峙。家庭濒临分裂时，难免会产生剧烈的互相指责或争吵，但仍应保有同情共感、互敬互重、尊己尊人的态度和行事方式，不宜做出彼此不能补救的互相伤害的行为。同情共感与忧戚与共，仍然会是维持亲人间最重要和最有力的团结力量，作为彼此最后的支持。此种内在的亲密关系，也常在意见破裂、各行其是之后，事过境迁、意气之争放下之后，仍然可以促使亲人们愿意互相谅解，修补曾出现的裂缝，归于和好，仍然保持内在的亲和性。

在社会成员之间，我们也应以同情共感的同理心（compassion），关注他人的苦难，提供适当的帮助和协助，以使社会上有困难者得到舒解。而在制度上，除了预防对弱势者的压制之外，我们自应尊重他人和他家的共同决定，不能强加个人或社会的意志于他人身上。互相尊重更能培养彼此的同情共感，组成更团结和谐的合作群体，以使社会中人，人人得到合理和愉悦的对待。因此，医疗与研究，特别是涉及共同的信息的研究，如基因疾病或信息的提供，都应有良好的家庭的咨询过程，取得家庭成员的共识和决定，以免造成家庭成员之间的误解与伤害。

七、人间社会的合作模式：互助、他助与自助之临床应用

生命伦理学所关切的是生命的各种苦难与两难的情况，生老病死是生命所不能免的历程，此中亦不能无悲痛苦难，生命伦理学的目标也就是如何为生命找寻出路，为人生苦难提供最好的救助。儒释道三家基本上都是生命的学问，都是为卫护生命而发的智慧之光，而且是见诸实践，不是戏论，也自是可以于生命伦理课题有所用，以至有所大用。社会基本上是由个人组成家庭，家庭结合成为社群与社会，再扩大而为国家。没有一个人或一个家庭可以完全独立独自生存，彼此的合作和互助是必有之事，也是必有之义。因此，社群中人的共同生活，原则上应以自助、他助、互助的方式来解决个人、家庭和社会整体的生命伦理学困难。以下试依生老病死四项，简言中国生命伦理学之方向。

由于现代生命科学与科技的发达，我们对人类生命的接触已不限于出生之后。远在出生之前，我们已可以就人类生命做出许多重要的研究与运用。此在当代的一些基因科技中，人类胚胎即是最重要的研究对象，是我们建立生命知识与技能的重要来源。由于基因科技的发展，我们可以建立干细胞株，用以研究基因的机制，以为治疗基因疾病，以及其他健康与疾病的治疗等。此中产生如何取得研究用的细胞，涉及取用之对象，即受精卵之被伤害或最后被毁灭等争议。依中国生命伦理学的基本方向而言，生命是可贵的，胚胎之生命亦如是。没有必要和足够的理由，不能随意制造和利用胚胎。在了解生命的基因机制，以及用以治疗基因疾病的需要上，基因研究有其合理性，并非不可为之事。儒释道三教不以为生命是神圣的，不以为在胚胎研究中人为地制造生命是一种僭越的行为。但由于涉及生命之生死与伤害，利用胚胎做研究，亦必须审慎为之。三教都只能在有限制的条件下接受人为制造出来的生命，如复制人。但对于着眼于只为人类利用而制造的各种畸形的生命形态，如没有脑的人，以及各种混种的生命体等，这是由人类来主宰和玩弄生命的行为，有违我们对生命的尊重与同情共感的规范。由于我们的科技力量日益强大，我们对于研究所

衍生的各种可能的后果和应用，基本上应加以严格的限制，必须事前有明确的评估和合理的规范，不可只为好奇、好玩或求知而为之，以免酿成难以化解的后遗症。我们对于利用动物进行实验，应提出更高的人道标准，对于利用后的动物，也应有感恩的回报，不能以用完即弃的方式来处理。

虽然三教都能为我们提供如何可以看破生死，以及可以超越个人生命之有限性和不可能生物地永生的限制的视角，但最高境界之人格实践也不是人人当下或马上可以达致的，因此，一般人仍然依附在生命的生生不已的相续上取得安慰，以减少对死亡的恐惧或克服。而且，由于生命之同情共感在生命历程上也始发端于生命的开始之时，即亲子关系的开始，因此，养育自己的子女，即生育权，是每个人应有的权利。自然生育自是最无可反对之事。人工生育似有外加的人为之助。但就有自然生育困难的家庭来说，在没有危害他人或对其他生命产生伤害的条件之下，使用人工协助，是可以被接受的手段。协助生育所达成的生命的喜悦与团结，使人工生育可以被有限度地接受和支持。由于一些夫妇在基因遗传上有缺憾，我们可以接受具有医疗功能的基因筛检之后，以人工方式植入胚胎；或由于生理上不能生育，都可以做出相应的体外受精之类的科技的协助，以至在合理安排下的代理孕母方式，以完成生育的历程。但人工生育不能被视为对于行使生育权相关的合理的生育的负担的逃避，诸如为了免于怀孕九个月不能享受较自由轻松的日子，而利用代孕的方式，并不值得鼓励。因为，此中实衍生严重的母婴关系的问题，在没有必要时，不应采用可能产生严重的人际间的冲突和伤害的生育方式。较极端的情况是在老年夫妇不能生育而子女却骤然全部死亡之下，能否容许以复制人的方式，为孤独而痛苦的夫妇或老人重组其血亲家庭，是值得深思之事。三教原则上并不鼓励，但亦不截然地反对。

人生最主要的阶段自是从出生之后到死亡的历程。此中的生命伦理课题最多，包括疾病与医疗的问题，此中最关键的是医治疾病的决定权。依三教之以家庭为不可分割的生命和生活共同体，及由此而来的强烈的同情共感的亲密关系，病人自是以家庭为单位，治疗应是以病人与家属共同决定为依归，此即所谓家庭自律或伦理关系自律的意义。家人可以参与病人的诊治与治疗。此不但可以让病人得到情感与理智上的支持，也可以减少病人在病中因不免减弱的行为能力而受到不知所措的影响或医护人员的宰控。当然，为了病人的最佳利益，医护人员也应本着同情共感的精神，关注病人在医疗中的痛苦，以及可能受到家属的不当压力之伤害等。由三方组成团结的团体，共同努力来保障病人的福祉，是同情共感的最佳运用。在医疗费用的负担方面，家人之间的互助，特别是情感上的支持，自是最重要的一环。但由于严重疾病的医疗费用常是一个普通家庭不容易完全负担得了的，社会与政府的支持是必需的。因此，个人、家属、医护人员、社会与政府的全面合作和互相支持配合是最能响应人生中的医疗问题的方法，也是最可以彰显全民一心、同情共感的表现。至于一些个别的议题，如器官移植、公共卫生等，大抵可以根据同情共感之下而有的社会的公平性与爱有差等的条件来做适当的评估和衡量，以做最妥善的安排。

人类终不免衰老而有各种长期照护的问题，包括严重机能退化，以至植物人的状况。家人的同情共感仍然是响应的最基本的方式。我们最后仍然是追求使每个人"老有所终"，每个家庭"养生送死无憾"。此最后不免是如何处理临终或死亡的问题。按生命伦理学中有关"自然死""医助自杀""临终镇定"等情况，基本上是为了减少病人不必要而且严重的痛苦的决定，也是使家属以至医护人员的同情共感以及同理心要求得到实现，使"生死两相安"，都是可以在合理的方式之下采用的办法。至于安乐死的问题，依三教之义，生死并不如此之分隔和严重，在病人临终时会有极严重而不可能解脱或减轻的痛苦之下，合理和经严格反省分析之后的安乐死是可以接受的。

上文已大略说明了中国文化传统中所蕴含的生命伦理在各个重要的医疗生命决策上的价值和响应的取向。此中自然与西方采取的个人主义式的取向有相当重要的区别。中国文化之以家庭为社会的一个单位，强调家人之间相互的爱护与不伤害的积极义务，而对外则兼采取尊重自律与公义原则的并行。但在基础上，伦理关系仍是以天下一家、同情共感为社会国家的生命伦理规则和决策的出发点。反过来说，政府不可伤害家庭的团结，家庭也不可以侵犯家庭成员的基本权利和福祉，此中的拿捏准则自是不易。西方生命伦理学基本上采取普遍和一律的平等对待原则，可以较容易表现出道德的普遍和理性的意义，判断的方式也较简单易行，但也容易导致一刀切而不能吻合人性人情之常。中国传统的基本原则是采用"理一分殊"的原则，就各种具体情况而予以合情合理的反省和分析，祈求以最高度的和谐和互助互谅的方式，解决可能产生的道德两难的困境，让每个人得以安身立命，养生送死无憾。

二、中国生命伦理学的方法论

从元哲学的视角出发看中国生命伦理学的建构工作

陈强立*

今天医疗技术和生物科技的发展可谓一日千里，它为人类带来莫大的福祉，但也为人类带来严重的道德问题。社会上普遍使用人工生殖、堕胎和维生等方面的医疗技术，使堕胎和安乐死的道德问题变得更加尖锐，也带来新的道德问题如胚胎处理和代孕母等。器官移植技术和基因技术的进步同样为我们带来新的道德问题，售卖人体器官、胚胎筛查、繁殖克隆人、人类基因改造所涉及的道德问题，就是由有关的生物医疗技术衍生出来的。当代生命伦理学就是为了解决此等道德问题而创建的。当代生命伦理学由西方学者发其端，但是，生命伦理学在过去十多年亦渐渐为中国的伦理学家所重视，成为中国学术的一个新兴的研究领域。依笔者的观察，中国的生命伦理学的研究主要集中在“应

---

* 陈强立，香港浸会大学应用伦理中心副主任、研究员，宗教及哲学系副教授。

用”的层面，甚少涉及“基础性”的研究。比方说，对于“应该怎样建构中国的生命伦理学?”“应该采取何种研究范式来研究中国社会的生命伦理问题?”此等基础性的问题，中国的生命伦理学家鲜有涉猎。[①] 然而，此等基础性的问题，中国生命伦理学家是必须正视的。一方面是由于中国的生命伦理学仍在创建的阶段，探讨有关问题有助中国的生命伦理学的健康发展。另一方面，生命伦理学是一种“批判的学问”（重视批判精神的学问），它的批判精神要求我们对个别生命伦理议题所下的结论具有充分的合理性。如此一来，中国的生命伦理学研究就不能停留在“应用”的层次，它还须研究一些“基础性”的问题。

本文即旨在从元哲学的层面出发，探讨有关的“基础性”问题，即“应该怎样建构中国的生命伦理学?”“应该采取何种研究范式来研究中国社会的生命伦理问题?”等问题。“元哲学”（metaphilosophy）又可称为“后设哲学”。所谓“元哲学”意思是指对哲学的目的、性质和方法进行反思的一种哲学活动。简言之，它是哲学的哲学，即以哲学为反思对象的一种哲学活动。元哲学的探究可以采取两种不同的进路。其一是对哲学这一门学问做通盘的考察，从而提出一种广泛的元哲学理论，以指导哲学研究的工作。比方说，逻辑经验论哲学家卡尔纳普（Rudolf Carnap）所提倡的“哲学即科学的逻辑”（哲学的任务是研究科学的逻辑基础）和维特根斯坦（Ludwig Wittgenstein）所提倡的“哲学即思想的厘清”（哲学是厘清思想的一种活动），都是一种广泛的元哲学观点。[②] 另一种进路，就是从个别的哲学部门（例如数学哲学）出发，思考有关部门的目的、性质和方法。这是以个别的哲学部门为考察对象的一种元哲学进路。此进路并不预设所有哲学部门均有着相同的目的、性质和方法。比方说，依此一进路，数学哲学和生命伦理学，虽同属哲学的范畴，但是，这两个部门的活动尽可以有着不同的目的、性质和方法。采取这个进路的理由是，并没有单一的元哲学理论能充分说明各个哲学部门的目的、性质与方法。故此，我们只能分开考察各个哲学部门，分别探讨有关哲学部门的目的、性质和方法。这样一来，

① 当然有很少数的例外。参见范瑞平：《当代儒家生命伦理学》，北京，北京大学出版社，2011年。另外可参考罗秉祥、陈强立、张颖：《生命伦理学的中国哲学思考》，北京，中国人民大学出版社，2013。

② 参见 R. Carnap，*The Logical Syntax of Language*，Tr. A. Smeaton（London：Routledge & Kegan Paul，1937），“Forward”以及 L. Wittgenstein，*Tractatus Logico-Philosophicus*，Tr. D. F. Pears & B. F. McGuiness（London：Routledge & Kegan Paul 1961），p. 21。

我们可以有不同哲学部门的元哲学，例如“知识论的元哲学”“形上学的元哲学”“伦理学的元哲学（即元伦理学）”“政治哲学的元哲学”等。

本文所谓“从元哲学的层面出发……”就是意指通过后一种元哲学的进路来探讨“应怎样建构中国的生命伦理学?”“应该采取何种研究范式来研究中国社会的生命伦理问题?”等问题。具体而言，本文的出发点是以生命伦理学（主要是西方生命伦理学）为考察对象，思考它的目的、性质与方法，尤其是它所采取的研究范式的普遍性和有效性，并通过有关考察来回答上述中国生命伦理学的基础性问题。简单来说，本文所要探讨的问题属生命伦理学的元哲学问题。[①]

中西生命伦理学的现况

依笔者的观察，大部分中国生命伦理学家在思考生命伦理的课题时，主要以西方生命伦理学为研究范式。比方说，有关学者自觉或不自觉地均采取自由主义或功利主义所提倡的生命伦理学观念和原则来处理生命伦理学的课题。[②]这个现象是可以理解的，因为正如前文所说，是西方学者首先对有关的生命伦理学的课题进行研究和思考的。中国生命伦理学者学习西方生命伦理学，并撷取其中的观念和原则为自己所用，那是自然不过的事。然而，我们对生命伦理学的问题的思考，却不能仅仅停留在学习和应用西方的生命伦理学范式上。首先，我们必须了解，生命伦理学所要处理的是一些非常实际的社会道德问题。我们不应先验地假定中国社会和西方社会均面对着相同的生命伦理问题。两个社会的生命伦理问题或有重叠的地方，但更可能的情况是，它们所面对的生命伦理问题，其中一部分甚至是大部分，无论在性质上或形态上均有着极大差异。以生育为例，中国须面对庞大的人口压力，西方社会却没有这方面的问

---

① 按照上述的第二种元哲学的进路来看，此等问题属于生命伦理学的元哲学问题。“生命伦理学的元哲学”这个提法的合理根据在于，生命伦理学是一个相对独立的哲学部门，虽然生命伦理学也涉及伦理学的理论，但并非附属于它。生命伦理学有自身的目的、特殊的建构方式和方法。对它的反思则属于元哲学的层次的工作。另外，把有关工作称作“元生命伦理学”亦无不可。不过，笔者比较偏向“生命伦理学的元哲学”这个提法。

② 参见邱仁宗：《生命伦理学》，第一章，上海，上海人民出版社，1987；邱仁宗：《艾滋病、性和伦理学》，47～56页，北京，首都师范大学出版社，1999。另外参见孙慕义、徐道喜、邵永生主编：《生命伦理学》，第一章，南京，东南大学出版社，2003。

题。中国社会所要面对的生育的道德问题，和西方社会比较，无论在性质上或形态上均极为不同。如此一来，西方生命伦理学的观念和原则是否适用于中国社会是不无疑问的。

西方的生命伦理学范式是否普遍有效？它对于中国社会是否同样有效？中国生命伦理学可否采取有别于西方生命伦理学的研究范式？在回答上述问题之前，让我们先看看西方生命伦理学的现况。

Jonathan Baron 在他的著作《反对生命伦理》一书中对当代西方生命伦理学作为一个应用领域的现况，给出了以下的描述：

> 这些［生命伦理］原则在某些情况下具有和法律等同的权威力量，而其中的一部分却并没有被任何的立法机构所采纳，或由任何的监管机构宣布实施。它们是由自称“生命伦理学家”的一群人的共识所产生。这些生命伦理学家接受过某种形式的学术训练，通常是哲学方面的训练。不过，生命伦理学此领域在某程度上渐渐有自己的独立的生命：有自己的学位课程、地方顾问和委员会。我所“反对”的正是这样的一个应用领域。它变成了政府和其他机构寻求指引的某种世俗的祭司，但却缺乏来自一个单一、融贯的指导理论让它的实践者可以接受训练的权威性。①

Baron 上述的话虽然简略，但算是把西方生命伦理学在实践方面的现况如实地勾画了出来。首先，生命伦理学在西方社会的确有着相当大的影响力，涉及医疗和生物科技范畴的社会决策和立法，政府和有关的公共机构都会咨询生命伦理学家的意见。学术机构和医疗机构更设有伦理委员会，对涉及医疗和生物科技范畴的决策和研究，进行伦理审查，冀使有关决策和研究合乎道德的标准。除了咨询和决策的角色，生命伦理学也肩负起制定伦理守则的工作。由此观之，生命伦理学在西方社会不仅仅关乎伦理，亦关乎法律和政治，并且慢慢成为一种实践性的专业。其次，生命伦理学在西方社会虽然扮演着某种重要的角色，但是，对于生命伦理学的实践者所制定的伦理守则以及它们所基于的生命伦理原则，尤其是它们的来源和权威性，社会上一直存在着质疑的声音。

对于有关生命伦理原则的来源和权威性，西方生命伦理学给出了三种不同的说明：（一）有关的生命伦理原则是由伦理学的（某些）道德理论（例如康

① J. Baron, *Against Bioethics*, London: The MIT Press, 2006, p. 4.

德主义或功利主义的道德理论）发展出来，它们的权威性可通过有关的道德理论来加以说明。[①]（二）西方生命伦理学的议题、发展和现状跟社会的法律有着密切的关系，而有关的生命伦理原则亦是源于社会的法律。依此一观点，生命伦理原则的权威性可通过社会的法律来加以说明。[②]（三）有关的生命伦理原则部分源于西方的医学传统，部分源于当代西方社会重视个体的自主性和社会公义的社会背景，而最终则是源于人们的“共同道德”（common morality）。[③]

上述的三种说明能否释除人们对有关生命伦理原则的权威性的疑虑，本文将会在下一节讨论。在此，笔者想指出的是，西方社会并没有因为西方生命伦理学的出现而对生物医疗技术所衍生出来的道德问题达成共识或减少分歧。对于一些重要的生命伦理议题，例如堕胎、医助自杀（俗称“安乐死”）、涉及胚胎处理的研究、代孕母、售卖人体器官、胚胎筛查、人类基因改造以至医护公正等议题，西方社会一直没有共识。

西方生命伦理学的道德基础

上文概括了西方生命伦理学给出的三种关于生命伦理原则的来源和权威性的说明。本节主要的目的就是要对这些说明进行考察，看看它们能否为生命伦理学提供一个具普遍性的道德基础。

让我们首先考察上述的第一项说明。这一项说明的困难在于，它只是把问题推后一步，我们可以提出下述的问题：如何确立道德理论的权威性？伦理学家并没有对有关问题给出令人满意的答案。另一方面，不同的道德理论往往是不相容的，然而，我们无法在它们之间给出合理的裁决，判断哪一个更为合理。这一点正好说明了，西方生命伦理学说呈现一种多元化的状况：有康德主义的，有功利主义的，有亚里士多德主义的，甚至有基督教的生命伦理学。西方生命伦理学呈现的多元化状况亦反映了伦理学的多元化状况。

---

① Singer，*Practical Ethics*，3rd edition，Cambridge：Cambridge University Press，2011.

② G. J. Anna，*American bioethics*：*Crossing Human Rights and Health Law Boundaries*，Oxford：Oxford University Press，2005，“Introduction”.

③ T. L. Beauchamp，*Standing on Principles*：*Collected Essays*，Oxford：Oxford University Press，2010，ch. 3.

上述的第三项说明主要是由 Tom Beauchamp 和 James Childress 提出。他们二人所提倡的原则主义（Principlisim）和四原则的进路（four principles approach），在西方生命伦理学界甚有影响力。本节将会花多一点篇幅来讨论他们的观点。[①] 二人认为解决生命伦理问题应以原则为本（principle-based），故此，一个确当的生命伦理学说亦必须是以原则为本。他们所提出的四原则的进路包括下述四个范畴的原则：（一）尊重自主（respect for autonomy）[②]；（二）不伤害（nonmaleficence）[③]；（三）行善（beneficence）[④]；（四）正义（justice）[⑤]。Beauchamp 等认为由这四个范畴所组成的道德原则只是一些抽象的道德观范，若要把它们应用到医护的处境里，我们还需对它们做进一步的详细规定（specifications）。[⑥] 以尊重自主的原则为例，Beauchamp 等认为，该范畴的原则是当代生命伦理学的中心原则。有关原则强调个体的自主行为不应受到其他人的干预和操控，这包括承认个体可享有按照个人的价值观而持有某种立场、做出选择并采取行动的权利。然而，有关原则虽然经过上述的说明，但仍是十分抽象。如要把有关原则应用到医护的伦理问题上，还需对它做进一步的详细规定，提出一些适用于医护处境的特定原则，例如"知情同意"原则。根据 Beauchamp 等的说法，有关规定可通过 John Rawls 所提出的"反思均衡"的方法（the method of reflective equilibrium）来加以确证，其证立方式如下：一个特殊规定获得确证，其充分和必要条件为"有关规定使得相关而又经证立的信念集合达致最高的融贯性"[⑦]，该集合包括获得确证的经验信念、基本道德信念（包括上述四组原则）以及之前已被确证的其他特殊规定。Beauchamp 等认为，这些被确证的基本道德信念必须是我们对它具有最大的信心并且认为是含有最低程度的偏见的道德信念（亦即 Rawls 所称为的"经审慎考虑的判

---

① T. L. Beauchamp, *Standing on Principles: Collected Essays*, Oxford: Oxford University Press, 2010, pp. 36 - 42.

② Beauchamp and Childress, *Principles of Bomedical Ethics*, 4th edition, Oxford: Oxford University Press, 1994, pp. 120 - 132.

③ Ibid., pp. 291 - 293.

④ Ibid., pp. 263 - 271.

⑤ Ibid., pp. 328 - 330.

⑥ Beauchamp, *Standing on Principles: Collected Essays*, pp. 45 - 147; 157 - 159; 182 - 185.

⑦ Ibid., p. 47.

断")[①]，它源于人们的"共同道德"，有关集合可以说是对人们的"共同道德"的一种特定的表述。Beauchamp 等认为他们所辩护的四原则和通过厘定这四组原则而产生的特殊规定或特定原则，其权威性来自人们的"共同道德"。

Beauchamp 对"共同道德"给出这样的定义："由所有坚定和尽力地要实现道德的目标的人所共同持守的规范"，至于"道德的目标"就是"通过抗御使人们的生活素质变差的情况从而促进人类繁荣"的那些目标。[②] Beauchamp 等认为"共同道德"具有普遍性，对所有地方（无论在文化、宗教和风俗习惯上如何不同）的人均有效。在别的场合，Beauchamp 把"共同道德"界定为"所有讲理的人均持守和认可的道德"，即基于常识的一种道德（common-sense ethics）[③]，并且以例释的方式给出了"共同道德"的外延（extension）[④]。

本文并不打算详细讨论 Beauchamp 对四原则的普遍有效性所给出的说明。这项任务须在别的场合来完成。本文只想对 Beauchamp 所提出的"共同道德"概念提出如下的几点意见。首先，生活在不同文化、宗教和风俗习惯的社会里的人是否有着相同的道德目标，这一点是不能视为当然的。自由主义者和功利主义者，基督徒和穆斯林，是否都有着相同的道德目标？其次，"人类繁荣"（human flourishing）是一个含有价值判断的语词，生活在不同文化、宗教和风俗习惯的社会里的人对"人类繁荣"均有着不同的理解。这样一来，他们是否有着相同的道德目标，是不无疑问的。倘若人们并不持有相同的道德目标，那么，Beauchamp 等所断言的"共同道德"，也是令人怀疑的。或许有人会反驳说，即使人们有着不同的道德目标，但仍可遵守同样的道德规范。比方说，自由主义者和功利主义者或有着不同的道德目标，但两者都遵守"不伤害"的道德原则。笔者并不否认生活在不同文化、宗教和风俗习惯的社会里的人所遵守的道德规范会有部分相同。但是，不能由此而推论人们有着"共同道德"。依笔者的看法，人们是否有共同的道德，须视乎他们如何实践有关的道德规范，而不仅仅是看他们是否持有相同的道德规范。以"尊重生命"和"保护个人自由"这两个规范为例，设 A 社会和 B 社会都持有上述两个规范，但是，

---

① Beauchamp, *Standing on Principles*: *Collected Essays*, p. 156.

② Ibid., pp. 43, 176.

③ Ibid., p. 155.

④ Ibid., p. 45.

每当这两个规范有冲突的时候，A社会总是选择前者，而B社会总是选择后者。依此，我们不能说A社会和B社会有着共同道德。换言之，我们是依据人们的道德实践来判断他们是否有着共同道德。

明显地，现代社会和古代社会有着不同的道德实践，尽管两者在各自的道德实践之中都找到某些相同的道德规范。同样地，欧美社会和很多亚洲社会（包括中国）也有着极为不同的道德实践。不仅如此，即使在同一个社会里，不同群体（例如宗教群体）也可以有极不相同的道德实践，尽管他们生活在相同的法律和政治框架下。人们生活在相同的法律和政治框架下，并不意味他们有共同道德。因为，那可以是一种妥协的产物（modus vivendi）。这样一来，通过"共同道德"来确立生命伦理原则（包括Beauchamp等所提倡的四原则）的这样的一种证立方式的合理性，是令人怀疑的。

结语

上文对西方生命伦理学的研究范式提出了一些挑战，旨在指出解决中国社会的生命伦理问题，并非必须采取西方生命伦理学的理论和研究范式。那么，中国生命伦理学应该采取什么样的理论和研究范式来解决有关的生命伦理问题？这要看"解决"是什么意思，是怎么样的解决法。本文认为，所谓"解决"有关问题，就是提出社会成员大致认为在道德上可接受的处理有关问题的方案。这样一来，当我们建构中国的生命伦理学的时候，我们必须考虑社会上的各种道德资源，这包括中国人的道德风俗和习惯、人生价值和文化传统。当我们考察西方生命伦理学由初创到现在的发展历史时，我们不难发现西方生命伦理学家亦是采取类似的方式来建立他们的生命伦理学理论的。他们不会理会印度人的道德风俗和习惯、人生价值和文化传统，也不会理会中国人的道德风俗和习惯、人生价值和文化传统，亦毋须理会。但是，他们却不能不理会西方人的道德风俗和习惯、人生价值和文化传统。这同时也解释了为什么Beauchamp等所提倡的四原则进路那么重视"尊重自主"和"（平等主义的）社会正义"。

由此观之，建构中国生命伦理学，不能仅是应用西方生命伦理学为研究范式。解决中国社会的生命伦理问题，亦不能只是应用西方的生命伦理学观念和原则。笔者并不反对学习西方的生命伦理学观念和原则。正如前文所说，是西方学者首先对有关的生命伦理学的课题进行研究和思考的。中国生命伦理学者学习西方生命伦理学，并撷取其中的观念和原则为自己所用，那是十分自然的事。然而，我们对生命伦理学的问题的思考，却不能仅仅停留在学习和应用西方的生命伦理学范式上。要“解决”中国社会的生命伦理问题，中国的生命伦理学家还须整合中国社会的道德资源，提出能解决有关问题的生命伦理学理论和研究范式。

生命伦理学的身体与精神：儒家伦理进路为什么重要——一种方法论上的考量

王　珏*

一、导言

生命伦理学诞生之初是一场不折不扣的思想冒险，是不同学科领域之间的激烈碰撞，也是试图回应当时社会历史需求的思想运动。① 但在几十年后的今天，生命伦理学愈加成为一门貌似成熟的学科，而从一场运动到学科的转变的标志之一就是日益加强的方法论自觉。② 在西方学术语境中，相关方法论探讨和文献一直持续增长，尤其是对自主性和人格这些核心概念的探讨。中国生命伦理学界内部也表现出明确的方法论自觉，范瑞平教授提出的“儒家家庭主义”和“建构主义儒学”③、李瑞全教授概括的同情共感和理性分析并进的方法④，就是其中之显例。对一门学科（如果我们能把生命伦理学称为一门学科的话）而言，方法论意识的加强总是有其两面性的，既意味着这门学科变得日益成熟，又往往传达出学科内部的分歧、张力甚至危机。本文将围绕自主性概念讨论生命伦理学诸方法进路之间的多重分歧与张力，以绘制生命伦理学的方法论图谱，并以之为参照进一步探讨中国生命伦理学的前途。

---

* 王珏，西安电子科技大学哲学系副教授。

① 如美国著名生命伦理学家恩格尔哈特指出的，“美国生命伦理学本身就是回应文化危机的努力的产物，特别是回应当时美国文化中特有的道德真空，此一真空的复杂成因包括西方主导文化的世俗化、个人主义的日益强大，以及传统社会权威的式微”（恩格尔哈特，2012，15页）。又如另一位美国生命伦理学代表学者 Albert R. Jonsen 所指出的，三十年前，所有的生命伦理学都是外行人，都是陌生人，致力于批评现行的制度。

② Gilbert C. Meinlaender 在其著作《身体、精神和生命伦理学》中提到了这一论点，Meinlaender 的相关讨论对本文有很大启发。

③ 参见范瑞平：《当代儒家生命伦理学》，北京，北京大学出版社，2011。

④ 参见李瑞全：《儒家生命伦理之方向与实践：同情共感与理性分析并进之路》，载《中国生命伦理学》，2009，22（6）。

二、原则主义的观点

当前在西方生命伦理学领域中占主导地位的自主概念是由比彻姆（Tom L. Beauchamp）、邱卓思（James F. Childress）提出的个人自主概念。比彻姆区分了两种研究自主性的方式："当前自主性研究一部分注重自主的人的特征（traits of the autonomous person），另一部分理论研究则侧重于自主的行为（autonomous action）。关于自主的人的理论是一种关于行动者的理论……我的自主性分析并不关注人的特征，而是关注行为。我的兴趣是在选择上，而不是在管理的一般能力上。"① 比彻姆之所以要求区分"自主的人"和"自主的行为"的概念，是因为他认为后者更适合医学与生命伦理学实践需要。"自主的人"的理论预设自主与人格内在相关：所有人（person）都是自主的，所有自主的个体都是人。② 但是就生命伦理学领域的特殊性而言，"自主的人"概念的这种预设会在实践中引发种种困难与道德风险。首先，自主的人与自主行为并不能完全等同。自主的人由于疾病、消极的情绪的潜在的限制或会做出不自主选择，不自主的人在某些情况下却能做出自主选择的行为。其次，"如果道德自主（morally autonomous）是道德地位的唯一基础，那么许多人将缺少道德地位"③，进而权益得不到充分保护。最后，"如果一种自主理论对思维能力有很高的门槛要求，并且要求对所选择的价值有长期的、具反思性的认同，那么许多通常被看作是自主的个人就会被视为非自主的（nonautonomous），或者至少他的许多偏好和选择会被视为非自主的"④，比彻姆认为这很可能会导致对个人自主权的侵犯。有鉴于此，比彻姆要求区分"自主的人"和"自主的行为"，生命伦理学领域中尊重自主原则的重心应当从作为品质的自主转移到选择行为上。

这种区分典型表现了原则主义的方法论特点，有的学者称之为中位原则方

---

① Beauchamp, "Who Deserves Autonomy, and Whose Autonomy Deserves Respect", in *Personal Autonomy*, 2005, p. 311.

② Ibid., p. 321.

③ Ibid., p. 322.

④ Ibid., p. 322.

法（middle-level principle），即以原则为出发点，而不是直接诉诸理论。具体而言，其构想的道德推理程序如下：特殊道德判断的有效性来源于道德规则（moral rules），道德规则又诉诸更一般的道德原则来获得合理性辩护，最终道德原则自身的有效性由伦理理论来保证。① 道德原则成为具体道德规范与宏大的理论之间的沟通中介。比彻姆和邱卓思认为这种道德推理方法的优势在于它允许同一个原则可以诉诸不同的理论，比如尊重自主原则的自主性概念既可以在康德义务论意义上，也可以在功利主义意义上理解；不同的概念解释并不妨碍它们支持共同的原则，即尊重自主选择行为。比彻姆和邱卓思相信这种进路可以为解决生命伦理学领域中激烈的道德分歧提供一条出路。某种意义上原则主义进路不仅改变了解决问题的方法，也同时改变了问题议程的设置："他们将问题聚焦于有巨大争议性的案例上，尝试用其四原则，即尊重自主性原则、行善原则、不伤害原则及公正原则，来解决所有生命伦理问题"②。并且预设人类社会存在"共同道德"③，以支持四原则的普适性。然而原则主义对超越差异的一致性的追求也恰恰成为它最大的弱点所在。如前所述，比彻姆和邱卓思同时援引康德和密尔的理论来支持尊重自主原则，但康德和密尔本人对自主性的理解却是大相径庭的，前者强调为理性所支配的自主，而前者仅仅关注个人自由意义上的自主。这种深刻的差异似乎从未困扰过比彻姆和邱卓思及其"共同道德"的预设，以至于我们很容易产生这样的疑问：既然如此，那么为什么原则主义方法还要赋予相互竞争的理论以基础性地位？是否原则主义只是在表面上克服了不同道德理论和道德关怀之间的差异？如有的学者已经观察到的，虽然基础主义进路依赖于有争议的案例，但相悖的是，他们否定人类社会存在着任何基础性的道德分歧。④ 怎么理解这种悖论呢？

对悖论的一种解释是原则主义进路首先关心的是如何在分歧的社会背景下制定政策，如有的学者已经论证的，原则主义的尊重自主性原则应当首先被看

---

① 参见 Gilbert C. Meinlaender，2009，p. 13.

② 范瑞平：《儒家反思平衡：为什么原则主义对于中国生命伦理学具有误导性》，载《中国医学伦理学》，2012，25（5）。

③ 对比彻姆和邱卓思而言，四原则是植根于单一的普适的共同道德，而共同道德是指所有在乎道德的人都认同的一整套规范，是约束所有地方所有人的道德规范。

④ 范瑞平：《儒家反思平衡：为什么原则主义对于中国生命伦理学具有误导性》，载《中国医学伦理学》，2012，25（5）。

作是一种程序原则，亦即它并不预设任何特定的道德内容，而只是指示一种程序来决定在一个道德多元化的世界中谁应当拥有决策权。① 从这个角度看，原则主义的抽象性可以被理解为在一个道德分歧的世界中为达到最低限度的合作所必须付出的代价，并因此而得到一定程度的合理性辩护。然而必须看到，硬币的另一面是，原则主义进路对公共领域与政策规制的关注压抑了对人类本性和生存意义等形而上学问题的深度探讨，然而恰恰是这些背景信念支撑着原则在实践中的运用；没有这些背景信念作为认知框架，我们很难充分衡量在不同的生命伦理学案例中什么才是对人类生活而言真正重要的。原则主义进路更具迷惑性的一面在于它包罗万象的表面结构掩盖了其对更深入讨论生命意义的无能无力（或者至少是淡漠），掩盖了其方法内部固有某种桑德尔意义上的“程序共和国”的危险。许多对原则主义进路的批评都可以看作是对原则主义的隐蔽危险的预警。限于篇幅，本文将只讨论具有代表性的几种批评进路，不过这些讨论已足以管窥生命伦理学发展内部的危机与张力。

三、理性主义的观点

英国著名学者奥尼尔（Onora O'neill）所提出的“原则自主”代表了从基础主义方法（foundational method）出发对原则主义“自主”概念的批评。因为奥尼尔的观点可以看作是康德道德哲学的直接发展，所以本文也将之称为理性主义的观点。奥尼尔首先批评了原则主义者将“自主”仅仅理解为“独立于他人”的观点。她指出，这种观点不具有稳定的价值，我们需要找到更深层的理论来解释为什么个人自主对道德生活而言是重要的。② 对她而言，这个更深层的自主概念就是从康德哲学直接发展而来的“原则自主”。虽然原则主义的自主概念也追溯康德为理论来源之一，但奥尼尔敏锐地指出康德所理解的“自主”与个人自主大相径庭，“康德从来没有提及自主的自我，或者自主的人，自主的个体，相反他讨论的是理性的自主，伦理的自主，原则的自主和意志的自主”③。对康德而言，自主并非一个关系的概念或程度的概念，也无关任何

① K. W. Wildes, *Moral Acquaintances: Methodology in Bioethics*, p. 86.

② O'Neill, *Autonomy and Trust in Bioethics*, 2002, p. 25.

③ Ibid., p. 83.

形式的自我表达，而是依据原则而行动，特别是作为义务的原则。[①] 奥尼尔认为只有这样理解的“原则自主”才能为医患之间的信任奠定必要的道德基础。[②] 相反，个人自主与信任却往往处于矛盾关系之中[③]：当个人自主在实践中被等同于程式化的知情同意时，实际效果不过是将选择治疗方式的责任转嫁给无助的病人，“病人自主”的理念更像是道德的通货膨胀。[④] 对奥尼尔而言，“原则自主”的优越性就在于它能平衡自主与信任，后者也是医学实践中的一个核心价值。

基础主义方法的力量在于它清晰展现了原则主义方法内部原则与理论的脱离，也揭示了原则主义程序化的方法并不像它自己宣称的那样，可以克服不同理论的深刻分歧。原则主义的“统一”事实上是漂浮于具体语境之上，并以牺牲对问题的深度探讨为代价的。但是基础主义方法本身也面临着一些问题——这些问题恰恰是原则主义进路试图克服的。首先，基础主义方法所面临的第一个问题就是，如何理解理论及其在生命伦理学论证中的地位？依理性主义的表述，理论应该包括一组能约束所有理性人的规范性原则并提供可靠的程序以产生明确的道德判断。[⑤] 奥尼尔的“原则自主”显然也依循着这种理性主义的主张，然而在这个文化与道德多元化的世界她很难辩护为什么康德意义上的理性必定会被所有相关行动者所接受。在这个问题上原则主义的理论概念可能更适合当下的处境，亦即在不同理论之间通过反思均衡（reflective equilibrium）而发展出一套能够相互融洽的原则。其次，奥尼尔对作为医学实践核心价值的信任的强调也凸显了另一条路线上的方法分歧，即医学伦理学的内在与外在标准之争。[⑥] 内在标准要求从医学角度以及专业实践的标准中发展医学伦理学，这也是一种传统的视角，希波克拉底誓言被视为这一道德传统的典范。但随着医学家长主义受到越来越多的质疑，外在标准开始兴起，即试图以风俗、法律、

---

① O'Neill，2002，p. 84.

② Ibid.，p. 97.

③ 个人自主强调个体行动的独立空间，信任却依赖于相互之间的关系和义务，只有原则自主才能为相互义务奠定基础。

④ O'Neill，2002，p. 27.

⑤ K. W. Wildes，2000，p. 23.

⑥ Beauchamp，T. L.，“Internal and external standards for medical morality，” *Journal of Medicine and Philosophy*，2001，26：601－619.

宗教和哲学等外在规范为来源，构建共同的道德框架，指导医学实践。如美国著名生命伦理学家卡拉汉（Daniel Callahan）指出的，过去四分之一世纪生命伦理学的发展可以被概括为从内在标准转向外在标准的一场运动。[①] 理解这一转变就能理解为什么在当代生命伦理学话语中尊重自主原则被赋予了如此重要的位置。换句话说，外在视角、外在标准的兴起是社会结构和意识形态变动的直接结果，对应的是自由主义的后传统世界观与道德。从事实的角度看，外在标准代替内在标准有其特殊的历史—社会原因，甚至可以说是尤其“必然性的”；但作为价值，外在视角的胜利就显得暧昧不清了。一个合理的疑问是，将“外在”标准引入医学领域能否恰当地对待医学实践的特殊性？奥尼尔对个人自主压抑信任的担心正回应了上述疑问。但内在标准方法也有自己的困扰，因为内在标准预设了一个所有医疗实践相关者都认同的传统，这个传统拥有解释诸如信任等价值的权威，然而危机在于这个传统在现代社会已经被严重削弱，乃至瓦解。而引入外在标准的背景正是传统的瓦解与共识的崩裂。可以说，基础主义方法/原则主义方法、内在标准/外在标准之争在很大程度上规定了生命伦理学诞生及早期发展的问题谱系，它们作为对立的两端都试图在方法论上克服对方的缺陷，但又很难摆脱自身的困境。社群主义方法正是在这个背景之下应运而生，提供了解决困境的另一条思路。

四、社群主义的观点

虽然存在着方法论上的巨大差异，但比彻姆、邱卓思和奥尼尔都属于自由主义阵营，都是现代性计划的一部分，都以原子式个体为伦理考量的出发点。自由主义阵营之外，还有另外一些声音对自由主义的“自主性”概念提出了深层的方法论反思。社群主义是其中尤具代表性的声音，它提供的并不仅仅是“另一种”方法论选择，更重要的是它重申了我们伦理生活中的某些本质因素，而这些因素在现代性的启蒙计划中被不恰当地忽略了。

首先，它挑战了自由主义的本体论前提。自由主义的自主概念预设了独立的、理性的行动者，重点是放在个体不受他人控制的自我管理、自我表达或依

① Callahan, “Morality and Contemporary Culture,” p. 348.

据普遍的自我立法的能力之上。社群主义者指出这种预设只是一种理论抽象，很多医疗情境下的决定（譬如堕胎）与其说是为了自我表达，毋宁说是为了维护行动者所置身其中的、珍视的关系，然而这些关系却恰恰是自由主义的个人自主概念所要排除的。因而社群主义者倾向于将关系理解为自主能力的不可或缺的基础。如卡拉汉指出的，医疗活动是一个牵涉到多方（病人、家属、病人）的复杂互动的实践活动，“一旦我们认识到病人只是社会网络的一部分……那么离开这个语境就很难理解满足病人需要的困难之处。如何处置需要之间的交互作用——病人及其周围的人的需要——是满足病人需要的关键”①。

其次，社群主义试图将生命伦理学概念和问题重新置入到背景语境之中。对社群主义而言，至少有如下三种因素参与构成着生命伦理学的语境：人的一般生存境况（特别是其身体性存在）、医学实践和共同的生活世界。从这种立场出发，社群主义认为自主原则的效力和内容并非由所谓“共同道德”演绎而来；相反，如何尊重自主依赖于我们如何理解医疗实践中的角色与关系，后者是前者的必要语境。共同生活的状态与形式成为定义“自主”的重要语境，以及衡量一种尊重自主原则是否合理的重要标准，如卡拉汉所指出的，真正理解一种自主概念是要理解自主的观念是如何影响共同生活的。② 促使卡拉汉批评个人自主的也恰恰是如下的忧虑，个人自主也许是维护个人利益与个人欲望的最佳工具，但它的胜利是以牺牲共同生活和可持续的社会与文化为代价。尊重自主原则也因为脱离了生活世界的根基而从一种善变成了道德霸权，削弱和压制了信任、团结、家庭纽带等其他同样重要的价值。

最后，社群主义试图通过诉诸社群来平衡特殊性、普遍性与人性之间的张力。社群主义的伦理考量的起点是有限的、在关系中的人，而不是抽象的个体。由此社群主义进路提供了一种不同于原则主义的普遍性的概念。原则主义的普遍性以抽象的共同道德为基础，社群主义的普遍性则植根于人的基本境况（human condition），譬如身体性的存在方式。从身体的观点看，身体自有其命运：出生、成长、疾病/衰老、死亡构成了人的基本境况；只要人不能摆脱身体性的存在方式，那么没有人是孤零零的个体，每个人从出生那刻起必然已经

① Callahan，*A Commentary—Putting Autonomy in Its Place：Developing Effective Guidelines*，2002，p. 130.

② Callahan，1984，p. 41. Callahan 的原话是“what happens to ideas out in the streets”。

被抛入一个社群。因而个体对其自身的认同及其自主性也在很大程度上是由其在社群中的地位和关系所规定的，并受社群内部观念与传统的影响。对社群主义者而言，生命伦理学的核心关怀不应当是“谁有决策权”这样的程序问题，而是更深层的具有形而上学性质的问题：“我们是谁？我们希望成为谁？”其关联语境也不是抽象的人，而是肉身化的、脆弱的、有限的、在关系中的人。由此，社群主义摆脱了原则主义的抽象统一性，转向了特殊性；然而这种特殊性并未导致原则主义所担心的隔绝与分裂，相反，它将我们导向了人类的一种共通的生活方式以及对人的本质的更完整的理解。

概括而言，与原则主义、基础主义相比，社群主义进路表现了如下三点方法论取向：（1）它从实际生活而非理论开始伦理考量。真正重要的事情并非“自主性”作为原则的理论含义，而是它的社会效应，用卡拉汉自己的话说，即“观念会引发什么”。（2）以社群代替个人作为伦理分析的出发点，实质是转向一种更丰富和更完善的对人的本性的理解，也因而将一些形而上学性质的观念重新引入讨论的核心。（3）社群主义进路超越了内在标准与外在标准的二元对立，提供了第三条道路，即承认在任何一种文化中总有某些外在标准要融合到医学的内在道德之中，医学并非一个孤立的、封闭的实践领域，它无疑要受到社会机体中其他部分的影响，且受到它处身于其中的文化的影响。

五、生命伦理学的身体与精神

如上所述，以基础主义、原则主义、社群主义等为代表的方法论分歧揭示了生命伦理学在“应用旨趣/实践旨趣”“理论形态/反理论形态”“特殊主义诉求/普遍主义诉求”“内在标准/外在标准”之间存在的多重张力/断裂。虽然目前看来西方生命伦理学话语内部的重重分歧仍然处于悬而未决之中，但分歧本身已经给了我们一些重要线索去廓清生命伦理学的问题边界和方法论图谱，并成为进一步探讨中国生命伦理学自身构建的重要参照。因而，在此有必要简要总结一下上述方法论图谱的理论启示。

原则主义进路无疑是上述方法论图景中最重要的一抹色彩，透过围绕着原则主义进路的种种方法论分歧，我们可以触摸到过去几十年生命伦理学发展的脉搏，触摸到作为一场思想运动的生命伦理学的诉求、激情、困惑与危机。总结而言，我们至少可以获得如下两点方法论启示。首先，原则主义方法兴起的背景是美国当时所面临的文化危机与道德真空，包括西方主导文化的世俗化、个人主义的日益强大，以及传统社会权威的式微。在这个背景下原则主义方法可以被理解为这样一种努力，即在启蒙计划[①]失败之后，为生命伦理学发展一种统一的理解。为了达到这一目的，原则主义被设计为一种程序原则或者说政治原则，而将人类本性和生存意义等形而上学问题与信念实质逐出了生命伦理学的讨论域。从这个角度看，原则主义共同道德名义下的原则显得苍白而矫饰。如奥尼尔对自主性概念的批评就清楚揭示出原则主义其实没有能力处理不同道德理论、道德传统之间的深刻分歧；毋宁说原则主义是以程序上的统一来掩盖更深层的、更实质的问题，以图在公共领域中达到最低程度的共识。而对公共政策增长的兴趣又进一步遮蔽了关于人类本质和生命意义这些背景信念的重要性。

其次，围绕着自主性概念的种种方法论争论不仅仅是要厘清个别概念或个别原则，更深层的关切是指向原则主义主宰下的生命伦理学的发展取向及其内部危机。Meilaender 曾将这种危机富有洞见地把握为如下的问题：在原则主义的阴影下生命伦理学是如何失去它的身体，又失去它的精神的？[②] Meilaender 用“精神”代指生命意义，这种意义通常是由宗教和形而上学洞见所承载和支撑的，而这些洞见又深深植根于所属的社群及其文化传统。在 Meilaender 看来，原则主义进路的程序特质将关于人类本质和命运的信念都挤压出公共讨论的空间，然而缺乏这些基础信念的支持，生命伦理学讨论很难有效分辨出在具体案例中什么因素才是道德上重要的，以致许多讨论往往陷入隔靴搔痒、纸上谈兵的文字游戏之中。即使就原则主义自身而言，也需要这些背景原则来廓清原则应用的语境，围绕着自主性含义的种种争论正是一个明显的例子。与失去“精神”的方式相仿，为原则主义所主导的生命伦理学话语也失去了对作为人格基础的“活的身体”（living body）的关注。同样以自主性为例。个人自主预设了一个抽象的理性人格（person），这种人格以隐含的身心二元论为前提：身体仅仅被视为是个人意志的工具，人格作为理性决策的中心不受身体状态的

---

① 启蒙计划通常被定义为这样一种基础主义的冲动，即试图通过一般的世俗理性为道德生活寻求统一根据。

② Meilaender，2009，preface，Ⅹ.

影响。而社群主义对原则主义自主概念的批评恰恰是从身体性存在维度开始的：只要人不能摆脱身体性的存在方式，那么没有人是孤零零的个体，总是已经被抛入到一个社群（譬如家庭），并且只有在关系当中才能实现完整意义上的自主；而社群所属的文化与传统及其形而上学信念已经由此而渗入到我的自我构成之中。如前所述，以社群主义为代表的这一理解更贴近生命伦理学所面对的特殊情境，即身体的脆弱与依赖，因而更具有直观上的说服力。并且或许更重要的是，社群主义的这些关怀指示了一条回归与升华之路：通过承认活的身体作为人格存在的基础，而为生命伦理学话语重新赢获“精神”。就此而言，社群主义代表了生命伦理学发展的一个转进，将生命伦理学讨论拓展到更深的生存层次与更广的问题域。如下文我们将看到，儒家生命伦理学的旨趣也正是在这个方向上与社群主义进路有着深刻的共鸣。我们可以有条件地把儒家生命伦理学看作一种更为具体的、更为清晰的社群主义观点。下文笔者将论证这一立场，并由此出发阐释为什么儒家生命伦理学进路对中国生命伦理学构建而言是不可或缺的。

六、家庭导向、文化本位的儒家观点

儒家生命伦理学在其发展过程中一直对自身的方法论有高度的自觉，甚至可以说儒家生命伦理学在很大程度上就是通过与原则主义的对照、区分而来阐释自身的。范瑞平就曾撰文指出：“从儒家的立场看，原则主义的进路是误导性的。”①

如范瑞平所概括的，从儒家的立场看，原则主义进路在方法论上卷入了一个误置的道德反思平衡。② 首先，他们的方法在总体上是失衡的且不完整的，片面强调一般原则的功能，但没有充分考虑到礼教实践中个体的现实生活。其次，他们所诉诸的原则并不是什么“共同道德”的原则，而是在自由主义的后传统世界观中产生的特殊道德，正好匹配现代西方标榜的个人权利和个人自主的自由主义伦理观。最后，尽管原则主义声称并不诉诸任何一种特定的道德理论，但他们却只承认那些能够证实它们的特殊直觉和判断的观点，实质上是在

① 范瑞平：《儒家反思平衡：为什么原则主义对于中国生命伦理学具有误导性》，639 页。

② 参见上书，637 页。下文三点概括也均来自范瑞平的观点。

“共同道德”的名义下预先选择能够使他们的论述成立的背景理论，即已经预先操纵了反思平衡的结果。而所谓的“唯一的普适的公共道德”只是对我们具体实践和生活方式的抽象而已，“共同道德”的预设并不能解决“我们是谁和我们应当如何生活的问题”，反而堵塞了对生命意义和好的生活方式的追问。

正是在与原则主义进路的自觉对比中，儒家生命伦理学发展了自身方法论意识。概括起来，有如下几点已经在汉语生命伦理学界取得较大的共识。

第一，儒家伦理考量的起点不是原子式的个体，而是在关系当中的人。就这一点而言，儒家生命伦理学方法更接近于关怀伦理学进路与社群主义进路。如李瑞全指出的，儒家的道德生命是由不忍人之心扩展而来的，“依不忍人之心的道德要求，人与人之间即组合成一个道德社群”，“生命之特殊情状即见于每个人都是其父母之子女，亦是其子女之父母，而成就一生命网络的人伦关系”①。范瑞平的儒家家庭主义立场也强调家庭才是理解个人的基础性实在，并且维系家庭主义的终极力量是德性而不是权利。②

第二，与原则主义相比，儒家生命伦理学对文化和传统的差异性更具敏感，对儒家而言，生命伦理学应当是对道德生活的系统反思，并且反思的对象不是任何意义上的“理论”，而是在具体实践中境域化的实际生活方式，后者离不开所属文化价值与传统的支撑。通常认为生命伦理学包括四个研究领域或者说四个层次③：研究医者与患者间共同面对的伦理问题（临床生命伦理学）；研究规范的律例与指引的具体内容（规范生命伦理学）；研究生命伦理学的理性基础（理论生命伦理学）；研究生命伦理学的精神基础及生命伦理如何反映主流文化、核心价值和世界观（文化生命伦理学）。如前所述，原则主义主要关注前两者，尤其是关注公共领域中的政策制定，而将关于生命意义的更深层的形而上学与价值问题推给了个人自决领域，并由此实质上是将价值与形而上学问题排除出公共讨论的领域。或许这就是为什么原则主义进路一方面依赖于有争议的案例（即它仅仅关注规范与规制方面的问题），但又否认人类社会存在着任何基础性的道德分歧，也否认不同文化之间存在着道德多元性。儒家生命伦理学则主张将生命伦理学诸领域作为一个整体看待，尤其是赋予生命伦理

---

① 李瑞全：《儒家生命伦理之方向与实践：同情共感与理性分析并进之路》，8 页。

② 范瑞平：《当代儒家生命伦理学》，4 页。

③ 田海平：《中国生命伦理学认知旨趣的拓展》，载《中国高校社会科学》，2015 (5)。

学的精神基础优先性。如范瑞平指出的："儒家伦理植根于一种以美德为引导，以礼仪来维持的生活方式。儒家的注意力不会完全放在分析有争议性的案例上，而是力求正确理解作为一个有道德的人应该如何生活。"亦即，在讨论具体案例和道德规则之前，儒家生命伦理学会认为更根本的问题是确定生命伦理学之基本取向："生命伦理学的取向主要是对生命的价值的一种基本认定的表现，因而对生命价值的不同主张会产生不同的生命伦理学"①。

第三，儒家生命伦理学倾向于对原则内涵、适用范围做中庸理解，学者将之称为"儒家反思平衡"。在"理论形态/反理论形态"二者中，儒家生命伦理学方法论更接近于反理论形态，换言之，在"基础主义与原则主义"对立的光谱中，相比于基础主义，儒家生命伦理学更接近于原则主义。但是儒家生命伦理学对原则有着根本不同的理解。"儒家思想的倾向是，道德不仅仅被一般原则所指导，而是在有具体利益发挥基础性功能的活动中习得和显现"②。原则主义的原则被设定为从共同道德演绎而来的抽象规则，并不预设任何特定的道德内容，以至于这些原则首先应当被看作是程序原则或政治原则；儒家的原则却富有内容，指引多于规范，要求行动者根据所呈现的道德情境，依据儒家关于善的生活的观念与德性，做出因时因地制宜的行动。换言之，最终赋予儒家生命伦理学原则有效性的是儒家生活方式及其内蕴的对道德生活的理解，而不是任何意义上的抽象"共同道德"；这种道德生活在某些本质方面是不能被完全概念化或原则化的，而只能通过礼仪实践被教化给行动者和社群。所谓"儒家反思平衡"即主张只有在原则与礼仪的交互平衡中才能完整呈现道德生活的要求。③ 而从"儒家反思平衡"的角度看，原则主义的反思平衡是一种无根的道德推理，因为对程序和政策制度的片面关注，而忽视了更核心的人类经验。

儒家生命伦理学方法论也自然衍生出不同于西方主流理解的自主性概念。概括而言，儒家生命伦理学的自主性概念具有如下两个特点：(1) 以家庭自主代替个人自主，这也是儒家伦理考量的一贯出发点。(2) 认为自主性并不具有首要地位，它必须与责任、和谐等价值配合起来才能获得完整的意义。换句话说，只有嵌入儒家的生活方式与实践中，自主性概念才能获得具体充实的理解。

---

① 李瑞全：《儒家生命伦理之方向与实践：同情共感与理性分析并进之路》，7 页。

② 范瑞平：《当代儒家生命伦理学》，636 页。

③ 参见上书，638 页。

我们可以明显看出无论是在方法论进路还是在对自主概念的理解上，相比于其他方法，儒家生命伦理学与社群主义有更多共通的道德洞见。不过需要说明的是，并不存在唯一的社群主义方法（the communitarian method for bioethics），我们讨论的毋宁说是复数的社群主义生命伦理学（communitarian bioethics in plural），因为道德社群是多元的，不同的道德社群有不同的规模、组织方式及对道德的不同理解。将社群主义伦理学统一为同一进路的，与其说是它们所共同承认的纲领[①]，不如说是它们共同反对的东西。而正是它们所挑战的一些预设与偏见，赋予社群主义进路不可取代的重要性。概括而言，社群主义进路的吸引力主要来自如下两点主张。(1）它们都质疑个人自主在自由主义生命伦理模式中的首要地位；在它们看来，伦理考量的起点并非抽象的、分离的个人，而应该是具体的、有限的、在关系中的人。以这种方式，社群主义进路试图将生命伦理学概念和问题重新置入其背景语境当中，即人的身体性的、脆弱的生存境况。换言之，社群主义进路试图为生命伦理学重新找回身体。(2）都反对将原则与实践及对实践的反思割裂开，相反，道德应当被看作是生活的一部分，“我们能做什么”，“我们应当怎样行为”等问题必须诉诸人生意义及好的生活方式等语境才能得到答案，而不应简化为“谁有决策权”这样的程序性问题。以这种方式，社群主义进路将为原则主义所压抑的关于人类本性、命运等的形而上学问题重新引入生命伦理学讨论的中心，亦即，试图为生命伦理学重新找回“精神”。总结而言，具有社群主义倾向的生命伦理学思考的重要性并不在于它提供了某种完备的“学科”方法，而在于它打开了一扇门，打开了逃离“程序共和国”的出口，也打开了重新赢获生命伦理学的“身体”与“精神”的可能，重新点燃了激励生命伦理学家踏上思想历险征程的那些最初问题，即，在急剧变化的技术、医学和生活世界中如何定义我们自身的问题。如卡拉汉所言：“从某一角度而言，生命伦理学完全是一个现代的领域，是生命医学、环境科学及社会科学所带来惊人进步之产物。……可是从另一角度而言，这些进步所带来的问题，无非是人类自古以来所提出的悠久问题。……生命医学、社会科学及环境科学之最大能力，是它们能决定我们人类

---

① 譬如许多儒家生命伦理学家可能从未将自己认同为社群主义者，但这并不妨碍我们认可儒家生命伦理学与社群主义伦理学之间存在一些共通的道德洞见和方法论趋向，甚至在宽泛的意义上将儒家生命伦理学也看作是一种社群主义观点。

如何去理解自己及我们所生活于其中的世界。表面看来，它们为我们带来新选择，及由此而产生的新道德两难。往深一层去看，它们却迫使我们去质疑习以为常的人性观，并且提出一个我们该面对的问题：我们希望成为何等样人？”①

七、余论：为什么儒家生命伦理进路重要？

立足于上述的方法论考量，我们可以尝试从如下三个方面总结儒家生命伦理进路对中国生命伦理学建构乃至全球生命伦理学建构的重要性，以抛砖引玉。

（1）如果我们的生命伦理学探讨不想失去“身体”与“精神”的话，那么儒家生命伦理学必然会在中国生命伦理学建构中占据一个基础的甚至中心的地位。因为儒学具有内容最丰富、影响最深远的中国文化传统资源，同时儒学又通过几千年的教化深深渗入中国人实际生活的方方面面，是中国生命伦理学无法割断的“文化本原”与“道德乡土”，是中国生命伦理学“精神身份”的根基。从这个意义上说，中国生命伦理学的未来与儒家生命伦理学的未来在很大程度上是重叠的。

（2）原则主义进路的方法论危机已经表明不存在普世主义的道德体系，相反，有效的生命伦理学必然植根于具体的社会历史视域，既承载着传统，又朝向未来，以引导当下生活。“重构主义儒学”正是这一趋势的典型代表。② 因而当代中国生命伦理学建设应当以本土文化为本位，而儒家生命伦理学则是其中最重要的一部分。

（3）如前所述，儒家的一些重要道德洞见阐发的是人类共通的生存经验，不仅对于我们有重要的生命伦理意义，对于西方生命伦理学方向之调整，也有重要启示。未来儒家生命伦理学应当以更自觉自主的姿态加入全球生命伦理学建设与对话中，既可以通过西方的镜像获得视角的扩展，以更好地定位和认识自身，同时也可以为全球生命伦理学建设做出特有的文化贡献。

---

① Callahan，1995，p. 254.

② “重构主义儒学”主张“本真的当代儒学只能通过重构的方法来完成：面对当代社会的政治、经济和人生现实，综合地领会和把握儒学的核心主张，通过分析和比较的方法找到适宜的当代语言来把这些核心主张表述出来，以为当今的人伦日用、公共政策和制度改革提供直接的、具体的儒学资源”。参见范瑞平：《当代儒家生命伦理学》，2 页，北京，北京大学出版社，2011。

中国生命伦理学原则重塑的分析

张文英*

生命伦理学起源于20世纪70年代的美国，其兴起与西方文化的转型密不可分，它体现了一个特有的与社会和历史有着紧密联系的、有正确道德原理内涵的特征。这一转型导致西方社会民主福利制国家的突起和后传统社会的诞生，其文化和生命伦理学吸取了由个体自主与解放维系的群体道德直觉的内涵，对家庭怀疑主义进行了精心的诠释。作为一门以服务临床专业为基础的学问，时至20世纪80年代末，生命伦理学已在美国广泛应用，并开始影响欧洲大陆以及亚太地区。生命伦理学之所以能够在美国以惊人的速度发展，其根本原因主要是在20世纪中叶，美国文化产生道德空虚，而生命伦理学意在弥补这种空虚。① 然而，西方的生命伦理学的社会文化基础是道德主体在自由、平等和民主的社会中，没有必要有具体的社会、历史、性别与家庭背景。但是在中国，个体至上的社会思潮与中国注重家庭的文化精神格格不入。因此，我们必须要问，中国是否需要一套属于自己的生命伦理学？真正的中国生命伦理学是否应该遵循西方社会的道德标准，这是一个值得我们不断进行探究的问题。

在生命伦理学研究中，比彻姆（T. L. Beauchamp）和邱卓斯（J. F. Childress）于1979年出版的《生命医学伦理学的原则》最具影响力。书中提出了自主原则、行善原则、不伤害原则和公正（正义）原则。这四项原则的提出是基于西方社会文化发展的历程，而对于中国来讲，它们无法提供符合中国实际、丰富道德的指南。因此，中国学者有理由探讨如何利用中国文化资源，充实中国生命伦理学的内涵，使中国的生命伦理学体系具有明显的中国特色，使中国的生命伦理学体系适用于中国的社会环境。

---

* 张文英，昆明医科大学医学伦理学教研室主任。

① Engelhardt, H. T., Jr. "The Ordination of Bioethi-cists as Secular Moral Experts," *Social Philosophy & Policy*, 2002 (19), pp. 59 - 82.

一、中西方医学伦理学形成的历史差异

古代西方社会医学伦理观念的基础极大地受到了宗教的影响，主要有犹太教、基督教，还包括古希腊和古罗马时期的自然哲学思想。“上帝主宰人的生命与健康”“生命神圣原则”“博爱与慈善”等宗教伦理思想在西方医学伦理观念的形成和发展过程中产生了重要的影响。而在古希腊和古罗马的自然哲学体系中，有许多思想本身就是医学与哲学相结合的产物，这些思想奠定了早期医学伦理思想。

中国古代医学伦理观念在形成与发展的过程中受到的影响不仅以儒学为主，在不同历史时期加入进来的还有道教、佛教哲学和其他宗教思想。儒学的核心也是“仁爱”，这也是儒学的核心哲学思想，而宗法道德规范是“孝”。道教的生命观是“重生恶死，生为乐”，佛教的宗教思想则是“布施得福”“因果报应”，这些宗教思想的影响是如此深刻，以至于中国古代的医学伦理观念在形成和发展中都被它们深深打上烙印。

中西方医学伦理的发展有着非常不同的历史背景和社会背景，也由于不同的科学技术和哲学背景而形成了不同的医学伦理理论体系。西方医学伦理学在近代已经逐渐进入了一种以医学道德研究为基础的自觉状态。而中国医学伦理在继承传统医生道德的基础上，借鉴了西方医学伦理学的研究成果，只是由于近代社会转型所引发的种种动荡导致中国医伦理学还停留在自发状态，没有真正进入系统研究。中国哲学和伦理学虽然有着不同宗教思想的影响，但在很长的一段时期内，封建社会形态稳定，儒家伦理思想深入社会，在强大的社会政治力量的保障下，医学道德的维护是稳定的。但社会变革发展，现代社会进程是复杂和多元化的，社会经济基础与以往社会不同，儒家医学伦理思想也面临着挑战。西方市场经济所需求的法律和契约的规则与儒家的德性修养产生了冲突。社会规则建立的强制性和儒家文化情理的润滑机制是对抗的，怎样在二者之间找到平衡点是现代儒家生命伦理构建的重点。不过中西方医学伦理学存在差异的同时也具有相似性和共同性，比如规范的对象由个体转向群体等，都是中西方医学伦理学发展过程中的共同特点。

二、中西方不同的文化假设产生的伦理差异

伦理学原则建立的最终目的是用于规范，使种种道德行为能够在实践中得以运行，而中西方伦理文化假设上的差异也是中西医学伦理原则有所不同的原因之一。

首先，中西方具有不同的文化假设起点，即人性本善和人性本恶的人性假设，人性假设不同则形成不同的文化假设。规范的人性假设，即规范主体对规范对象所持的态度，因此常说为人处世，如何为人决定了如何处世。东西方的人性假设本质上的区别是人性善与人性恶，相应形成德治论和法治论的规范思想。中国伦理文化的人性假设出发点是人性本善。统治中国两千多年的儒家思想是以人性本善为主流的。时至今日，我们对人性的估计也受传统影响，存在道德人这种人性认识，对人的自觉性期望很高。“人性善”反映了这样的事实，原始人类是一个群体，需要互相帮助，互相关爱是人类永恒的共同需求。因此，儒家文化是通过礼乐教化强调做人的准则，从而建立人与人、人与社会之间的文明与和谐。而在西方，由于神权统治社会论，耶稣基督认为人生下来就是有罪的，只有信奉神主才能洗脱自己的天生罪恶，经过长达千年的神权操纵，西方文化对于人的本性认识基本上都是人性罪恶论，这就是中西方传统文化截然不同之处。西方普遍的“经济人”意识使人们对“人”始终保持一种合理的不信任，西方管理更强调制度化、法制化，硬性管理占主流。法律在中国道德化，道德在西方法律化，法律至高无上；西方传统重法律，轻道德，中国传统重道德，轻法律。现代社会医疗体制和关系的变化一直以来没有得到社会的认可，频繁发生的医疗纠纷、医闹甚至是杀医事件充斥着新闻媒体。医疗领域公益性丧失的现实，使西方医学伦理所倡导的“行善原则”和“不伤害原则”的力量显得微弱。孟子说：“人之有道也，饱食暖衣，逸居而无教，则近于禽兽。”善端犹如刚刚流出的一泓清泉，人们应该保持和扩充善端，而教化就可以将善端激发出来，因此儒家强调对个体的教化与人治，而不提倡惩戒和法治的作用，甚至蔑视法治，认为“道之以政，齐之以刑，民免而无耻，道之以德，齐之以礼，有耻且格”。在儒家看来，既然人性本善，只需通过道德教化就能使人们不断地扩充善端，就没有必要诉诸信仰，寻找一个上帝而从外部

监督人。而市场化社会经济的发展中，竞争与金钱催化了人性当中“恶”的滋生。没有相关制度、规则和法制的约束，人性对于物质的占有欲是极其强烈的。儒家强调的人性中的“良知”“良能”，在现代社会由于没有了政治力量的保障，便没有了强制性力量，显得有些柔弱。“行善原则”“不伤害原则”在中国医学伦理学体系中难以确立。而基督教认为人性本恶，人无法超越自身的“原罪”，为了遏制人性恶的泛滥，必须依靠外在法律的规训。在基督教看来，人无完人，人治是极端不可靠的。基督教并非不讲内在的教化，例如提倡忏悔与礼拜，也是内在的教化的体现，只是由于人性浸染了难以去除的罪恶，基督教更推崇外在的规训对人性的制约。因此，在中西方文化人性“本善”和人性“本恶”的不同上，可以找到中国医学伦理学重构的途径。传统的中国医学伦理学的“仁德”内化是东方文化的瑰宝。而在新的历史时期，西方思想文化中的法治和规制是值得借鉴的，怎样在保护人性教化的前提下，通过何种有力的方式来维护人性良知从而规避人性罪恶的延伸，是儒家文化现代化所要考虑的。

通过对儒家人性本善与基督教人性本恶的比较研究，可以触摸到中西文化的深层肌理，感知两者精神气象的分野与差异，从而促进中西文化的交流与融通。

其次，中西方具有不同风格的伦理规范文化。中国伦理规范文化是农耕文明的结晶，以自然经济为基础，以伦理式规范为特征。西方伦理规范思想是工业文明的产物，以商品经济为基础，以契约式管理为特征。在中国社会，“伦理”是一个现实具体的概念，是一个最能体现中国人道德思想和中国文化核心价值的概念。儒家伦理是从现实的社会、现实的人出发表述自己的伦理思想，并以此去规范人们的行为，这种现实的本源即是家庭，以血缘关系为依据的伦理性道德，就成了人们日常行为的主要价值取向。在治理方式上是以礼治国，社会结构自然就产生了以“孝”治天下的基本方略。治国首先要齐家，齐家首先要修身，家国同构，由家庭人伦推而广之，形成了家与国的难解难分，由此而产生了忠孝同构，为国尽忠和为父尽孝是一个道理。而以古希腊罗马为代表的古典西方国家则是建立在部族的废墟上。以古希腊为例，其城邦国家形成后，治理的基本方式就是社会契约。中国传统“忠孝”的伦理文化由于血缘的亲疏远近而导致了原则和规制的不一致，这对于“公平正义原则”是致命的打击。以家族为群体的情感支持适用于临床实践的护理工作，理性的规则在此时显得乏力。临床决策的实践中，伦理原则的适用体现在基于科学客观性的承认中，而不是情感上的无奈和失去带来的无法自控而对基本原则的妥协藐视。理性和感性的调控和约束是人所本身具备的能力，与“行善”是不冲突的。东方伦理规范文化往往在客观现实的接纳与遵守中由于血缘关系而破除警戒，造成中国今天社会医患矛盾激化的现状。生命伦理原则的中国化需要在伦理规范文化上有所改进，契约式的规范不代表情感的丧失，恰恰是对于原则遵守者利益的维护。接受客观医学规范和结果既是促进医学的发展，也是对以“血缘”为基础的忠孝文化的继承、对中国传统医学伦理内在规范机制的深化。

最后，中西方的伦理规范手段是不同的。中国传统文化主张用综合、辩证的思维去把握事物，用个人直觉和内在感悟去认知事物，它本质上是一种人本主义文化，主张人的重要性，天地人，除了上苍和大地就是人最尊贵，也最孤独。所以在人与人之间，人与社会、人与大自然之间，更要和谐有序地协同发展，同时倡导个人对家庭、对社会、对涵养自己的土地的责任感。这些发展方向也是把“修己”作为踏入社会的起点，最终达到“中庸”的目的。而西方的伦理规范理念则要求拥有实证，以真实、能观察到、可重复得到的数据来论证假设，找寻其中的规则；重视理性，在认识事物当中应摘除自身的感情因素，重视人的行为的逻辑性；重视分析，以拆分事物并能再次重组的方式来了解事物；重视行为的合理性，期望形成一个可以解说的大众认可的演绎体系。突出自身的个体利益，强调自身的价值，要求权利和义务有一个明确的相互对立统一的关系。中国传统规范伦理的手段是制度、人情与人治相结合。以人的情感来调控人的行为是中国管理的重要特征。在社会互动或交往中人们首先考虑的是感情上的亲近性，考虑的是对他人的感情上的关心、体谅和爱护，即要讲人情。宣扬能够带来情感满足的东西，使得人情味变得更浓郁，从而获得更大的凝聚力。西方规范伦理的方法是把人的理性和社会的法治结合在一起。在规范上重视思辨，强调逻辑展开，通过科学实验验证事物的本质，而不是把规范理念建立在感性基础上。在规范过程中不重视人情，将人等同于物品一样的东西，可进行调配和使用。

三、儒家文化与“四原则”互动

中国的道德和生命伦理学的基础根植于中国文化，虽然不具有强制性的规范要求，但它存在的原因在于没有一个特殊的理论能够脱离自身所处的社会和历史情境。中国的道德观应该与儒家的传统结合起来。只有自我意识的本土道德才能实实在在地确认中国文化中现有的特殊规范内容。中国的例子尤其如此，因为儒家思想既有特殊的、植根于中国历史的道德意识，也有伴随它的普世的道德考量。儒家道德主体会被看作是处于家庭、社会和历史情境中，并以家庭为中心去思考医疗体制的具体人。①

在中国，目前社会保障体系不是很完善，除了文化因素之外，家庭还承担着抵御风险的重要作用，而医疗风险在家庭和个人生活中占据着重要的位置，因此医疗政策必须支持家庭式自主的社会单位，并认可其自身道德准则。因此，从儒家的道德观点来看，对于是否“善”或是否对患者有利的诠释，不会基于一个孤立的、自主的个体。不伤害原则也一样。把患者看作是一个孤立的、自主的个体将会给他们带来更多的伤害而不是利益，因为个体的“善”需要在与社会的结合中实现。对于公正原则，儒家处理的方式是，首先保障家庭的安全，法治的重点是以家庭为中心。

四、生命伦理原则的中国化内涵的拓展

在西方哲学中，理性属于认知范畴，与感性相对应，意指人在思维判断中的逻辑推演能力。西方哲学拥有悠久的理性传统，并运用纯粹理性来构建一种标准的、充满内容的道德体系。自启蒙运动以来，西方哲学重新确定了人的主体地位，将理性奉为最高裁判官，甚至认为，一切问题均在人类理性的掌控之中。构建以理性为基础的、标准的、充满内容的道德也成为西方哲学的目标。对理性的迷恋与疯狂追逐，造成了现代社会的理性困境，理性的不断增长，导致了工具理性在现代生活中的扩张与宰制。根源在于，理性与感性的二分，使

---

① Fan Rui ping, “Truth telling to the patient: Cultural diversity and the East Asian perspective,” Fujiki, Darral J. Macer, *Bioethics in Asia*, Japan: Eubios Ethics Institute, 1998, pp. 107 - 109.

西方哲学将“情”排斥在理性之外。

儒学区别于西方传统的宗教哲学以及近代的理性哲学，它是一种寻求安身立命的道德哲学，强调个体的德性修养与精神追求。在儒家视野下，仁是最高的道德规范与道德原则，“孔子贵仁”，凸显了“仁”在儒家思想中的主导地位。在中国语境中，“仁爱”不仅是一种完善的、意义深远的人类德性，而且是道德行为的根本。即使是作为行为规范的“礼”，也服从于“仁”。儒家传统中，“仁爱”要求“仁”是道德判断者的人格基准，在儒家看来，道德人格是一种通过实践修养而形成的个人行为的德性表现。正因为如此，儒家文化要求医生形成“儒医”的道德人格。这基于病人因疾病而产生的脆弱性。当病人和其他残疾者出现在道德哲学著作中，作为仁慈的可能对象存在。由于人的脆弱性和疾病带来的身体的苦痛，自然在情感上有了依赖性。因此如果我们不得不面对和回应自己与他人的脆弱性和身体无能，我们需要德性。疾病使人具有普遍性的脆弱性，患者对于健康者尤其是相对掌握了医学技术和知识的医务人员来讲，是高度脆弱性的存在者。强调患者的脆弱性，并要求为了保护这种脆弱性，将奠基于家庭亲子之爱基础上的德性“扩推”至病人，超越了西方基于原子式的个体基础上的德性。因为个人主义的辩护并没有捕捉到医患关系与临床诊疗的现实情况，其中社会关系在生命伦理学困境之中扮演了比个体更重要的角色。正是在这个意义上，即使在道德困难情景中，有德者做出的道德抉择或行动也常是有道德依据的判断的模范。仁爱，强调构建和谐人际关系，对于消解道德困境具有重要价值。

东西方文化的不同和社会发展带来的生命伦理学的困境其实是“感性”和“理性”、“情”和“理”中有关度的把握的问题。中国医学道德的“仁爱”思想注重医患之间情感的互动与内化，以“家国”为一体的社会存在基础能够通过群体的力量抵御生命消逝带来的风险和痛楚。但传统道德规范的统一性弱化了个性的价值判断和取向，在面对某些医疗理性的诉求时，显得愚昧和落后。“自主性原则”在家长式的社会文化中，往往会由于群体力量的强大而破产。因此，在个体的尊重和以家庭为主的临床决策中需要找到中国医学伦理学原则的平衡点，才能够消解“感性”与“理性”偏执带来的弊端。

生命伦理学的“四原则”是西方理性工具的产物，具有西方个人主义和契约式精神的共识。我们不否认西方理性前提下对社会公平和个人权利的维护是有利的。传统中国医学伦理学的文化有利于“不伤害原则”和“行善原则”的扩展，无非是对于“自主原则”和“公平原则”的推进所要求的法律和规制的确立和执行。二者是不冲突的。儒家伦理的“家国文化”怎样去和西方“公共精神”融合，是当前我国生命伦理学领域存在的西方生命伦理原则本土化的难点。

近年来，很多学者已经意识到此类问题，并在此领域进行了深入的研究，硕果累累。1999 年李瑞全先生出版了《儒家生命伦理学》，2011 年范瑞平先生出版了《当代儒家生命伦理学》。其中，李瑞全先生就用儒家伦理思想对包括无性生殖技术、人类基因研究等在内的生命伦理问题进行了一一应答，并以所得的结论为基础构建了儒家生命伦理学。其理论框架如下：“‘不忍人之心也’作为道德根源和动力，在此基础上阐发出以‘仁’为核心的自律（自主）、不伤害、仁爱（有利）、公义（公正）四个基本原则，又具体化为咨询同意（知情同意）、保护主义、保密、隐私权、诚实、忠诚等规则，当原则或规则在具体情境中发生冲突时，以儒家的‘经权原则’来寻求反思的平衡，做出道德判断”①。范瑞平先生则以儒家文化传统为基础，重构以下四条生命伦理原则：仁爱原则（爱的基础在于人的恻隐之心也）、公义原则（在社会分配问题上以美德考虑为依据，强调一种尊德、尊贤的价值体系）、诚信原则（超越了狭隘的讲真话要求，可以填补中国社会的信仰危机和道德缺失）、和谐原则（强调差异、合作、妥协，达到一个平和、怡悦的社会）。②

以“仁爱”为基础的儒家伦理文化绵延了几千年，但深厚的社会底蕴而今面临着社会变化带来的弱化危机。在医学伦理学领域依然存在着单纯引入西方医学技术而导致的技术至上的尴尬境地。以“情”为主的社会元素与“知性”和“理性”主导的技术元素就产生了碰撞。结合中国的“仁爱”道德基础和西方基督教文化，笔者认为，中国生命伦理原则应当为“尊重原则”“仁爱原则”“有利无伤原则”“公平（正义）原则”。

在中国，医患纠纷多，医生成为高风险职业。医疗体制的改革凸显了中国政治体制改革的症结所在。在一个矛盾相对集中的领域，医疗问题单纯通过要求医务人员的“仁爱”道德已无法化解。在现代社会生活文明的诉求中，传统

---

① 李瑞全：《儒家生命伦理学》，台北，台湾鹤湖出版社，1999。

② 参见范瑞平：《当代儒家生命伦理学》，北京，北京大学出版社，2011。

的道德文化应当吸纳人们思想观念西化的现实。我国法律术语从“人民”转化为“公民”的过程中，已经将市场经济所需求的公民社会的概念引入人们的头脑中。契约精神伴随着经济的发展正在影响着人们社会生活的相处模式，平等与公平的火种已撒在新一代年轻人心中。传统以家族文化为主的中国社会细胞在逐步瓦解。现代新型的城市中，流动元素逐渐打破了家族之间的纽带，从而使人与人之间通过血缘和宗亲建立的联系开始减少。因此，人与人相处更多寻求平等互助的心理需求。“尊重原则”在处理医疗实践中医患之间各种关系时就显得十分必要。单方面情感的倾斜在中国缺乏信仰的今天显得苍白无力。西方医学技术的引入无法将基督教文化带入人们的普通社会生活中，而儒家文化的传承和解构在现代社会也没有一个明确的道德体系的建立和社会力量的支持，政治思想又无法指导普通大众日常行为的选择，没有信仰滋润的社会文化促使很多人在物欲驱使下无法把持自我，因而社会人往往用某些过激的行为选择代替了理性的思考，医患恶性事件的发生就是如此。无论从矛盾缓解的角度还是中国社会变革的必然考虑，“尊重原则”能够找到东西方文化的平衡点，融合技术的“理性”和儒家仁义的“感性”。

在儒家看来，敬畏生命、努力生存是人类最基本的天性。孔子曾有言：“未知生，焉知死”[①]。《礼记》中也有云：“唯天下之至诚，为能尽其性。能尽其性，则能尽人之性。能尽人之性，则能尽物之性。能尽物之性，则可赞天地之化育。可以赞天地之化育，则可与天地参矣”[②]。意思是说，只要人们可以理性地充分认识自己的生命，就能与天地协调，进而充分发挥出本性，超越万物，成为宇宙中最伟大崇高者。儒家思想一直很重视生命的意义，重视肉体与精神的统一。笔者提出的“仁爱原则”“有利无伤原则”正是基于儒家对于生命的敬畏和重视。关爱自我生命才能够体会到生命的意义并激发对患者的同情与关爱。

儒家伦理文化博大精深，其中所蕴含的生命的精神意义是生命伦理学领域重要的思想内容。东西方文化的不同也决定了所遵守的原则内涵的不同。

---

① 《论语·先进》。

② 《礼记·中庸》。

五、结语

在中国文化的观点下重新考虑四原则的作用，对生命伦理学原则之意义的回顾，展示了为什么生命伦理原则在中国需要重新考虑与定位。由于道德规范背景不同，中国处理医疗政策的方式与西方不同，中国的伦理学家和生命伦理学学者应该有足够的理由发问：中国的道德哲学和生命伦理学是否应该吸收其自身传统的养分？抑或只是照搬西方的传统？无论是在理论层面，还是在现实层面，中国都具有自己的有关“善”的一般原则，并以此指导道德选择；中国应该以自身的历史经验为内容去理解什么是道德理性，并以此建立其合理的政治愿景。只要中国依靠自身的文化传统建立道德和生命伦理学，只要中国努力避免西方医疗体制的弊端，中国的生命伦理学就会找到它自己特有的定位。

毋庸置疑，西方生命伦理学研究处于主导地位，但是我国人文医学传统具有丰富的伦理资源。在经济全球化与道德多元化的当下，不同的道德共同体应当允许有不同的道德价值。中国生命伦理学的构建，虽然离不开对西方资源的引进与借鉴，但更应该尊重并挖掘我国自身的文化传统，结合我国社会生活现实，构建符合我国国情的生命伦理学模式。如今，我们从西方引进了生命伦理学理论，然而，这种舶来品难以与我国文化传统进行有机对接。在传统向现代、熟人社会向陌生人社会的变迁中，我们注重西方生命伦理原则主义模式，更需要结合我国传统文化与现实语境，寻找我们的文化之根。在历史进入现代化的社会语境中，“文化自觉、文化自信、文化自强”理念的探讨不断深入的情况下，构建以儒家传统文化为核心的生命伦理学，不仅是我国传统文化不断传承的现实需要，更是对我国文化“未来”思考的结果。

关于建构中国生命伦理学的宏观思考*

张舜清**

十年来，中国生命伦理学界诸多同仁致力于建构“中国生命伦理学”，这一努力可以说是中国生命伦理学界对传统生命伦理学①的研究方法、学科视域进行批判反思的一种结果，也是与当下中国的政治、经济和文化发展相适应而产生的一种理论上的反思的结果。尽管这一努力迄今为止已经取得不小的成就和影响，但不能否认的是，对于这一工作以及这一提法本身，争议的声音一直是存在的。对于许多理论上的问题，仍然存在相当模糊的认识。2016 年在香港举行的第十届建构“中国生命伦理学”研讨会将如何建构中国生命伦理学列为一个重要议题讨论，本身也说明了这一问题。本文的主旨，是想结合当前中国的文化建设与学术氛围，以及生命伦理学在中国发展的实际情况，探讨一下建构中国生命伦理学面临的现实问题和解决途径。

一、何谓“中国生命伦理学”?

建构中国生命伦理学，首要的一个问题是，我们该如何理解“中国生命伦理学”。毫无疑问，这一问题决定着这一研究方向的学科视域和研究方法等问题，对这一问题的囫囵理解，势必影响着内容的选择、方法的运用和建构的范围。尽管这一提法已经提出多年，不少学界同仁也已经为此努力多年，但不能否认的是，关于“中国生命伦理学”，无论是就这一提法本身还是具体内容上目前都存在相当大的争议。这说明，不厘清这一提法本身的意蕴或者说包容的

---

* 本文为教育部人文社会科学研究资助项目“儒家生命伦理思想研究”（项目批准号 11YJC720054）的阶段性研究成果。

** 张舜清，中南财经政法大学哲学院副教授。

① 这里所谓“传统生命伦理学”是指生命伦理学初入中国以及随后一段时间内中国的生命伦理学。这一时期中国的生命伦理学是以引介和应用西方生命伦理学的理论原则和方法为主要特征的生命伦理学。

内涵，“建构中国生命伦理学”其实都是一个目的不甚明确、语义不够精准的表达。因此，我们有必要对这一提法进行一番检视和讨论。

在全球多元文化交互作用的今天，关于这一问题的认识和争议实际上与早年有关“中国哲学”等提法的争议①如出一辙。“中国生命伦理学”，无疑其前提是“中国”二字。这一提法明显是为了突出生命伦理学的中国因素——不管是所具有的中国文化特征还是地理范围的限制。但这两个选项明显也会导致不同的结果。如果我们突出的是中国文化的特征，那么所谓“中国生命伦理学”，就是一种以中国文化为基础而形成的由中国思想文化（对于他者而言的异质文化）决定的生命伦理学形态。这包括对“生命”的理解、对基于“生命”问题而产生的伦理关系的中国思想文化的解读方式，以及以中国的文化心理来处理、解决生命伦理问题。在这方面，“中国”二字框定了生命伦理学的理论和实践基础都在于它是中国思想文化和中国人的生命实践的一部分。而如果“中国”二字仅仅表明的是一种地理范围的限制，那么所谓“中国生命伦理学”，仅仅表示的是作为一门学科的生命伦理学在中国也存在，中国也有生命伦理学。如果“中国生命伦理学”仅是这一意义上的，那么也就没有多少讨论的价值，也谈不上建构的意义问题。而从这一角度来理解“中国生命伦理学”，也势必会导致对从事建构这一工作之本身意义的怀疑：生命伦理学在中国发展有好几十年了，还用得着提建构中国生命伦理学吗？建构的意思难道是说中国还没有生命伦理学，因此要建构出来一个吗？所以，“建构中国生命伦理学”这一提法，只可能是基于第一种理解。也就是说，之所以明确提出建构中国生命伦理学，显然建构者是带有一定自我文化立场的，并且意识到中国目前存在的生命伦理学，至少在实践角度，是无法满足当前中国特殊的文化发展和民族发展需求的。

从目前的实际情况来看，当前学界对“中国生命伦理学”这一提法的理解和阐述，也基本上是从上述第一种意义上进行的。范瑞平先生应当是较早提出

---

① “中国哲学”作为一门学科在20世纪初建时，学界对于是否存在一个专门的“中国哲学”也有不小的争论，如哲学是否具有普遍的形态，是否有着不同的判断标准等，由此引发出“中国的哲学”和“哲学在中国”、是否存在一个“特殊的哲学”等一系列问题。这种争议的实质是我们究竟该如何看待中国自身的思想文化，中国要不要坚持“文化本我”的问题。“中国生命伦理学”这一提法，就其背后的文化考虑看，也涉及这一问题。

“建构中国生命伦理学”并从事这一主题研究的学者。[1] 而从范先生的具体阐述来看，他也主要是从第一种意义上来使用这一提法的。依照范先生的说法，“构建中国生命伦理学，就是要守住中华文化的价值核心，在当代社会重构儒学的天道性理、人伦日常并探索它们在生命科技、医疗实践、卫生保健制度以及公共政策方面的体现和应用。从事这项工作，首先要有一种情怀，即一种历史使命感：追求中华文化的卓越性和永恒性”[2]。在这里，范先生说得明白，建构中国生命伦理学，其实质工作是以中华思想文化为价值基础，以中国特有的价值观念和理论作为当代中国生命伦理学的观念基础和理论基础。中国生命伦理学，就是以中国思想文化的价值理念指导和框定的生命伦理学，因此，这样的生命伦理学研究和实践，本质上是对中国思想文化自身蕴含的生命哲学和伦理学的研究和实践，更坦率地说，是中国人自己的生命理论和实践。

但是，这样一种理解本身也是有问题的，它仍然需要进一步解释：是中华文化的哪一种，抑或中华文化全部的思想内容，可以用来作为当代中国人建构属于自己的生命伦理学的价值基础？众所周知，“中华文化”是一个包容性相当强大的词语，至少就其构成来说是这样。从思想体系的构成来看，儒家思想、道家（道教）文化、佛教义理都在中华文化中占据重要席位，传统文化从构成上来说，三家的和合（三教合一）也是中华文化的主体。尽管儒家思想在政治上具有特殊的地位，我们恐怕仍然不能小看其他各家的巨大影响（包括法家的影响，“阳儒阴法”的事实，本身表明法家在中国人实际生活中的巨大的作用和影响）。从思想变迁的历史来看，在当代中国，发挥实际影响的思想观念仍然是五花八门，其中占主流地位的当然是马克思主义，其次才是中国传统文化，此外又有西方文化的强大影响。从当代中国的实际来看，我们说的以“中华文化”为核心，似乎可以排除西方文化这一因素（虽然不太可能排除掉），但即使是这样，当代的“中华文化”也并不指向一个单一的思想体

---

① 香港浸会大学的罗秉祥、陈强立、张颖等学者，可以说都为此做出了突出的贡献，值得肯定。但是“建构中国生命伦理学”这一提法，似乎在当前仍然面对着不小挑战，还没有成为国内生命伦理学界一种统一的认识，而这恰恰是缘于对于这一提法及其内涵本身不同的理解，也和我们对当今中国生命伦理学的发展方向和研究方法的运用有关。

② 范瑞平：《建构中国生命伦理学——追求中华文化的卓越性和永恒性》，载《中国医学伦理学》，2010（5），6～8页。

系——比如儒家或道家（道教），因为马克思主义的主流地位是一个必须认真对待的因素。在当今中国的文化构成和思想构成的叙述模式中，马克思主义、中华传统文化中的“合理成分”、西方文化中能体现人类文明“优秀成果”的部分，是当代中国人价值观念的主要来源，也是主流价值观念的基础，而马克思主义无疑是核心。在这样的文化叙述模式中，如果我们忽视这种既定事实，而单一地以其中一种，特别是单独抽出儒家来作为建构中华文化的价值核心，一方面，我们必须要提供更多更充足的理由来说明为何要以儒家思想为价值核心，为什么在价值多元的当今我们必须要选择儒家——比如儒家的价值更能增进中国人实际的福祉吗？更能引领中国未来，开创出未来的美好画面吗？另一方面我们则必须要面对中华传统文化与马克思主义和西方文明的关系，要处理好三者的关系，这不是一个主观回避就可以解决的问题。

显然，“中国生命伦理学”在当代中国并不是一个不证自明的问题，它需要明确地说明和界定，而这种内涵的界定，无疑指示了研究的方向和方法问题，以及从事这一工作的限度和目前的着力程度和范围。考虑到在当今中国，“传统”本身就是一个具有复杂语义的词①，因此要谈建构“中国生命伦理学”，建构者首先需要表明自己的态度，是在何种意义上讲“中国生命伦理学”，它本身的内涵是什么，它决定着我们从事这一工作的意义和方向，以及具体建构的方式和途径。

我认为，在这一问题上，我们应当有一种宏观的视域，要正视当前中国思想文化多元的现实，不能人为缩小“中国生命伦理学”中“中国”这一因素的范围。至少在一般的认识上，应当认识到“中国生命伦理学”实际上是我们在综合处理马克思主义、以儒释道为主的中华传统文化、西方文化中的“优秀成果”三者之关系基础上，对中国生命伦理学的发展方向和内容的界定。也就是说，“中国生命伦理学”之建构，本质上是我们在多元价值观念基础上寻求中国生命伦理学建设方法和途径的问题，而这也就需要我们充分辨析存在于中国的各种思想文化之于中国人的生命伦理实践的意义与前景。只有在这一基础上，我们才能真正去建构属于中国、符合中国实际的生命伦理学。

---

① 在许多教科书里，“传统”包括古代中国的传统文化，也包括马克思主义传统、革命主义传统等精神传统，甚至某一领域某一产业的生产精神、工作精神都被列入“传统”的范围。

二、建构“中国生命伦理学”的一般原则

对中国多元价值共存的现实及各种思想文化在当代中国所占的位置和所起作用的充分考虑，决定了当今建构中国生命伦理学的一般原则，那就是综合当代中国社会主体的思想文化，或者说实际上起着重大作用的思想文化，将之融会贯通，以构建一种既符合当代中国实际，又体现现代人类文明发展趋势的文化，以之为中国生命伦理学的理论基础和思想前提。除此之外的其他路径，我认为都忽视了这一大前提，都不可能真正建构一门为中国社会主流所接受和为民众广泛认可的生命伦理学，其意义将是极为有限的。

也就是说，建构者在思想观念上应当树立这样的观念认识：中国社会是一个多元的、开放的社会，必须以一种多元的、开放的思维面对不同的思想观念在中国社会中所起的作用，而非任何教条式的、原教旨主义的，甚至极左或极右的观念，这些都不可能使中国的生命伦理学获得一个普遍“合法”的地位。我想具体谈一谈为什么我们要这么做。

不得不承认的是，在当今中国，尽管马克思主义文化、以儒释道为主的中国传统文化与西方文化存在相互交融的一面，但三者之间的冲突也是显而易见的。这主要表现在人们对这三者性质的认识以及对中国社会的走向应当坚持以何种文化为主的冲突认识上。这实质上是自近代以来就广泛存在于中国的一个涉及中国文化命运的大争论的延续。而它之所以在生命伦理学领域也表现出来，这又和生命伦理学的文化内涵直接相关。生命伦理学并不是单纯的应用科学，它本质上是文化研究的一部分，是人们进行文化的自我理解的一个中心成分。所以，建构中国生命伦理学面临的最大问题也是和文化的思考相关的，即它应当建立在何种思想文化的基础上。在当今的生命伦理学领域，这种植根于思想文化上的冲突，表现也是明显的，它集中表现为我们当以何种方法进行生命伦理学的研究。

长期以来，我们对生命伦理学的研究主要是以西方生命伦理学的研究理论和方法进行的“模仿式”研究，但时至今日，我们已经意识到这种研究方法的问题。生命伦理学的文化属性，让我们充分意识到单纯模仿和应用西式的生命伦理学存在的问题，那就是有个“水土不服”的问题。中国社会毕竟不同于西

方社会，中国生命伦理学虽然由西方引进，但西方生命伦理学的理论基础和精神信念并不天然适合中国人看待和处理发生在中国的生命伦理问题。西方生命伦理学天然带有西方价值传统、政治理念和基督教精神的印记，而中国的文化传统如儒家思想、家庭观念、政治体制和社会价值观等都与西方有很大差异。中西方在生命伦理学的研究上，事实上存在着一个“文化屏障”的问题。而如何克服这一“文化屏障”，则成为我国生命伦理学者必须要考虑的一个问题。应当说，中西生命伦理学存在文化母体上的差异，正是这种现实的差异及其引发的冲突，培育出中国生命伦理学界的一种“本土化意识”。在这种意识影响下，如何建构一种真正具有实质内容的“本土化”的生命伦理学日益受到重视，并开始付诸实践。比如在 2010 年召开的第十次世界生命伦理学大会上，多位著名的生命伦理学者强调了文化与生命伦理学的关系问题，强调了建构“本土化”生命伦理学的重要意义，以及如何处理本土化生命伦理与国际通行（主要是基于西方价值观念建立的）生命伦理准则的张力问题。香港浸会大学应用伦理研究中心自 2007 起，已经连续十年举办建构中国生命伦理学的研讨会，应当说，也是基于这一意识。

当然，这一意识的产生，有着更为广泛和深刻的文化背景。后现代哲学对“普适价值”和“普适伦理”这种普遍主义哲学观念的颠覆是造就这种“本土化意识”的哲学前提①，而现实中各“文明的冲突”② 则引发了人们对文化实质更多的思考，以及对自我文化更多的重视。不过，对中国生命伦理学界本土化意识影响最为直接的因素，还是中国自身的经济发展和政治上的因素。中国经济几十年的快速增长和综合国力的提升，无疑是培育这种本土化意识最为直接的动力。就像白彤东所说：“中国哲学是一个丰富的、应该给予严肃对待的传统。但是一个无法回避的事实是：不管中国哲学传统有多么丰富，如果中国还是一个政治与经济在世界上没有足够影响的国家，中国哲学就不会被这么认真

---

① 关于全球伦理、普适价值的实质及其与本土文化的关系问题，张旭东在《全球时代的文化认同》（北京，北京大学出版社，2005）中有着详细的讨论，恩格尔哈特在《生命伦理学基础》（范瑞平译，北京，北京大学出版社，2006）中也有相关讨论，读者可参阅这两部书。

② 塞缪尔·亨廷顿在《文明的冲突与世界秩序的重建》（北京，新华出版社，1999）对基于不同文明的价值差异而引发的冲突和不可调和性有着深刻的剖析，他尤其提醒我们注意这样的事实：“西方赢得世界不是通过其思想、价值或宗教的优越（其他文明中几乎没有多少人皈依它们），而是通过它运用有组织的暴力方面的优势。西方人常常忘记这一事实；非西方人却从未忘记。”（见该书第 37 页）

地对待。"[①] 范瑞平先生也认为，固然经济发展与国民所持价值观的正确程度没有直接关系，但中国经济取得的成就却无疑为中国生命伦理学的建构提供了实践的可能性。[②] 客观地讲，经济腾飞能够带动人们对该经济体背后文化的重视，这符合经济与文化互动关系的一般规律。没有中国经济地位的提升以及由此带动的对自我文化的重新审视，这种本土化意识也就不会如此引人注目。

但是，具备一种本土化意识并不是要我们重新回到中华文化唯我独尊的历史当中去，不是让我们排斥他者文明的"合理成分"，更不是让我们对工具和方法的应用附着文化因素一概加以拒斥。这促使我们思考这样一个问题：当我们以本土化意识指导我们的生命伦理研究时，还要不要认真研究西方生命伦理学的方法和理论，它们是否也能弥补和帮助中国生命伦理学的研究？如果我们认为早期中国生命伦理学对西方单纯的模仿式的研究存在问题从而采取一种"本土化的发展路径"，那么，我们是否又会走向另一个极端？这种担心不是没有理由。21 世纪以来，存在于中国思想界的有关"汉话胡说""胡说汉话""汉话汉说""反向格义""中国哲学合法性"等等的争议和讨论便不绝于耳。站在某一文化立场上，对他者文明观念上打倒、方法上排斥，可谓司空见惯。但问题是，这种做法妥当吗？是的，我们当然要避免文化上被彻底殖民，但是，我们真的能做到不理会另一种文化力量的影响吗？比如，在建构中国生命伦理学上，我们能否做到只以传统的儒释道思想文化或者干脆只以儒家文化为价值基础，而不理会马克思主义与西方哲学，特别是马克思主义这一因素？

不可否认，在部分学者那里，存在着一种排斥西方文明和马克思主义（通常被归入西方文明的一部分）的思想倾向。至少在一部分当代新儒家（包括所谓"大陆新儒家"）中，存在着一种拒斥这两种文明的思想倾向，尤其是对马克思主义采取了"隔离"的态度。较远的，以梁漱溟、熊十力、张君劢等人为代表的第一代新儒家和以牟宗三等为代表的第二代新儒家基本上对马克思主义采取了不接受的态度，在其理论建构中也没有主动把马克思主义作为一项理论资源。较近的，"大陆新儒家"中的一些人物，主张恢复儒学的"政统"，恢复儒学的"王官学"地位，其精神虽然可嘉，但难免有"激情有余而理性不足"的嫌疑。我曾经指出，漫说纯粹的儒家"政统"难以在当代开出"新外王"，

---

① 白彤东：《中西、古今交融、交战下的先秦政治哲学——关于比较哲学方法的一些思考》，载《云南大学学报》（社会科学版），2009 (1)，10～19 页。

② 参见范瑞平：《为什么要建构中国生命伦理学》，载《中国医学人文评论》，2008 年辑刊，7～9 页。

即使儒学真的具备开出“新外王”的“真精神”，这种“跃进”主义态度也是非常不现实的。要使儒学再度成为在现实生活中切实发挥影响力的义理学说单凭“激情”远远不够。需要相关主体静下心来，严肃面对“现代中国”对现代文明的种种要求，认真对待在中国大地上事实上发挥重大影响力的哲学思潮和思想文化传统，认真思考这些学说在中国立足的根源和发展走向，探讨这些学说与中国社会“相结合”的客观性、必然性和趋势，然后把儒学与这些学说相比较，我们才能真正找到当代儒学发展的方向和策略。① 否则，以中国文化核心价值为基础建构中国生命伦理学或儒家生命伦理学，就真的成为一种自我怀乡式的恋土情结的反映。有了这种认识，我以为，在建构中国生命伦理学的方法和途径上，我们的主张也将是明确的。

三、建构中国生命伦理学的方法与途径

尊重中国思想文化多元的现实，尊重当代中国现存思想的实际地位，谋求一种理论上的相融共生和综合创新，应成为建构中国生命伦理学的基本方法和途径。这是由中国思想文化的现实和具体国情决定的。几百年中西文化交流的成果、马克思主义在当代中国的指导地位，决定了我们必须要正视这几种主要的思想因素在当代中国的影响，无论是站在何种价值立场上，谋求一种多元价值观念的融合共生，应该都是一种基本的工作取向。一位马克思主义者，要想在当代中国有任何理论和实践上的建树，都不能忽视强大的以儒家文化为核心的传统观念在中国的影响。同理，一位儒家学者，要想做出一项有实际意义的“建构”工作，同样也不能忽视诸如马克思主义等在中国的实际地位和影响。以儒家为例，尽管现代新儒家的许多人物对马克思主义采取了排斥态度，但也有不少人充分意识到，当代儒学的重构绝难避开与马克思主义的关系，从而主张儒学与马克思主义之间的对话，并认为中国未来的希望在于“马列、西化和儒家三者健康的互动，三项资源形成良性循环”②。

这样的观点，应当说比较务实和富有策略。未来的中国发展至少在相当长一段时期内，将是这种多元文化的互动性发展，而不太可能是一元文化的独尊

① 参见张舜清：《当代儒学的重构及其与马克思主义的关系问题》，载《马克思主义与现实》，2009（6），75～78页。

② 方克立：《关于当前大陆新儒家问题的三封信》，载《学术探索》，2006（2），4～10页。

局面。因此持上述意见者并不急于在政治上谋求“儒学的复兴”，而是侧重从哲学、宗教角度探究儒学在当代的学术价值，强调加强儒学与当代西学、马克思主义的学术对话，力争使儒学能够在国际思潮提出的大问题中有创建性的反应，强调当代儒学必须真正面对已经大大改变了的社会历史环境，切实面对现实生活和时代发展中的诸种矛盾和问题，来谋求提升、转化和发展之道。他们承认也正视这一现实，在当代大陆儒学的重构过中，马克思主义一直作为参与者扮演着重要角色，就像彭国翔教授所说：“就儒学而言，这也同样是一种重构的方式。更为重要的是，虽然1990年代以后大陆的儒学重建似乎越来越少马克思主义的因素，但并不等于说迄今为止马克思主义在当代儒学的重构中只是扮演了一个‘临时闯入者’的角色。就将来中国大陆的儒学重构而言，至少在相当时期内，马克思主义恐怕仍然是一个并非不相干的因素。至于说它能否扮演一个积极、正面的深度参与者的角色，则首先有赖于马克思主义自身能否在一种真正学术意义上得以重构从而真正参与到学术思想界话语的互动与交融之中。”①

事实上，在当代中国，马克思主义、以儒学为核心的中国哲学和西方哲学均在不同程度上参与着中国文化与思想的重构工作。我们绝不能忽视这种现实，以及由此带来的方法论的革新。比如就马克思主义哲学而言，长期以来学界一直在致力于“马克思主义哲学中国化”的研究，而这项研究的重要内容之一，就是探讨马克思主义与儒学的关系，发现马克思主义与儒学实现深层次对接的“思想桥梁”，从而实现马克思主义哲学的“综合创新”，为马克思主义真正内化为民族精神奠定传统文化基础。从事这项研究的学者认识到，吸收、融会儒学的思想精华以建构当代中国的马克思主义，是马克思主义哲学发展的重要途径之一，这业已成为马克思主义学界的一项共识。马克思主义的未来发展，就在于“融会‘中西马’，实现马克思主义哲学的综合创新”②。

当然，这种研究态势并不是否定我们以某种思想文化为基础的“专项研究”，比如儒家生命伦理学研究。这种“综合创新论”为我们建构中国生命伦理学指明了方向，但它并没有否定我们在此前提下进行的诸如儒家生命伦理学研究的意义。相反，要真正做到综合创新，则更有赖于我们对诸如以中国哲学、西方哲学、马克思主义等为基础的专门性研究，因为这种专项研究可以增

---

① 彭国翔：《全球视域中当代儒学的重构》，载《中国哲学史》，2006（2），35～44页。

② 贾红莲：《马克思主义与儒学关系研究的现状》，载《求是学刊》，2003（4），17～22页。

加我们的认识，从而为实现各种思想文化的融合共生创造条件。并且，当今中国“中西马”哲学相融共生、相竞互补的研究态势，也为我们开展儒家生命伦理研究创造了良好的思想条件和学术氛围。也就是说，建构中国的生命伦理学，当然需要我们认真研究诸如儒家生命伦理学、道教生命伦理学，以及在当代中国仍起作用的以西方哲学方法为基础的生命伦理学研究等，要在这些专项研究的基础上，探究彼此的对话基础和途径，从而找到能综合这些思想因素的“中国生命伦理学”，我认为，这将是主要的方法和途径。为此，我们应当鼓励和支持诸如儒家生命伦理学、道教生命伦理学等专门性的生命伦理学的研究，这是建构中国生命伦理学的一个基础。

但是这种专门性的研究，应当主要是一种诠释性的工作，而不是政治纲领式的解读。以儒家生命伦理学为例，儒家生命伦理学的研究，应当采取基于文献的诠释性的研究态度，即注重挖掘儒家有关“生命”的伦理思想，结合现代问题诠释儒家这种思想的历史性与发展的可能性，通过诠释，探究儒家的伦理精神和价值与现代相融合或发挥作用的方式、途径。这种活动，表面上是追求儒学的“创造性转化与发展”，毋宁说是儒学结合现代问题进行的一次理论上的“重构”。“重构儒学”是当代儒学界发展儒学的基本方法。所谓“重构儒学”，简单地说，就是指儒学在一定的历史条件下为保持和延续自身生命力而展开的理论性建构。重构不意味着彻底推翻儒学的根本义理，而是能够自觉地把儒学视为建构当代社会的一项主要思想资源。① 现当代新儒家对于儒学的发展，其实质都是这种重构儒学的工作。范瑞平先生提出的“重构主义儒学”，应当是这种观点在生命伦理学领域的反映。②

客观地讲，现当代新儒家几十年重构儒学的努力，不仅对推动儒学发展做出了卓越贡献，其中一些方法对我们如何建构诸如儒家生命伦理学等也有着重

① 应当说，从现代新儒家的第一代人物开始，直至目前的儒学研究者和被称为“大陆新儒家”的人物，儒学研究的主要内容或者致力的主要方向都是关于儒学的这种理论性建构问题。对儒学的重构，可以从不同方向展开。然而究竟从何角度展开，与中国社会的实践主题有关，也与建构者的思考重心和取向有关。从历史的角度看，对儒学的重构往往与中国社会的历史变迁有关。在中国历史上，对儒学大规模的重构工作有多次，而每一次重构都发生在中国社会历史变迁的重大时刻。如孟子从心性角度对儒学理论的建构，荀子从礼法角度对儒学的理论建构，董仲舒杂糅阴阳、名、法诸家对儒学理论的建构，宋明儒家融合佛、道二教理论对儒学理论的建构等等，都是发生在中国社会的历史变迁或解体的某个时刻。

② 参见范瑞平：《当代儒家生命伦理学》，“前言”，北京，北京大学出版社，2010。

要启迪。我们注意到，诸多儒家学者在重构儒学的基本方法上，基本上都是从“功能化的儒学”角度去诠释儒家传统的，而非一种“政治上的宣言”。他们有感于近代儒学的命运，并且能充分认识到当代中国“中西马哲学”相竞发展的现实，因此并不追求单一的儒学存在样态，相反他们十分注重根据时宜发挥儒学的某种功能，从而建构出不同形态的儒学，如生活儒学、哲学儒学、制度儒学、心性儒学、社会儒学等。这些形态多是强调儒学存在的一种方式，一种功能的展现。功能的展现应当具有时代性，这实质是儒学的一种效用性研究，是把儒学义理与现代精神和发展要求相结合的对儒学的诠释活动。这样做的目的，是希望通过这样一种研究和对儒学的功能化阐释，使儒学能够走进当代人的精神，成为人们日常生活的一种信念，从而在实践上使儒学真正成为百姓的日用之学，成为“愚夫愚妇”能知能行之学，这样儒学的传播和弘扬自然就会具备坚实的群众基础。儒学只有走进现实，只有能够以儒学的义理消解群众日常生活中的各种困惑，才可能具备现实的生命力。当越来越多的人认识到，他们的生活在很大程度上是“儒家式的”，并且认同儒学更能指引他们建立一种更为利于自己的生活方式之时，更高意义上的儒学复兴才有实现的可能。在这方面，提倡“功能化的儒学”研究，是一种重要的方法论取向。

总之，正视中国多元文化，特别是中西马相竞共生的文化态势，在一种“综合创新”的宏观视野下，追求诸如以功能化儒学为主的重构儒学的态度和方法来建构当代中国的生命伦理学，这才是建构中国生命伦理学最为基本的方法与策略。这样做是本着一种对话和沟通的姿态，寻求在业已于中华大地发挥着巨大影响的各种思想观念中找到一种融合机制。这种融合当然不是不同思想因素简单的拼加，而是双方确实能发生理论上的互镜、借鉴作用，彼此能够以对方为思想资源来发展自身，最终形成一种更具时代精神的，为中国人共同信守的价值文化。这样做不是谁要取代谁，而是正视对方在中华的实际地位和影响，寻求一种共生和在此基础上的“和合”，如此，中国生命伦理学的建构才能方向明确，程序鲜明，从而走上一条逐步深入并日益扩大影响的中国生命伦理学的发展之路。

三、生殖科技的挑战

辅助生殖伦理的跨文化反思

罗秉祥*

一、全球生命伦理与建构中国生命伦理

建构全球生命伦理与建构中国生命伦理并不是互相排斥的，因为前者能达到的通常都是一些抽象笼统原则或价值，要把这些原则或价值落实到社会中成为该社会的公共政策，则必须兼顾该社会的文化价值观。因此，在中国文化浓厚的社会中，有必要建构中国/华人的生命伦理。

本文以人类辅助生殖为个案，分析中西文化社会中彼此的公共政策有颇多相异的道德规范，然后再反思如何处理中国生命伦理的建构。

* 罗秉祥，香港浸会大学文学院副院长、应用伦理研究中心主任、宗教及哲学系教授。

二、辅助生殖公共政策在中西社会的重大分歧

体外受精技术包括两种情形：精子与卵子皆来自受术夫妻，精子或/及卵子来自他人。在伦理原则上中西社会都觉得这两者都可以接受，有全球伦理共识。可是落实到公共政策时，当生殖细胞来自他人，不同社会就会有不同的公共政策限制，显示出彼此的文化差异。特别是以下 5 个争议议题：

（1）同一个供精者或供卵者所带来的活产数目，是否该有所限制？

（2）技术上提供精子容易，提供卵子困难，捐赠过程辛苦，而且有风险。既然卵子难求，卵子提供人是否可以接受金钱补偿或回报，以鼓励捐赠？

（3）除了匿名捐赠外，受术夫妻是否可要求使用指定捐赠者的生殖细胞？提供生殖细胞者，是否可指定用于哪对受术夫妻？

（4）受术夫妻若可指定生殖细胞提供者，该捐赠者所带来的活产数目是否应受限制？

（5）亲属间精子与卵子之结合应有何限制？

以下笔者先介绍西方国家（英国、美国）关于这 5 个议题的公共政策，再介绍中国大陆、台湾及香港颇有不同的政策。

英国

英国人类受孕暨胚胎委员会（Human Fertilisation & Embryology Authority）一直是英国相关公共政策的制定者。经 2011 年的修订后，他们对以上 5 个议题的政策如下：

（1）活产数目没有明确规定，只规定每一个生殖细胞提供者最多只能协助 10 个家庭的成立。（生殖细胞提供者在每一个家庭中所带来的活产数目，没有上限。）

（2）提供生殖细胞不可以赚取金钱，但可以有适当的补偿。（捐精每次 35 英镑，捐卵每次 750 英镑。）

（3）除了亲密血亲外，容许指定特定生殖细胞捐赠者及指定受术夫妻。

（4）特定生殖细胞捐赠者所带来的活产数目，没有特别限制，而是与匿名捐赠者一样，最多只能协助 10 个家庭的成立。

（5）以下 10 种亲密血亲之间的精子卵子，不可作体外受精：祖父与孙女、祖母与孙子、父与女、母与子、兄弟姐妹、同母异父或同父异母兄弟姐妹、伯

父/叔父/舅父/姑父/姨父与侄女/甥女、姑妈/伯母/舅妈/阿姨与侄子/外甥、伯父/叔父/舅父/姑父/姨父与半侄女/半甥女、姑妈/伯母/舅妈/阿姨与半侄子/半外甥。①

以上列出的英国的规定，相对亚洲国家，算是非常宽松。

美国

由于生殖科技的使用不属联邦政府管辖范围，联邦内各州可各自为政，所以比较难掌握美国有关人工生殖公共政策的全貌。笔者知道至少以下几点：

（1）美国很多州都容许提供卵子的交易，大学女生正是市场聚焦所在，所以很多大学校园都能看到这些有报酬征求卵子的广告；名牌大学女生的报酬又高于其他大学。有些甚至提出天价，征求成绩好、身材高、外表有吸引力及有其他突出表现（如体育）的白种人年轻女子卵子。按 2010 年一个对包括 63 份大学生报纸广告的调查，报酬由 3 000 美元至 50 000 美元不等。② 有女孩子于 2015 年在网上社交媒体看到，竟然有出价 100 000 美元的。③ 尽管美国生殖医学学会提出指引，认为不应超过 10 000 美元，但这指引没有任何法律约束力。

（2）美国生殖医学学会（ASRM）伦理委员会于 2012 年再次发表他们对家属作为生殖细胞提供者或代孕母的立场。除了牵涉血亲遗传基因结合的情况外，基本上他们对这样的安排没有道德异议，唯一担心的只是父母亲邀请子女作生殖细胞提供者时，子女或感压力而不能真正自主决定。有趣的是，他们反对同代及隔代血亲之间的精卵结合时，除了出于防止遗传病及畸形儿之外，还担心这种暧昧血缘关系带来的感情摩擦。因此，父亲与领养女儿，及继父继女之间的精卵结合皆不适宜，免至带来乱伦性关系的猜测。④

中国大陆

中国大陆的相关公共政策，没有正式法律，主要是靠卫生部的行政指引，

---

① 英国人类受孕暨胚胎委员会《实务守则》（Code of Practice）第 8 版，第 11.16 及 11.17 段。http：//www.hfea.gov.uk/docs/HFEA_Code_of_Practice_8th_Edition_（Oct_2015）.pdf，2016-08-30。

② 参见美国《纽约时报》的一篇报道，见 http：//www.nytimes.com/2010/05/11/health/11eggs.html?_r=0，2016-08-30。

③ http：//www.biopoliticaltimes.org/article.php?id=8539，2016-08-30。

④ The Ethics Committee of the American Society for Reproductive Medicine，"Using family members as gamete donors or surrogates，" *Fertility and Sterility*，Vol. 98，No. 4，(October 2012)，pp. 797 - 803.

有点遗憾。2003年，卫生部修订了《人类辅助生殖技术规范》《人类精子库基本标准和技术规范》及《人类辅助生殖技术和人类精子库伦理原则》。按以上文件，对于上述5议题的立场如下：

（1）供精者或供卵者所带来的活产数目，通常限制于5个。然而，随着二胎政策的逐步放宽，这个上限就开始松动，但大概一共不会超过10个。①

（2）卵子提供人不可以接受任何形式金钱回报。（“供精、供卵只能是以捐赠助人为目的，禁止买卖，但是可以给予捐赠者必要的误工、交通和医疗补偿。”②）然而，这个误工、交通及医疗补偿如何算？有没有统一金额及上限？就不得而知。若是没有，是否出现滥用现象？③

（3）除了匿名捐赠外，受术夫妻不可要求指定使用特定某人的生殖细胞；提供生殖细胞者，不可指定用于哪对受术夫妻，“供方与受方夫妇应保持互盲”④。对于特别缺乏的卵子，“赠卵只限于人类辅助生殖治疗周期中剩余的卵子”⑤。

（4）不适用。

（5）亲属间精子与卵子之结合有限制，近亲之间不可以。（“医务人员不得对近亲间及任何不符合伦理、道德原则的精子和卵子实施人类辅助生殖技术”⑥。）然而，何谓“近亲”，文件没有明确定义。有人认为，按国家婚姻法，三代以内血亲禁止结婚，所以这里的“近亲”大概可以同样理解。若是如此，对姻亲则开绿灯，如妻子可以用丈夫爸爸或丈夫弟弟的精子。再者，不得对“任何不符合伦理、道德原则的精子和卵子实施人类辅助生殖技术”这句话也非常模糊，诠释空间很大，作为公共政策规范，不够明确。

台湾

台湾透过“立法”，具体规范相关的公共政策。除了2007年“人工生殖

① 中华人民共和国国家卫生部：《人类辅助生殖技术和人类精子库伦理原则》，（三）保护后代的原则，“8. 同一供者的精子、卵子最多只能使5名妇女受孕”。见 http：//www.moh.gov.cn/mohbgt/pw10303/200804/18593.shtml，2016-08-30。

② 《人类辅助生殖技术和人类精子库伦理原则》，（六）严防商业化的原则。出处同上。

③ 据在高校工作的朋友相告，某些大学校园的确存在指明有报酬的捐赠广告。

④ 《人类辅助生殖技术和人类精子库伦理原则》，（五）保密原则。出处同前。

⑤ 中华人民共和国国家卫生部：《人类辅助生殖技术规范》，（5）赠卵的基本条件。见 http：//www.moh.gov.cn/mohbgt/pw10303/200804/18593.shtml，2016-08-30。

⑥ 《人类辅助生殖技术和人类精子库伦理原则》，（三）保护后代的原则。出处同前。

法”的细致条文，还有在“立法”过程中“立法院”相关委员会的发言记录，及台湾“卫生福利部国民健康署”的相关文件可参考，帮助我们仔细了解条文背后的“立法”意图。对于上述5个议题，台湾的公共政策如下：

(1) 每一个捐赠生殖细胞者只可以带来一次活产；余下胚胎全部销毁。① 其用意是极力排除将来发生不知情的血亲之间生育所带来的遗传病。②

(2) 受术夫妻与生殖细胞捐赠人不可有私下酬金协议，必须以无偿方式捐赠，但可提供“营养费”及其他赔偿。(“受术夫妻在主管机关所定金额或价额内，得委请人工生殖机构提供营养费或营养品予捐赠人，或负担其必要之检查、医疗、工时损失及交通费用。”③) 由于这个条款的确受滥用，2015年全台湾统一对生育细胞捐赠者提供定额“营养金”；捐精可得8 000新台币，捐卵可得99 000新台币。按台湾一家媒体2015年的报道：“暑假期间，不少大学生会去打工赚钱，减轻学费负担……人工生殖法，允许40岁以下的健康女性捐卵，而且又可获得99 000元的营养费，彰化一家妇产科，2015年有意愿捐赠者，就比2014年多30%。”④

(3) 不容许指定捐赠者或受术夫妻。⑤

(4) 不适用。

---

① 台湾“人工生殖法”，2007，第十条：“人工生殖机构对同一捐赠人捐赠之生殖细胞，不得同时提供二对以上受术夫妻使用，并于提供一对受术夫妻成功怀孕后，应即停止提供使用；俟该受术夫妻完成活产，应即依第二十一条规定处理。”第二十一条：“捐赠之生殖细胞有下列情形之一者，人工生殖机构应予销毁：一、提供受术夫妻完成活产一次。”见 http://law.moj.gov.tw/LawClass/LawAll.aspx? PCode=L0070024，2016-08-30。

② 台湾“卫生福利部国民健康署”：《不可不知的人工生殖法——报你知》(2013) 里面提到：“捐赠后会不会发生违背伦常的情况？……本法也规定人工生殖机构对同一捐赠人捐赠之生殖细胞，不得同时提供二对以上受术夫妻使用，并于提供一对受术夫妻成功怀孕后，应即停止提供使用；俟该受术夫妻完成活产，应即销毁。”见 http://www.hpa.gov.tw/BHPNet/Web/healthtopic/TopicBulletin.aspx? No=201308160002&parentid=201109210001，2016-08-30。这里提到的“违背伦常”，似乎意指近亲结婚，而仅对不知情的近亲结婚的更强根据其实是防止隐性遗传病发病。

③ 台湾“人工生殖法”，第八条。

④ 台湾民视电视公司，2015，http://m.ftv.com.tw/newscontent.aspx? sno=2015729C12M1，2016-08-30。按台湾的调查，2015年大学毕业生的平均起薪是每月25 000元新台币。因此，大学女生捐卵所得到的“营养费”，就是她们将来毕业后四个月的工资，这个补偿算是慷慨。

⑤ 台湾“人工生殖法”，第十三条：“医疗机构实施人工生殖，不得应受术夫妻要求，使用特定人捐赠之生殖细胞；接受捐赠生殖细胞，不得应捐赠人要求，用于特定之受术夫妻。医疗机构应提供捐赠人之种族、肤色及血型数据，供受术夫妻参考。”

(5) 亲属间精子与卵子之结合有严格限制：不可使用于直系血亲、直系姻亲、四亲等内之旁系血亲。[①] 这个限制，是非常严紧的。

台湾的2007年“人工生殖法”，有别于西方社会，限制甚多（每一个捐赠者只能带来一个活产、捐赠者及受术夫妻不可互有指定、亲属之间的精卵结合有严格限制），乃是基于华人伦理。“人工生殖法”第一条开宗明义说明：“为健全人工生殖之发展，保障不孕夫妻、人工生殖子女与捐赠人之权益，维护国民之伦理及健康，特制定本法。”换言之，一方面是健康理由，要排除因为近亲血亲之间的生殖所带来较高的遗传病发病率；另一方面，是要“维护国民之伦理”。这个伦理的考虑可以在台湾“立法院”讨论“人工生殖法”时，“立法院”委员会发言记录内清楚看到，如“妯娌之间如果怀了小叔或大伯的孩子，因为每天都要见面，那是一件很难过的事情”[②]。同样，禁止指定的卵子捐赠也有这个伦理考虑：“指定捐赠一定是熟识的人，若大家感情好，那就没有问题，但若感情不好，例如小姨子捐卵，就会产生不快的情形。”[③]

此后，于2013年，台湾“卫生福利部国民健康署”的《不可不知的人工生殖法——报你知》文件中，提出三个理由说明其限制政策：“为维护国民之健康及伦常观念，并避免造成血统之紊乱，规定精卵捐赠之人工生殖，在直系血亲、直系姻亲、四亲等内之旁系血亲不得为精子及卵子之结合，所以受术夫妻应提供四亲等亲属相关资料，以利查证。”[④]这个解释，又增加了第三个理由：防止“血统之紊乱”。究竟避免血统之紊乱为何重要，则没有解释。笔者猜想，有两个原因：一方面是很现实的财产继承权。血统紊乱，对富有家庭来说将来在财产继承及分配时会产生很多争议及法律诉讼。古代中国一律以长子

① 台湾“人工生殖法”，第十五条：“精卵捐赠之人工生殖，不得为下列亲属间精子与卵子之结合：一、直系血亲。二、直系姻亲。三、四亲等内之旁系血亲。”按台湾“立法院”委员会发言纪录，当他们在讨论这个“人工生殖法”时，有解释何谓“四亲等”。“所谓的四亲等，就是算到同出一源，例如我算到我父亲，我父亲再算到我哥哥，我哥哥和我是二亲等，如果算到祖父，再算到伯父及堂兄弟，我和我堂兄弟就属于四亲等。就是算到同一个源头、祖先，一边等亲的数目再加上另一边的亲等，就是几亲等。通常四亲等就是指堂兄弟，表兄弟。”（“立法院公报”第95卷第21期委员会纪录，386页）。

② “立法院公报”第95卷第21期委员会纪录，389页。

③ “立法院公报”第95卷第21期委员会纪录，390页。

④ 台湾“卫生福利部国民健康署”：《不可不知的人工生殖法——报你知》(2013)。见http://www.hpa.gov.tw/BHPNet/Web/healthtopic/TopicBulletin.aspx? No = 201308160002&parentid = 201109210001，2016-08-30。

嫡孙制度来处理财产继承，现代华人社会则不是，所以清晰的血缘关系很重要。另一方面是儒家血缘伦常观念。有别于西方社会，华人的亲属关系称谓非常讲究、仔细及独特，每一个称谓都没有暧昧的外延（不像英文的 uncle，aunt，nephew，niece 等）。体外受精若牵涉亲属，生下来的孩子就会有暧昧的亲属关系，冲击这个毫不暧昧的血缘系统。以前中国人因为没有遗传学知识，表兄妹结婚，还会说“亲上加亲”。现在我们知道有血缘的近亲，携带相同的隐性致病基因的可能性很大，若彼此结合生育，后代遗传病的发病率会升高，所以禁止近亲结婚。但是，在辅助生殖时，有别于传统的夫妻交媾生殖，卵子与精子都可以经过遗传病医生的检查，以确保双方都没有携带相同的隐性致病基因。把这个因素排除后，还有什么理由禁止近亲之间的精卵结合呢？那就是儒家血缘伦常观念的影响了。

由于台湾的人工生殖公共政策限制如此多，所以非常依赖匿名捐赠者的踊跃参与。台湾又不希望走美国的人工生殖商业化及利伯维尔场政策，所以只能以一个具吸引力的定额营养费来吸引年轻女士参与捐赠。

三、作为中西文化汇聚地的香港所感到的公共政策张力

香港一直是中西文化交汇之处，香港的相关公共政策也反映出这个特色。2001 年香港特区政府于卫生署辖下设立人类生殖科技管理局，局中包括一个伦理委员会。2007 年开始实施《人类生殖科技条例》，同年推出《生殖科技及胚胎研究实务守则》，2013 年提出《守则》修订版，规范全香港对生殖科技的应用。关于上述 5 个议题，香港的公共政策如下：

（1）同一供精者或供卵者所带来的活产数目，以 3 个为上限。[①] 与西方国家比较，这个上限也属于较少的。

（2）卵子提供人不可以接受任何形式的金钱回报。（香港《生殖科技及胚胎研究实务守则》（2013），5.7 段，“捐赠人不得就提供配子或胚胎而获得付款，但就以下事宜作出补偿或补还者除外——（a）取出、运载或储存将会提

① 香港《生殖科技及胚胎研究实务守则》（2013）。9.6 段，“任何一名捐赠人的捐赠配子或胚胎，不应用于促成超过 3 次‘活产个案’”。见 http：//www.chrt.org.hk/tc _ chi/service/files/code.pdf，2016-08-30。

供的胚胎或配子的成本；以及（b）捐赠人因捐赠而引致的任何开支或收入方面的损失”。5.8段，“付款予捐赠人的指引载于附录Ⅰ。生殖科技中心须恪守指引的规定，而付予配子捐赠人的款项不得超出每日最高付款额”[①]。）2013年修订的“每日最高付款额”为港币1 060元，只适用于捐卵者。

（3）除了匿名捐赠外，受术夫妻于特殊情况可要求指定使用特别人选的生殖细胞。提供生殖细胞者，于特殊情况也可指定用于哪对受术夫妻。[②] 由于香港没有匿名捐赠的精子库及卵子库，所以这个“特殊情况”条款就经常使用，而且通常生殖细胞捐赠者是亲属。

（4）受术夫妻若可指定生殖细胞提供者，活产数目是否应受限制？香港的《生殖科技及胚胎研究实务守则》（2013）没有明确答案。一方面，同一批捐赠的卵子，只可带来一个活产。香港《生殖科技及胚胎研究实务守则》（2013）这样规定：“10.9……供指定受赠人使用的捐赠配子或胚胎，最长储存期不得超过两年。”在这两年期间，首次孕娠已用了约10个月，一般夫妻都不会于妻子产子后马上再让她怀孕，所以实际上同一批卵子的活产数目最多是一个。再者，目前条例包含的知情同意模板，已经排除了在两年内再次使用卵子以达致受术妻子诞生第二个活胎的可能性。[③] 然而，若同一个妇女，愿意重新再做一次捐赠程序，提供第二批卵子给受术夫妻，则又有另一个24月期限，带来第二个活产。换言之，政策虽没有禁止夫妻及指定捐赠人再生第二个孩子，但实际上是故意制造障碍，不鼓励再生第二个。辅助生殖技术的本意是协助不育夫妻得以生育，消除他们没有血缘小孩的情绪困扰。当一个带有血缘的孩子诞生后，这对夫妻的情绪困扰已解决，因此没有必要积极协助他们再生育，尤其是牵涉到亲属的生殖细胞（见下一点）。

（5）亲属间精子与卵子之结合有何限制？香港《生殖科技及胚胎研究实务守则》（2013）也没有提及。大概他们设想受术夫妻基于优生考虑及伦常观念，不会使用关系密切血亲的生殖细胞。实际上，近年的指定卵子捐赠个案，都是

---

① 香港《生殖科技及胚胎研究实务守则》（2013），9.6段，“任何一名捐赠人的捐赠配子或胚胎，不应用于促成超过3次‘活产个案’”。见 http：//www.chrt.org.hk/tc _ chi/service/files/code.pdf，2016-08-30。

② 香港《生殖科技及胚胎研究实务守则》（2013），10.9段，“除非属于特别情况，否则不得作出精子/卵子/胚胎的指定捐赠”。出处同上。

③ 这个两年的限制，在特殊情况可以有例外，如新生儿很快夭折。

姻亲捐赠（大都是受术妻子的妹妹）。①

上述香港的公共政策可以解读为对中西文化的一个平衡。一方面，没有如台湾一样对亲属间精子与卵子之结合加以严格限制；香港与西方社会一样，有直系姻亲及四亲等关系的人，可以捐赠及接受捐赠卵子。另一方面，对于这些血缘关系暧昧的孩子，希望越少越好，因此设置路障（同一批生殖细胞只能带来一个活产），而不是如西方社会般开放。同时，匿名供精者或供卵者所带来的活产数目，上限为 3 个，不是如英国可以有几十个（十个家庭）。此外，在处理指定生殖细胞提供者及所带来的活产数目方面，中国大陆与台湾都完全禁止，英国及美国都很开放，香港却勉强容许。从以下摘要表格，可看到香港对中西文化的平衡：

	英国	美国	香港	中国大陆	台湾
议题 1	几十个	无限制	3	5	1
议题 2	适当补偿（约 8 540元港币）	利伯维尔场买卖（最高约 400 000元港币）	适当补偿（每天 1 060元港币）	?	慷慨补偿（约 25 000 元港币）
议题 3	可以	可以	特殊情形可以	不行	不行
议题 4	几十个	无限制	通常是 1 个	0	0
议题 5	有所限制（禁止亲密血亲）	无明文限制	无明文限制（但实际运作与英国相似）	有所限制（禁止近亲）	严格限制（禁止直系血亲、直系姻亲、四亲等内之旁系血亲）

最后，值得一提的是，如上文所言，美国生殖医学学会（ASRM）伦理委员会于 2012 年再次发表他们对家属作为生殖细胞提供者或代孕母的立场书时，指出除了牵涉血亲遗传基因结合的情况外，基本上他们对这样的安排没有道德

① 这又可以进一步解释为何针对上述第 4 议题，香港也有比较严格的上限。受术夫妻用同一个指定捐赠者的生殖细胞，生下 2～3 个孩子，对捐赠者而言会带来一个“影子家庭”的存在，造成长远的情绪牵挂及负担；由于指定捐赠者通常是姻亲亲属，颇多见面机会，这个“影子家庭”的困扰对捐赠者不利。香港乃弹丸之地，姻亲容易时常见面；例如受术丈夫与小姨子的辅助生殖子女越多，这丈夫与该小姨子的感情很可能会越深，影响原来夫妻感情。

异议。然而，他们也解释，因社会往往会把生殖活动与性关系有所联想，故父亲与领养女儿及继父与继女之间的精卵结合皆不适宜，免至带来外人有乱伦性关系的猜测。美国人尚且会意识到辅助生殖有一个伦常关系的考虑，华人地区在这方面有更强的意识，在公共政策上有更多限制，就不足为奇了。

四、融通中西古今的中国生命伦理学

华人社会及亚洲社会，不太可能在生殖科技的公共政策上完全跟随西方社会，因此建构中国/华人的生命伦理，是有其必要的。儒家的家庭观念、家族观念、亲属关系观念、伦常观念等，皆已深入民心及民间，难以不予理会。我们要建构的生命伦理，必须有这个文化价值意识，才不会成为空中楼阁。可是，另一方面，我们当然要从西方生命伦理学中吸收养分，因为他们的研究成果比我们多。所以，我们要建构的中国/华人生命伦理必须中西兼顾。

与此同时，我们要建构的中国/华人生命伦理，也不可能把中国古代的价值观及其实践方式原封不动搬到现代社会来。台湾的例子清楚显示，要保存某些伦理规范，是要付代价的。台湾对生殖科技的应用，有非常严格的限制，为的是防止不知情的同血缘近亲婚姻，防止重叠的家庭，防止血缘紊乱带来的关系及感情紊乱，及防止将来的遗产纷争。由于限制如此严格，卵子捐赠难求，就只好在半商业化上让步，提供有吸引力的“营养费”，以金钱诱因鼓励年轻女子捐赠卵子。辅助生殖半商业化会衍生另外一些社会道德问题，有待将来解决。再者，按儒家传统思想，为人父母是人之天职，是一个社会义务，与金钱诱因联在一起就有点怪异。但由于社会要解决夫妻不育问题，而又不能以古代的纳妾为解决办法，儒家伦理就必须有所让步，有所取舍。香港的例子是拒绝辅助生殖半商业化，但要付出的代价是宽松地（与台湾相比）容许少量“血缘紊乱”的子女及家庭出现。所以，我们要建构的中国/华人生命伦理也必须古今相融。

胚胎基因设计的科学和伦理问题研究：兼论桑德尔与儒家的天赋伦理学

李建会　张　鑫*

一、引言

CRISPR 技术是近年来备受瞩目的一项新兴基因编辑技术。CRISPR 技术包括两个核心要素，分别是 CRISPR 序列和 Cas 序列。前者是英文 clustered regularly interspaced short palindromic repeats 的缩写，即成簇的规律间隔的短回文重复序列；后者是英文 CRISPR associated 的缩写，即 CRISPR 相关序列。CRISPR 是一个广泛存在于细菌和古生菌基因组中的序列家族，每个 CRISPR 包括一个前导区（Leader）、多个短且高度保守的重复序列区（Repeat）和多个间隔区（Spacer），其中间隔区序列由细菌和古生菌后天捕获而来，多为外来入侵者的 DNA 序列。当与间隔区序列相同的外源 DNA 入侵细菌和古生菌时，间隔区可起到识别作用，与 Cas 序列共同对外源 DNA 进行编辑，抑制其表达。在上述机制的基础上，针对任一靶向基因 G，科学家们只需获得恰当的 crRNA，即 CRISPR-derived RNA，使之与 Cas9 等结合成为复合体，以 crRNA 作为导航，就可能对靶向基因进行准确的基因编辑，这便是近年来备受瞩目的 CRISPR 技术。

CRISPR 技术是生命科学自 PCR 技术以来又一场重大的技术革命，正在为生命科学的研究带来重大的变革。在 CRISPR 技术之前，人们已经能够对基因进行编辑，但这些技术，像归巢内切酶（HEase）、锌指核酸酶（ZFN）和转录激活因子样效应物核酸酶（TALEN）技术等，操作过程复杂、耗费昂贵。CRISPR 技术不仅操作简便，而且成本较低，所以出现之后立即席卷全球，迅

* 李建会，北京师范大学哲学学院教授、副院长；张鑫，北京师范大学哲学学院科学技术哲学专业博士研究生。

速覆盖了世界各地的生命科学实验室。实验室中，科学家们试图将 CRISPR 投入多方面的应用，例如遗传疾病的治疗、转基因动植物的培育和生态系统的保护性干预、胚胎基因设计等。CRISPR 使得过去很多不可能的想法变成了现实。今天，CRISPR 技术的发展和应用不断地产生新的生命科学成果。很显然，这项技术为改善人类健康和福祉提供了巨大的机会，但同时人们也不无忧虑，如此迅速发展的技术，若不加限制，可能会给人类带了巨大的风险和灾难。因此，关于 CRISPR 技术的伦理、法律和社会问题也引起人们的极大关注。

今天人们对 CRISPR 技术最担心的是其安全性问题，因为该技术应用到人类身上如果发生脱靶效应，将对人的健康造成危害；如果被人直接用来做危害人类的基因编辑，其造成的危害可能会超过已有的任何武器。因此，很多人都在讨论如何限制和管控 CRISPR 技术，使其向着有利于人类的方向发展。但本文不去重复讨论这方面的问题，而是讨论一个争议更大的问题：我们可以利用基因编辑技术进行基因胚胎设计吗？胚胎基因设计的基本思想是，父母针对胚胎通过基因编辑技术对子女的成年性状进行设计。很显然，如果基因编辑技术不成熟，存在安全性问题，我们一定不能进行胚胎基因设计，因为，这不仅会对现有的胚胎造成伤害，而且由于对生殖细胞的改造是可以遗传的，因此可能会对后代产生无法预测的后果。但假若基因编辑技术非常成熟，应用到人类身上已经不会发生安全性问题，那么，我们还应当禁止胚胎基因设计吗？有关胚胎基因设计和基因增强的讨论正在不断涌现。在当前的伦理讨论中，很多人都认为，不管 CRISPR 技术怎么发展，胚胎基因编辑都应当禁止。为什么在基因编辑技术很发达的情况下，我们还要禁止胚胎基因设计呢？禁止胚胎基因设计的伦理理由合理吗？与西方伦理学相比，儒家伦理学在胚胎基因设计方面的意见有没有一定的优势？本文拟对这些问题进行探讨。

二、胚胎基因设计的科学问题研究

人类性状可以从以下两个维度进行划分：一个是时间维度，包括从受精时间一直到死亡时间的全过程，例如，儿童身高和成年身高就是分处两个时间维度的不同性状；另一个是空间维度，包括从蛋白质到细胞、组织、器官和个体的整个空间过程，例如生长因子的氨基酸构成和个体的身高就是分处两个空间维度的不同性状，本文将蛋白质维度的性状记作深层性状，将个体维度的性状记作表层性状。基于上述划分，胚胎基因设计的对象显然是成年表层性状。因此，胚胎基因设计的基本思想可以总结为，通过基因技术设计胚胎的基因组成，从而设计子女的成年表层性状。具体而言，胚胎基因设计[①]包括以下两个核心部分：

a. 知晓人体任一成年表层性状 P 由哪个基因集合｛G｝控制；

b. 在 a 的基础上，父母通过改变胚胎的基因集合｛G｝，主动改变子女的成年表层性状 P 或表现 P 的倾向。

本文将 a 条记作基因知识目标，将 b 条记作性状设计目标。[②]

基于此，胚胎基因设计的科学问题，即"能否实现胚胎基因设计"可转化为以下问题，即"能否实现基因知识目标和性状设计目标"。下文将分别说明，基因知识目标和性状设计目标原则上都是不可实现的，因此，上述意义上的胚胎基因设计是不可实现的。

（一）基因知识目标的不可完全获得性

基因知识目标试图获得如下形式的命题：

命题 Q： 对于所有可能的人类个体，等位基因集合｛G｝控制成年表层性状 P。

通常情况下，该命题等价于以下命题：

命题 R： 对于所有可能的人类个体，如果个体的基因组包含｛G｝，那么该个体必然出现，或必然倾向于出现表层性状 P。

若命题 Q 若成立，则以下两个命题必然成立：

a. 所有可能的人类个体除了｛G｝之外，其余的与表层性状 P 相关的因素都相同[③]，所有这些元素构成的系统本文记作"设备"。

b. 将｛G｝输入所有可能的人类个体的设备后，设备输出蛋白质｛p｝；

---

① 此处的"胚胎基因设计"指的是公众认知中的胚胎基因设计，与专业科学家认知中的胚胎基因设计存在区别。

② 这两条仅仅是胚胎基因设计的必要条件，而非充分条件。

③ 此处"相同"并非指完全等同，可存在一定程度的波动范围。

{p} 作用于设备，使得个体出现或倾向于出现成年性状 P。

证明如下：设命题 Q 成立且个体的基因组包含 {G}，假若 a 不成立，则人类个体间与 P 相关的其他因素并不完全相同，即设备不同；此时显然可能出现以下情况，即个体的基因组包含 {G}，但个体并不表现且并不倾向于表现表层性状 P，因此命题 R 不成立，于是命题 Q 不成立，与假设矛盾，因此 a 必然成立。设命题 Q 成立，假若 b 不成立，则显然不能说"{G} 控制性状 P"，于是命题 Q 不成立，与假设矛盾，因此 b 必然成立。

a 和 b 显然不成立。就 a 而言，即便是对于现实的人类个体来说，个体间 {G} 之外的与表层该性状 P 相关的因素也未必都相同，例如，不同个体 {G} 之外的基因序列、非编码 DNA、染色体空间构型和个体所处环境显然未必相同，因此 a 不成立；如果 a 不成立，那么不同个体的设备不同，因此可能出现这样的情况，即将 {G} 输入某设备后，设备并不输出蛋白质 {p}，或者，设备输出蛋白质 {p}，但 {p} 作用于该设备后并不产生成年性状 P 或并不倾向于产生性状 P，因此 b 不成立。鉴于 a 和 b 是命题 R 的必要条件，于是 R 不成立，Q 因此也不成立。因此，严格说来，基因知识目标不可获得。

上述论证中，a 和 b 不成立的原因简单来说就是人类有个体差异性，而鉴于个体差异性对于遗传学家们来说是再基础不过的现象了，遗传学家们一定很容易知道 a 和 b 不成立，因此命题 Q 不成立；既然如此，为什么遗传学家在实践中依然大量地使用命题 Q 呢？原因在于，命题 a 和命题 b 可能近似成立。人类的确存在个体差异性，但这种差异性并不明显，例如，基因组测序表明，人类个体间的基因序列差别极其微小，平均每一千个碱基序才有一个碱基的差异，因此，从全球范围和整个时间范围看，a 和 b 是可能近似成立的，并且，随着空间和时间范围逐渐缩小，a 和 b 近似成立的可能性以及 a 和 b 成立的近似程度是不断增加的。从这个意义上讲，命题 Q 虽不成立，但可能近似成立，因此基因知识目标可能近似实现；而遗传学家在遗传实践中大量使用的命题 Q 就是这些近似成立的命题。然而，如果人类的个体差异性有一天变得足够明显，那么这些命题 Q 就不能再继续合法地使用，即连近似成立也达不到，除非能够给它们找到合适的时间和空间的限定条件。

（二）性状设计目标的不可完全实现性

胚胎基因设计中，基因知识目标是性状设计目标的基础，因此，如果上一部分表明基因知识目标不可实现，那么性状设计目标也就自然不可实现。然而，该结论与当代遗传学显然严重矛盾，因为当代遗传学的一个重要信条就是基因组与表层性状之间的关系，按照该信条，改变胚胎的基因集合无疑能够改变子女的成年表层性状 P 或表现 P 的倾向。上述矛盾的出现源自对性状设计目标的错误解读。性状设计目标的内容是：

命题 S：在基因知识目标的基础上，通过改变胚胎的基因集合｛G｝主动改变子女的成年表层性状 P 或表现 P 的倾向而不是

命题 T：通过改变胚胎的基因集合｛G｝主动改变子女的成年表层性状 P 或表现 P 的倾向。

毫无疑问，任何一个拥有基础遗传学知识的人都会承认命题 T 是可能实现的；但命题 S 不等于命题 T，它比命题 T 多出一个限定条件，或者说规定了命题 T 实现的方式，即只能在基因知识目标的基础上实现命题 T，由于上一部分表明基因知识目标不可实现，故而命题 S，即性状设计目标不可实现。

尽管如此，鉴于基因知识目标可能近似实现，性状设计目标也是可能近似实现的。特别是当人们要改变的基因集合｛G｝的数量较少时，性状设计目标是最可能近似实现的，即此时人们最可能在近似成立的命题 Q，即“对于所有可能的人类个体，如果个体的基因组包含｛G｝，那么该个体必然出现，或必然倾向于出现表层性状 P”的基础上，通过改变胚胎的基因集合｛G｝主动改变子女的成年表层性状 P 或表现 P 的倾向。设命题 Q 近似成立的时间空间范围为 s，如果人们要改变的基因集合｛G｝的数量较少，那么修改后胚胎 E 的基因组合与 s 中大部分人类个体基因组合的差别较小，故二者设备相同的可能性极大，因此，将｛G｝输入 E 的设备后，设备极可能输出蛋白质｛p｝；｛p｝作用于设备，极可能使 E 出现或倾向于出现成年性状 P，从而实现性状设计目标。相反，如果人们要改变大量的基因集合｛G｝，E 的基因组合将严重偏离 s，此时二者设备相同的可能性极小，实现性状设计目标的可能性也极小。而鉴于胚胎基因设计的目标通常是多个表层性状的改变，故其相应的性状设计目标近似实现的可能性极小。

至此，胚胎基因设计的两个目标都不可完全实现，因此胚胎基因设计不可完全实现，或者说只可能近似实现。然而，以上讨论的胚胎基因设计是当前通常意义上的胚胎基因设计（以下记作“当前胚胎基因设计”），它的不可完全实

现性不能推出广义上胚胎基因设计的不可实现性，因为前者是以命题Q为基础的，而后者无此限制，它可采用一切手段通过改变胚胎的基因组成主动改变胚胎的成年表层性状。事实上，广义上的胚胎基因设计才是遗传学家们所说的胚胎基因设计。尽管如此，当前胚胎基因设计的不可完全实现性强烈地提示我们，广义胚胎基因设计的实现面临严峻的挑战。胚胎基因设计之所以不可完全实现，或者说只能近似实现，根本原因在于，成年表层性状P的相关因素众多，而胚胎基因设计预设只有基因集合｛G｝具有个体差异性，其他因素都不具个体差异性。这个预设首先显然不成立。其次，它虽然可能近似成立，但其近似成立的可能性和近似成立的近似度与时间空间范围s成反比，例如，在当前时间点的一个小的时间邻域来看，人类的个体差异性确实不大，故而对于大部分人来说｛G｝可能是与P相关的唯一可变因素，故上述预设近似成立的可能性较大；但当我们把邻域放大，鉴于进化是一个不断变化的过程，我们将越来越难以有把握地说｛G｝是与P相关的唯一可变因素，这对于空间也是类似的。因此，上述预设的局限性决定了当前胚胎基因设计不可完全实现或仅可能近似实现。基于此，为了实现广义的胚胎基因设计，突破上述预设的局限性就显得尤为关键，而突破上述预设的局限性的关键在于：对于成年表层性状P而言，不仅要考虑基因集合｛G｝，还要考虑其一切与P相关的因素，包括｛G｝之外的基因、非编码的DNA片段、染色体的空间构型和个体所处环境等。显然，这将是一个极其复杂且具有挑战性的计划，其中，CRISPR技术无疑将有效地帮助我们理解｛G｝、｛G｝以外的基因以及非编码的DNA片段与人体性状间的关系，但关于该技术是否能够同样有效地帮助我们理解个体所处的环境（包括内环境和外环境）对性状P的作用，这一点尚且值得怀疑。因此，CRISPR技术的确让我们离广义的胚胎基因设计更近一步，但这离真正实现广义上的胚胎基因设计还十分遥远。

三、反对胚胎基因设计的伦理理由及其合理性分析

在反对胚胎基因设计的伦理争论中，除了安全性理由之外，人们也提出了很多其他伦理理由，比如：父母无权利用基因编辑技术决定子女的未来；父母不应当使子女产品化；胚胎基因设计使得子女的出生成为非自然的；胚胎基因

设计可能助长对人类个体的歧视；胚胎基因设计造成人和人之间的新的不公平；胚胎基因设计造成医疗资源浪费；等等。我们分别对这些伦理理由的合理性问题进行分析。

（一）应当禁止父母决定子女未来

反对胚胎基因设计的一个首要理由是，父母不应当决定子女的未来。胚胎基因设计是父母按着自己的意愿设计自己子女的相貌、体质或性格特征。设一对夫妻通过胚胎基因设计生育有子女，且子女因为胚胎基因设计而具有了某个性状集合，则对于成年后的子女来说，“子女之所以具有该性状集合是因为其父母的意愿”。从这个意义上说，胚胎基因设计是夫妻决定了其子女的未来。然而，我们知道，在民主自由的社会，父母无权决定子女的未来，子女的未来应当是由他们自己自由选择的。因此，禁止胚胎基因设计，实际上就是禁止“父母决定子女未来”。因此，反对胚胎基因设计的人实际上是通过反对父母可以决定子女未来的理由来反对基因胚胎设计的。这个反对理由成立吗？

支持胚胎基因设计的人认为这是不成立的，因为，他们认为，在我们每个人的发展过程中，尤其是我们在青少年时期，我们的父母都部分地决定我们的未来。比如，父母决定让你接受什么样的教育，学习钢琴还是小提琴，学习绘画还是学习打篮球，学习理科还是学习文科……父母对子女做出这样或那样的决定，并没有多少人认为这是不合伦理的。所以，既然部分父母通过教育行为决定子女的未来是合伦理的，那么部分父母通过胚胎基因设计决定子女的未来也应当是合理的。

然而，反对者认为，支持者的这种类比是不合理的。反对者认为，“应当禁止父母决定子女未来”省略了“其他情况相同”这个条件，也就是说，该道德判断说的是，“父母决定子女未来”就其本身而言应当被禁止。因此，反对者认为，假设上述道德判断正确，则“父母决定子女未来”就其本身而言应当被禁止，因此仅从“父母决定子女未来”来看，教育行为应当被禁止；然而，考虑到教育行为的其他面向，如培养子女的能力，该行为不应当被禁止，所以从该道德判断正确不能推出应当禁止教育行为。因此，支持者的类比不成立。本文将这一种类型的论证记作“其他情况相同”论证。另外，反对者认为，“应当禁止父母决定子女未来”是“应当禁止父母过度决定子女未来”的省略。

因此，反对者可以如下回应：假设上述道德判断正确，则“应当禁止父母过度决定子女未来”；然而，与胚胎基因设计不同，教育中子女仍然可能有选择是否接受教育的余地，因此通常认为教育不一定过度决定子女未来，也不一定应当禁止教育行为，所以从该道德判断不能推出应当禁止教育行为，支持者的类比论证无效。本文将这一种论证记作“过度”论证。因此，支持者对于该道德判断的质疑并不成立，或者说至少没有太大的效力，不能明显削弱人们对“应当禁止胚胎基因设计”的认同，反对者处于优势。

然而，支持者会做出如下回应。支持者说，反对者的“其他情况相同”论证和“过度”论证实质上是对该道德判断含义的一种限定，而要想让上述被限定的道德判断为“应当禁止胚胎基因设计”这一道德判断提供支持，则后者也必须得到相应的限定，这样后者才能属于前者。具体而言，与“其他情况相同”论证相对应的是“其他情况相同，应当禁止胚胎基因设计”；与“过度”论证对应的是，“胚胎基因设计过度决定子女未来时，应当禁止胚胎基因设计”。显然，这两种经过限定的道德判断并不一定等价于“应当禁止胚胎基因设计”，因此，该道德判断并不一定能为“应当禁止胚胎基因设计”提供支持。

由此可见，在“应当禁止父母决定子女未来”这一道德判断上，反对胚胎基因设计的观点和支持胚胎基因设计的观点处于胶着状态。

（二）应当禁止将子女产品化

第二个反对胚胎基因设计的观点认为，胚胎基因设计从本质上看是父母定制子女的过程，而这样的过程广泛发生在产品定制行为之中，因此胚胎基因设计被认为是父母将子女产品化。在当代社会，将人产品化是不合伦理的。既然不允许父母将子女产品化，因此，将子女产品化的“胚胎基因设计”就应当禁止。因此“应当禁止胚胎基因设计”属于“应当禁止将子女产品化”这类基础道德判断，而这一道德判断类符合大部分人的直觉。①

反对基因胚胎设计的这一论证有效吗？支持胚胎基因设计的人对这类基础道德判断的质疑与（一）中的质疑极度类似，即通过举例说明，很多把人产品化的行为也是合伦理的，以此反驳反对者的论证。依然以教育行为为例。很多

---

① T. H. Murray, “Enhancement,” In B. Steinbock (Ed.), *The Oxford Handbook of Bioethics*, New York: Oxford University Press, 2007, pp. 491 - 515.

情况下，教育行为从本质上说也是父母依照自己的意愿定制子女的过程，因此属于将子女产品化，但通常并不认为这些行为是不合伦理的。所以，支持者认为“应当禁止将子女产品化”这一基础道德判断并不正确，不能推出“应当禁止胚胎基因设计”。

反对者对该质疑的可能回应也与（一）中的回应极度类似，即包括“其他情况相同”论证和“过度”论证。“其他情况相同”论证中，反对者认为，“应当禁止将子女产品化”省略了“其他情况相同”这个条件，也就是说，该道德判断说的是，“将子女产品化”就其本身而言应当被禁止。因此，反对者认为，假设上述道德判断正确，则“将子女产品化”就其本身而言应当被禁止，因此仅从“将子女产品化”来看，应当禁止上述教育行为；然而，考虑到“教育行为”的其他面向（如培养子女的能力），上述行为便不应当被禁止，所以从该道德判断正确不能推出应当禁止上述教育行为。因此，支持者的类比不成立。“过度”论证中，反对者认为，“应当禁止将子女产品化”是“应当禁止过度将子女产品化”的省略。因此，反对者可以如下回应：假设上述道德判断正确，则“应当禁止父母过度将子女产品化”；然而，与胚胎基因设计不同，教育中子女仍然可能有选择是否接受教育的余地，因此，即便父母以定制子女为动机令子女接受学校教育，子女仍然保持明显的自主性，相对胚胎基因设计而言产品化程度较低，因此不一定应当禁止上述教育行为，所以从该道德判断不能推出应当禁止上述教育行为，支持者的类比论证无效。因此，支持者对于该道德判断的质疑并不成立，或者说至少没有太大的效力，不能明显削弱人们对“应当禁止胚胎基因设计”的认同，反对者处于优势。

然而，支持者会做出如下回应。支持者说，反对者的“其他情况相同”论证和“过度”论证实质上是对该道德判断含义的一种限定，而要想让上述被限定的道德判断为“应当禁止胚胎基因设计”这一道德判断提供支持，则后者也必须得到相应的限定，这样后者才能属于前者。具体而言，与“其他情况相同”论证相对应的是“其他情况相同，应当禁止胚胎基因设计”；与“过度”论证对应的是，“胚胎基因设计过度将子女产品化时，应当禁止胚胎基因设计”。显然，这两种经过限定的道德判断并不一定等价于“应当禁止胚胎基因设计”，因此，该道德判断并不一定能为“应当禁止胚胎基因设计”提供支持。

由此可见，在“应当禁止将子女产品化”这一道德判断上，反对胚胎基因设计的观点和支持胚胎基因设计的观点处于胶着状态。

（三）应当顺其自然

反对胚胎基因设计的第三个理由是“胚胎基因设计违反自然”。很多人认为，违背自然的人类生殖行为是不合伦理的。卡斯（L. Kass）认为，“顺应人类本性”（President's Council on Bioethics & Kass，2003）和“尊重被自然给予的事物（the given）”是合伦理的，反之就是不合伦理的。这些不同表述的含义是相同的，且与中文中“顺其自然”一词高度同义，故本文将这种道德判断记作“应当顺其自然”，其中“顺其自然”的含义是遵守已有的常态（norms）。反对基因胚胎设计的一个重要理由就是基因胚胎设计不遵守人类繁衍后代的常态，所以要禁止。

反对者的这一观点合理吗？以衰老过程为例，支持胚胎基因设计的人可能对“顺其自然论”提出这样的质疑：

a. 衰老过程是属于已有的常态，因此，“禁止抗衰老行为”遵守相应的常态；

b. 如果该类道德判断成立，那么我们应当禁止抗衰老行为；

c. 当然，我们不应当禁止抗衰老行为；

d. 因此，“应当顺其自然”这一基础道德判断类不成立。

上述质疑看上去好像很能说服人，但实际上，上述质疑似乎仅能微弱地动摇人们对该类道德判断的认同，而之所以如此，理由如下：依照海德格尔有关“意义”的理论，大部分人“应对”世界的方式，或者说与世界“打交道”的方式是一种确定的常态，而这种常态把意义赋予了世界中的各种存在；而面对包括胚胎基因设计在内的某些新技术，大部分人都尚未与其“应对”，并且在与其“打交道”的少数人之中，不同个体与其作用的方式也不尽相同，因此这些新技术的意义具有极大的不确定性。至此，人们有两个选择：一个是继续应对新技术，但这种应对具有极大的不确定性；另一个是放弃与新技术应对，回到常态之中。显然，在技术出现之初，后一个选择可能容易获得更多人的支持，而这就构成了“应当顺其自然”这一道德判断类的直觉基础，也就解释了为什么支持者的上述质疑仅能微弱地动摇人们对该基础道德判断类的认同。因此，在该基础道德判断上，目前反对者仍然占有一定的优势。

（四）应当禁止助长歧视

反对胚胎基因设计的另一个理由是，基因胚胎设计会助长歧视，而歧视是错误的，因此“应当禁止胚胎基因设计”。[①] 胚胎基因设计中，父母试图令子女具有的成年性状往往是大部分人认为“好”的性状，记作 A，而父母试图令子女摆脱的成年性状往往是大部分人认为“不好”的性状，记作 B，通过胚胎基因设计这一行为，“性状 B 是不好的”这一价值判断得到了加强，相应地，携带性状 B 的个体所受到的歧视也将得到加强，因此，胚胎基因设计可能助长歧视，“应当禁止胚胎基因设计”。[②]

反对基因胚胎设计的这一论证有效吗？支持胚胎基因设计的人对这类基础道德判断的质疑与（一）中的质疑极度类似，即通过举例说明，很多把人产品化的行为也是合伦理的，以此反驳反对者的论证。医疗整形过程中，当事人试图获得的往往是大部分人认为“好”的面貌特征，记作 A，而当事人试图摆脱的往往是大部分人认为“不好”的面貌特征，记作 B，通过医疗整形这一行为，“面貌特征 B 是不好的”这一价值判断得到了加强，相应地，携带面貌特征 B 的个体所受到的歧视也将得到加强，因此，医疗整形同样可能助长歧视。在此基础上，如果“应当禁止助长歧视”这一基础道德判断正确，那么我们就“应当禁止医疗整形”。然而，我们似乎并不应当禁止医疗整形，因此，“应当禁止助长歧视”这一道德判断并不正确，不能推出“应当禁止胚胎基因设计”。

反对者对该质疑的可能回应也与（一）中的回应极度类似，即包括“其他情况相同”论证和“过度”论证。“其他情况相同”论证中，反对者认为，“应当禁止助长歧视”省略了“其他情况相同”这个条件，也就是说，该道德判断说的是，“助长歧视”就其本身而言应当被禁止。因此，反对者认为，假设上述道德判断正确，则“助长歧视”就其本身而言应当被禁止，因此仅从“助长歧视”来看，医疗整形行为应当被禁止；然而，考虑到医疗整形的其他面向，

---

① M. O. Little, “Cosmetic Surgery, Suspect norms and the Ethics of Complicity,” In E. Parens (Ed.), *Enhancing Human Traits: Ethical and Social Implications*, Washington, DC: Georgetown University Press, 1998, pp. 162 - 175.

② T. H. Murray, “Enhancement” In B. Steinbock (Ed.), *The Oxford Handbook of Bioethics*, New York: Oxford University Press, 2007, pp. 491 - 515.

如提高当事人的生活质量，该行为不应当被禁止，所以从该道德判断正确不能推出应当禁止医疗整形行为。因此，支持者的类比不成立。“过度”论证中，反对者认为，“应当禁止助长歧视”是“应当禁止过度助长歧视”的省略。因此，反对者可以如下回应：假设上述道德判断正确，则“应当禁止过度助长歧视”；然而，与胚胎基因设计相比，医疗整形并没有过度助长歧视，因为医疗整形仅仅在面貌特征上助长了歧视，但胚胎基因设计将在人的各个性状上助长歧视，如智商、性格等，因此医疗整形不一定过度决定子女未来，因此不一定应当禁止医疗整形，所以从该道德判断不能推出应当禁止医疗整形行为。因此，支持者对于该道德判断的质疑并不成立，或者说至少没有太大的效力，不能明显削弱人们对“应当禁止胚胎基因设计”的认同，反对者处于优势。

然而，支持者会做出如下回应。支持者说，反对者的“其他情况相同”论证和“过度”论证实质上是对该道德判断含义的一种限定，而要想让上述被限定的道德判断为“应当禁止胚胎基因设计”这一道德判断提供支持，则后者也必须得到相应的限定，这样后者才能属于前者。具体而言，与“其他情况相同”论证相对应的是“其他情况相同，应当禁止胚胎基因设计”；与“过度”论证对应的是，“胚胎基因设计过度助长歧视时，应当禁止胚胎基因设计”。显然，这两种经过限定的道德判断并不一定等价于“应当禁止胚胎基因设计”，因此，该道德判断并不一定能为“应当禁止胚胎基因设计”提供支持。

由此可见，在“应当禁止助长歧视”这一道德判断上，反对胚胎基因设计的观点和支持胚胎基因设计的观点处于胶着状态。

四、支持胚胎基因设计的伦理理由及其合理性分析

在上文中，我们先说明反对胚胎基因设计的论点，再说明支持胚胎基因设计者对反对者论点的反驳。因此，上文中，支持者一直处在攻方。下面我们将先说明支持胚胎基因设计者的正面论点是什么，然后看看反对者是怎么反驳的，最后评价一下双方观点的优劣。

（一）不应当限制人的自由

支持胚胎基因设计者认为，“不应当禁止胚胎基因设计”，因为，如果我们

禁止胚胎基因设计，我们就等于禁止了人们的自由。我们“不应当限制人的自由”，所以，我们不应当禁止胚胎基因设计。①

很显然，这一判断面临着反对者强烈的质疑。在很多情况下“不应当限制人的自由”的道德判断是不成立的。例如，如果某个个体的某种自由可能对其他个体的生命构成严重的威胁，那么在大多数情况下，前一个个体的这种自由显然应当得到限制。可如果“不应当限制人的自由”成立，那么，我们就“不应当为了保护他人的生命而限制人的自由”。这就出现了矛盾。因此，“不应当限制人的自由”这一道德判断并不成立，不能推出“不应当禁止胚胎基因设计”。

支持者对该质疑的可能回应也与上一节（一）中的回应极度类似，即包括“其他情况相同”论证和“过度”论证。“其他情况相同”论证中，支持者认为，“不应当限制人的自由”省略了“其他情况相同”这个条件，也就是说，该道德判断说的是，“限制人的自由”就其本身而言是不应当的。因此，支持者认为，假设上述道德判断正确，则“限制人的自由”就其本身而言是不应当的，因此仅从“限制人的自由”来看，任何限制人的自由的行为都是不应当的；然而，考虑到“限制人的自由”的其他面向，如保护他人利益，某些限制人的自由就不是不应当的，所以从该道德判断正确不能推出“在任何情况下，不应当限制人的自由”。因此，反对者的类比不成立。“过度”论证中，支持者认为，“不应当限制人的自由”是“不应当过度限制人的自由”的省略。显然，与“禁止胚胎基因设计”相比，反对者例子中“为了保护他人生命而限制人的自由”显然不属于过度限制人的自由，所以不能推出“不应当为了保护他人生命而限制人的自由”。因此，对于该道德判断的质疑并不成立，或者说至少没有太大的效力，不能明显削弱人们对“不应当禁止胚胎基因设计”的认同，支持者处于优势。

然而，反对者会做出如下回应。支持者的“其他情况相同”论证和“过度”论证实质上是对该道德判断含义的一种限定，而要想让上述被限定的道德判断为“不应当禁止胚胎基因设计”这一道德判断提供支持，则后者也必须得到相应的限定，这样后者才能属于前者。具体而言，与“其他情况相同”论证相对应的是“其他情况相同，不应当禁止胚胎基因设计”；与“过度”论证对

① T. H. Murray, “Enhancement,” In B. Steinbock (Ed.), *The Oxford Handbook of Bioethics*, New York: Oxford University Press, 2007, pp. 491 - 515.

应的是，“禁止胚胎基因设计过度限制人的自由时，不应当禁止胚胎基因设计”。显然，这两种经过限定的道德判断并不一定等价于“不应当禁止胚胎基因设计”，因此，该道德判断并不一定能为“不应当禁止胚胎基因设计”提供支持。

由此可见，在“不应当限制人的自由”这一道德判断上，反对胚胎基因设计的观点和支持胚胎基因设计的观点处于胶着状态。

（二）不应当禁止父母增加子女的幸福

胚胎基因设计属于增强，支持者认为它能够增加子女的幸福，因此，如果我们“不应当禁止父母增加子女的幸福”，我们就“不应当禁止胚胎基因设计”。①

反对者就该基础道德判断的质疑包括两部分。反对者的第一部分质疑即上一部分（一）中的不一致论证，支持者对该质疑的可能回应也与（一）中反对者的回应极度类似，即包括“其他情况相同”论证和“过度”论证；而对支持者的这两个论证，反对者可能的回应也与（一）中支持者的回应极度相似，因此在反对者的这一部分质疑中，支持者和反对者处于胶着状态。反对者的第二部分质疑即上一部分（五）中的归属论证，即“胚胎基因设计”不一定增加子女的幸福，因此“不应当禁止胚胎基因设计”不属于“不应当禁止父母增加子女的幸福”这一基础判断，后者不能给前者带来大部分人的认同，因此在反对者的这一部分质疑中反对者处于优势。综合反对者的两部分质疑，在该基础道德判断上，反对者处于优势。

（三）不应当禁止不能禁止的行为

胚胎基因设计属于增强子女基因的行为，因此可能增加子女的幸福，基于此，支持者认为，即使我们禁止胚胎基因设计，部分父母仍然会通过某些渠道从事这项活动，因此我们实际上不能禁止胚胎基因设计，因此“不应当禁止胚胎基因设计”属于“不应当禁止不能禁止的行为”。②

---

① J. Savulescu, “Genetic Interventions and the Ethics of Enhancement of Human Beings,” In B. Steinbock (Ed.), *The Oxford Handbook of Bioethics*, New York: Oxford University Press, 2007, pp. 516－535.

② T. H. Murray, “Enhancement,” In B. Steinbock (Ed.), *The Oxford Handbook of Bioethics*, New York: Oxford University Press, 2007, pp. 491－515.

反对者对该类道德判断的质疑是极其有力的，即在很多情况下我们应当禁止不能禁止的行为，例如谋杀。对此，支持者可能做出“其他情况相同”论证和“过度”论证的回应，然而这两个论证在此处的效力都不佳。因为，“其他情况相同”论证把原有的道德判断转化为“其他情况相同，或仅就一个行为不能禁止而言，不应当禁止不能禁止的行为”，而这显然存在问题，因为即便一个行为不能禁止，试图禁止这种行为的行为仍可能减少这种行为发生的频率，这在功利主义的角度来看是有意义的；另一方面，“过度”论证把原有的道德判断转化为“当一个行为过度地不能禁止时，不应当禁止不能禁止的行为”，这显然也存在问题，原因同上，即便一个行为过度地不能禁止，试图禁止这种行为仍可能减少这种行为发生的频率，这在功利主义的角度来看仍可能是有意义的。因此，这类基础道德面临着反对者有力的质疑，不符合大部分人的直觉，因此不能帮助“不应当禁止胚胎基因设计”获得大部分人的认同，在该基础道德判断上，反对者处于优势。

综合以上，（一）中支持者与反对者处于胶着状态，（二）和（三）中反对者处于优势。因此在这一部分中，反对者处于优势，“不应当禁止胚胎基因设计”极可能不能获得大部分人的认同。

综合第二和第三部分，反对胚胎基因设计的都处于优势，因此“应当禁止胚胎基因设计”极可能获得大部分人的认同。

五、桑德尔的天赋伦理学和儒家观点的比较

在反对胚胎基因设计的诸多理由中，哈佛大学著名哲学家桑德尔比较认同的是第二和第三个理由，即“应当禁止将子女产品化”和“应当顺其自然”。桑德尔认为，从安全性、公平、个人自由和权力等方面来反对胚胎基因设计都是成问题的。因为，安全性问题随着生命科技的发展，最终会解决；基因改良引起的人们之间的公平性问题并不比先天差异引起的人们之间的公平性问题大多少，因为有些人的才能先天就优于其他人，而我们对此并没有多少忧虑；在个人自由和自主权问题上，以自然方式孕育的孩子与经过基因改良孕育的孩子是一样的，他们都没有选择个人身体特质的权利。既然安全性、公平性、个人自由等都不能说明为什么胚胎基因改良是错误的，那我们还能有什么理由反对

胚胎基因改良呢？桑德尔认为，这种理由是存在的，这就是基因改良技术“展现了一种过度的作用——一种普罗米修斯式的改造自然的渴望，包括改造人性，以符合我们的需要和满足我们的愿望。问题不在于逐渐趋于机械性，而是想要征服的欲望。而征服的欲望将遗漏的，甚至可能破坏的，是我们对人类能力和天赋特质怀有的感激之情”①。这种结论促使桑德尔提出了自己反对基因胚胎设计的天赋伦理学，即“珍视孩子为上天恩赐的礼物，就是全心接纳孩子的原貌，而不是把他们当成自己设计的物品，或父母意志的产物，抑或满足野心的工具，因父母对孩子的爱并非视孩子恰巧具备的天赋和特质而定。固然，我们选择朋友和配偶，至少有一部分是基于我们觉得他们有魅力的性质，但我们并不能亲自挑选孩子。孩子的特质不可预知，连最认真负责的父母都不能为生出什么样的孩子负全责，这也是为什么亲子关系比其他任何类型的人际关系都更能教会我们，神学家威廉·梅（William F. May）所称的‘对不速之客的宽大’”②。桑德尔强调，“对生命的恩赐怀抱的感激之情抑制了普罗米修斯计划，有助于人类对生命持有一定的谦逊态度，这在某种程度是一种宗教情结，但所引起的共鸣却超出宗教之外”③。

范瑞平教授在其《当代儒家生命伦理学》（2011）中对桑德尔的这些观点进行了概括，并且认为，儒家伦理学认同桑德尔把生命看作是馈赠的看法，但反对桑德尔一概否定基因胚胎设计的观点。桑德尔把“生命作为馈赠”，可这种馈赠来自哪里呢？也许这种观点有其宗教根源，但桑德尔否认这一点，认为其来源不需要任何宗教的或形而上学根据。桑德尔认为，“对天赋的感激之心可能由宗教或俗世的源头而来。虽然有人相信，神是生命天赋的源头，对生命的敬重是感谢神的一种形式，然而一个人不需要保持这样的信仰，也能将生命看作礼物一样感激，或是同样能敬重生命。我们通常提到的运动员的天分，或是音乐家的才能，都不用假设这天分是不是来自神。我的意思很单纯，这里所说的天分不完全是运动员或音乐家自己所为，无论他是感谢自然、幸运或神，这个天分都是超出他控制的才能”④。在桑德尔看来，无论这种馈赠来自哪里，

---

① M. Sandel, *The Case Against Perfection*, Harvard University Press, 2007, p. 27.

② Ibid., pp. 45 - 46.

③ Ibid., p. 27.

④ Ibid., p. 93.

或者作何理解，这些解释全都强调我们重视自然以及生活在自然界里的生命，认为他们不仅仅是工具，否则的话，我们对生命就会不敬重。因此，如果我们对孩子做了基因改良，我们就不能做到将孩子作为馈赠，就不能接受孩子原本的样子。

范瑞平教授认为，桑德尔最大的败笔就是不能为他的天赋伦理学给出一个合理的神学或形而上学说明。而为了充分说明孩子作为馈赠的本质，我们必须回答这种馈赠从何而来，他是何种馈赠，以何种方式给予的，他被给予的目的到底是什么，等等。

范教授认为，儒家能够很好地回答这些问题。儒家是以家庭为基础的伦理学。根据儒家的思想，孩子可以被看作是祖先的馈赠，特别是父母的馈赠。在儒家的理解里，通过祖先的介入，尤其是父母的介入，生命才能被传递，孩子才能出生。作为馈赠者，父母义不容辞地承担了一个好的馈赠者的道德责任，既要向上负责（对他们的父母负责），也要向下负责（对他们的孩子负责）。这种馈赠是以何种方式体现呢？儒家的回答是：一个具有天生的德行修养的潜能。“一个人的生命，作为从祖先那里获得的礼物，是已被授予能过好的生活的潜在德性——人们应当培育这种潜在的善端，并成为真正有德性的人。”[①]因此，我们的孩子作为来自我们和我们的祖先的馈赠，不是已经盛开的花朵，相反更像是种子，需要去培育、保护、发展和繁荣，最后保证家庭的延续、完整和繁荣。因此，儒家的天赋伦理学，目的是指向一种以家庭为主的德性生活，目的是保持和提升家庭的持续性、完整性和繁荣性。

关于胚胎基因设计，根据儒家对孩子作为馈赠的解释，我们可以得出不同于桑德尔的结论。如果一种胚胎基因改良有利于增进家庭的繁荣和完整，则儒家就会支持这种改良；反之，如果这种改良不利于这种家庭价值的实现，那么，这种改良就应当被禁止。所以，儒家不会像桑德尔那样一概否定胚胎基因改良，而是根据不同情形对这种改良进行筛选和甄别。比如，如果基因改良是为了提高智商，则这种改良就是被儒家许可的，因为它有利于家族的繁盛；如果改良是为了把家族的黄皮肤改变成白皮肤，则这种改良就是不被允许的，因为它背离了祖先的特征。

---

① 范瑞平：《当代儒家生命伦理学》，336 页，北京，北京大学出版社，2011。

比较来看，我们认为，作为儒家重构主义者，范瑞平的观点优于桑德尔的观点。这也是我们所看到的在我国对于治疗性克隆、干细胞研究以及未来可能出现的胚胎基因设计更为宽容的文化原因。

六、结语

本文就反对和支持胚胎基因设计的伦理争议进行了讨论，并分析比较了桑德尔的天赋伦理学与儒家的伦理学关于胚胎基因设计的异同。当然，在当前安全性问题还没有完全解决的情况下，完全应当禁止胚胎基因设计。然而，值得注意的是，这仅仅表明在当下的时空范围内“应当禁止胚胎基因设计”是正确的道德判断，随着时代的发展和生命科学技术的进步，该道德判断的正确性也极可能发生变化。这不仅仅是因为安全性问题会得到根本的解决，也因为儒家伦理学并不完全反对胚胎基因改进。所以，正如人类基因编辑国际峰会在其声明中明确指出的那样，在目前情况下，“进行任何生殖细胞的基因编辑的临床应用都是不负责任的，除非：（1）在适当地理解并平衡风险、潜在利益以及替代方案的基础上，相关的安全和效率问题得以解决；（2）取得有关拟定临床应用的适当性的广泛社会共识。此外，任何临床试验都必须在适当的监管下进行。目前，还未有任一拟定的临床应用满足这些标准：安全性问题并未得到充分的探讨；具有强说服力的案例有限；许多国家明令禁止生殖系的基因编辑。尽管如此，随着科学知识的进步和社会观念的演进，生殖系基因编辑的临床应用也应当适时调整”①。

---

① Baltimore, David, et al., On Human Gene Editing: International Summit Statement, http://www8.nationalacademies.org/onpinews/newsitem.aspx? RecordID=12032015a. (2015)

慎终与幸福
——从儒家思想看死后冷冻技术中的伦理问题

赵文清*

一、引文

死后冷冻技术（Cryonics）是指在患者医学死亡之后，将患者的整个身体或者身体的一部分（通常是大脑）经过降温，并将人体的血液和细胞组织液用冷冻保护剂取代之后，保存于零下196摄氏度的液氮中，以期待未来科技能解冻身体，治愈绝症，从而实现人体在未来的复活。在逐步冷冻的过程之中，患者被冷冻部分的细胞将会逐渐玻璃化（vitrified），从而做到最大限度地保存人体组织的本来结构。目前，市面上有不少经营死后冷冻的商业公司，据美国最大的死后冷冻公司阿尔克（Alcor）的统计，现在大约有150名患者遗体已经采用了他们的冷冻技术保存，另外还有一千多名预约冷冻的在世患者，这个数字每年都在不断增加。[①] 在英美等国，包括帕里斯·希尔顿（Paris Hilton）这样的社会名流，以及演艺明星，都在逐渐加入死后冷冻的大军。每名患者大约需要支出20万美金（全身冷冻）或者8万美金（头部冷冻）的一次性费用，之后更需要每个月支付维护费用。另外由于死后冷冻的技术程序十分复杂，绝大多数的患者需要在生前与冷冻公司签订协议，通过人寿保险或者银行信托的方式支付款项。少数死后冷冻用户是绝症儿童，由父母为他们安排死后冷冻的相关措施。

2015年，我国第一次有患者采用死后冷冻服务，并且受到广泛报道。患者是61岁的重庆著名科幻小说编辑及儿童文学作家。她自罹患晚期胰腺癌之后，她的女儿女婿就积极为她联系了在美国的阿尔克死后冷冻公司。经过几个

---

* 赵文清，香港城市大学公共政策系博士，美国杜克大学比较哲学研究中心博士后。

① 关于Alcor公司的相关统计，见 http：//www.alcor.org/AboutAlcor/membershipstats.html。

月的协商，其间患者数次需要心肺复苏以及打开气管抢救，然而患者一直坚持抢救直到美国方面准备完成。两名美国医生在中国待命近十天之后，患者在家人的陪伴下去世，立刻进入大脑冷冻程序。两名美国医生将她的头部与身体分离，将头部的细胞组织液替换为冷冻保护剂，并采取超低温运送至美国的公司总部加以保存。① 这个事件在中国被媒体广泛报道，并引发了不少争议。在此之前，亚洲仅有泰国一对夫妻利用同样的技术，冷冻了他们死于脑癌的三岁女儿的头部。② 显然，相比起该技术的发源地英美等国家，此项技术在亚洲的接受和使用程度要低得多。

在科学界，对于死后冷冻技术的争议一直不断。一方面，科学界普遍认为现在没有任何科学证据证明，长期冷冻的患者遗体有任何复苏希望。甚至没有足够的科学证据表明，人体的大脑神经组织经过玻璃化的过程，到底能够在多大程度上得以保存。在目前来看，只有两项研究表明在某些特定的控制条件下，经过超低温冷冻技术处理的兔子的大脑在解冻之后能相对良好地保持之前的神经元结构。然而，有科学家表示，在解冻之后保持相对完整的神经元结构和恢复大脑功能之间还有很大差异。进行相关实验的科学家也表示，这并不意味着我们可以期待将冷冻的大脑复苏。实际上，现在的大脑冷冻实验多数是为了将大脑作为研究对象和标本进行更好保存。③

另一方面，有 69 位科学家发表联名签署的公开信，提出死后冷冻是一个基于科学事实，以长久保存人类生命为目标的努力方向。科技发展，特别是纳米技术、先进的计算工程、具体的对细胞的生长控制以及组织再生科技的发展，将为未来人的复活带来希望。人们选择死后冷冻是一项权利，也必须被尊重。④ 这 69 位科学家的联名信，指出了死后冷冻技术其实并不仅仅关乎科技，更关乎科技背后的形而上学以及伦理学的假设：按照现在的科技水平，死后冷

① 《女作家冷冻大脑等 50 年后“复活”系中国首例》，见 http：//news. sina. com. cn/s/2015 - 09 -17/181732320549. shtml。

② 《泰国三岁女童冷冻》相关报道，见 http：//www. cw. com. tw/article/article. action? id = 5068218。

③ 《兔子的大脑冷冻和复苏的相关实验》相关报道，见 http：//www. huffingtonpost. com/entry/fully-intact-brain-frozen _ us _ 56bb942ae4b0b40245c51654。

④ 《六十九位科学家联署信》，见 http：//www. evidencebasedcryonics. org/scientists-open-letter-on-cryonics/。

冻技术实际上仍然处于一种“现代木乃伊”的阶段，没有任何科学证据可以哪怕接近告诉我们冷冻人可不可以复活，什么时候可以复活。然而，为什么还会有越来越多的人，甚至包括科学家，孜孜不倦地投入到这项事业中去呢？显然，死后冷冻技术是基于一种对未来的科技发展的信念（commitment），认为人类未来无限进步的科学技术，终有一天能够实现我们现在许下的所有愿望，其中包括将我们从现在的死亡状态下复活，医治所有的终极疾病，修复我们的大脑。同时，他们也认为持有这种信念，是个人的一种权利（right），必须受到社会大众，甚至是法律以及政策的尊重。

随着超人类主义（trans-humanism）以及以科技为基础的进步主义（science-based progressivism）的哲学思潮的兴起，死后冷冻技术近年来也受到了来自思想界的日益关注。其中，以牛津哲学家 Nick Bostrom、Anders Sandberg 以及 Stuart Armstrong 为首的超人类主义哲学家，首先发起了他们对死后冷冻技术的倡议，并且这三名哲学家都签订了自己死后身体冷冻的相关协议。其中，Nick Bostrom 以及 Anders Sandberg 选择的是头部冷冻，而 Stuart Armstrong 则选择了全身冷冻。① 按照 Nick Bostrom 的观点，死后冷冻技术的伦理学出发点是抗拒衰老（anti-aging）以及最大可能地保存人类的生命。他在一篇题为《超人类主义问答》的文章中指出，人类自存在起就对死亡感到深深恐惧，我们不仅恐惧自己的死亡，也因为我们所爱的人的离去而感到惊惶不安，以至于发明了种种关于死后世界的宗教性想法。然而，在我们拥有了宗教之后，人类还是没有停止自身成为不朽的希望。人类为了反抗疾病而发明了种种现代医药，然而人类的脚步不应该因此停止，而应该始终将目光投向将来，相信和推动科技的不断发展，从而实现人类的终极自由。死后冷冻就是这样一种着眼于未来，能够让人类彻底反抗生老病死等自然规律的技术。他还特别指出，超人类主义是一种自然主义（naturalism），并不预设任何超自然的存在。然而，超人类主义所主张的包括死后冷冻、身体塑化在内的种种科技，并不与各种宗教信仰直接矛盾。他举例说，《圣经》中并没有指出将人的身体冷冻，上帝就因此无法和人类的灵魂相接触了。也就是说，虽然超人类主义本身并不用“灵魂”这一类的字眼来形容人的意识和个体，但是从一个初步印象来看，

① 《牛津大学教授参与死后冷冻》相关报道，见 http：//www.oxfordtoday.ox.ac.uk/news/2013-06-26-cryogenic-dons。

死后冷冻等科技与目前的主流宗教思想并不构成直接矛盾。①

本文透过分析儒家“慎终”思想与幸福的关系，希望能够提供另一种认识死后冷冻技术的可能性。笔者认为，死后冷冻技术以及其背后的超人类主义哲学与儒家思想的核心价值，特别是“慎终”思想是矛盾的。儒家认为个体的生命并不是无限的，也不应该是无限的，而是有始有终。在任何时候，个体都是作为一种承上启下的中继者，既往将来而生生不息。因此，人类应该要追求的不是大脑（肉体）的不朽，而是在代际关系中传承文明礼乐的思想，构建更加美好的伦理关系。儒家认为生命本身是宝贵的（“天之大德曰生”），然而生命也是有始有终的。有时候，我们为了道德实践，甚至需要放弃自己宝贵的生命（“杀身成仁”），而最终不朽的是“立德、立功、立言”。儒家思想体系中对于“身体”的认识也与超人类主义在死后冷冻科技中提出的“身体”截然不同。按照黄俊杰的观点，东亚思想传统中的“身体”，并不是一个作为人客观认知对象的实体，而是一个浸润在文化价值意识之中，与具体的社会政治情境密切互动而发生功能性之关系的“身体”。② 然而，超人类主义基本认为人类的身体其实就是人类的大脑。保存人类身体的关键在于保存人类的大脑。大脑是一个独立的自主个体，它的功能性主要体现为一系列的认知功能，而未来需要被复活的，也是这些认知性的功能。范瑞平提出，“有关生育的大部分困难都无法通过更好的技术来解决，而只能通过对家庭的本质和使命的德性理解来解决”③。笔者也认为，有关死亡问题的大部分伦理困难都无法通过更好的技术来解决，而只能回归一种对幸福的本质性的理解。

本文提出应当重视儒家的“慎终”思想在帮助患者以及患者的家属面对死亡方面的作用，特别是家庭关系和礼仪的规范性作用，培养一种良好的生命关怀和临终关怀制度，以坦然而敬畏的态度面对死亡。在儒家看来，死后冷冻技术绝不是一种医疗手段。相反，这种技术的流行反映的是当今社会缺乏对死亡的价值建构，而将死亡单纯看作是疾病的一个终极形态，一种可怖可恶的对人类生命和幸福的剥夺。笔者认为，在儒家“敬始慎终，终始如一”的思想脉络

---

① Nick Bostrom，2003，“The Transhumanist FAQ：A General Introduction，” http://www.nickbostrom.com/views/transhumanist.pdf。

② 参见黄俊杰：《东亚儒家思想中的四种身体：类型与议题》，载《孔子研究》，2006（5），13页。

③ 范瑞平：《当代儒家生命伦理学》，15页，北京，北京大学出版社，2011。

下，“终”并不是一种疾病，也并不意味着人生幸福的结束。相反，生命的终结就像生命的开始一样，都是人的幸福（well-being）和繁荣（flourishing）的一部分。按照袁信爱的说法，“儒家把人的生与死都赋予了特定的意义，而使两端都有其价值可循”[①]。并且，笔者进一步提出，儒家强调“未知生，焉知死”“敬鬼神而远之”。从一个“始终如一”的角度反对死后冷冻技术，与目前主流的宗教如基督教、伊斯兰教不同，儒家可以在对彼世的构建悬置的同时，从世俗的家庭伦理、礼仪规范的角度出发，反对死后冷冻技术。

二、死后冷冻并非医疗手段：政策与个人伦理选择

对于死后冷冻技术中的伦理问题，主要有两个面向：一是政策上是否应该将这种科技合法化，甚至由政府来赞助相关研究。二是从个人伦理的层面上，是不是应该追求这种科技；或者，当一个人的父母、朋友面临死亡的时候，我们应该如何帮助他们做出决定；又或者，当一个人年幼的孩子面临死亡的时候，我们应该如何替他们做出决定。超人类主义哲学家 Nick Bostrom 认为，作为一种天性，人类有尽最大可能保存自己的动力，这也是医疗技术发展的原动力。[②] 死后冷冻技术作为人类这种做法的延伸，也应该受到一样的认同和接受。

笔者认为，首先应该明确的是死后冷冻技术并非一种医疗手段。现在市面上讨论死后冷冻技术的伦理学问题的文章还并不多，中文文献更是屈指可数。然而，在笔者与其他伦理学家讨论这个问题的过程之中，一种支持冷冻技术的说法，就是将冷冻技术认为是一种医疗手段。[③] 这种说法有两种不同的版本：第一个版本的支持理论认为，现在有一些维持生命的科技，例如植物人的呼吸机设备，都被认为是一种医疗手段。处于这种这种状态的人，实际上也面临着相同的问题：从医学的角度上来说，他们再次复苏的希望是非常渺茫的。但

① 袁信爱：《儒道两家生死智慧》，见《第六次儒佛会通论文集》，174 页，台北，唐山出版社，2002。

② Nick Bostrom，2003，“The Transhumanist FAQ：A General Introduction，” http://www.nickbostrom.com/views/transhumanist.pdf.

③ 感谢杜克大学比较研究哲学中心的 Sungwoo Um 在与笔者的讨论中，提出死后冷冻技术作为一个医疗手段的相关论证。

是，我们现在普遍认为一些家属希望患者能维持呼吸的想法是正当的，或者说是有一定理据的。那么我们为什么不能同样地将死后冷冻看成是一种正当的医疗手段呢？第二个版本的支持理论认为，如果把一个患者冷冻之后，能够在短期内把他治愈复活，那么我们是不是就应该接受死后冷冻技术作为一种常规医疗手段呢？

首先，在医学上来说，昏迷、植物人、脑死亡是三种完全不同的状态。昏迷是指人陷入无意识的状态，然而其大脑的认知功能还没有受到不可逆转的损害。植物人是指病人的脑部功能受到了不同程度的严重损害，然而脑部活动仍然在继续，依然可以捕捉到脑电波，这种情况下绝大多数植物人无法重新恢复脑功能，然而仍然有极少数的例子是植物人重新清醒。脑死亡是指大脑功能受到不可逆转的严重伤害，脑部活动完全停止的一种状态。因此，在医学上实际上是存在着所谓的“死亡红线”以区分脑死亡以及植物人状态的。甚至对于处在植物人状态的许多患者，很多医生也会本着一种合理、现实的态度，给予许多患者家属移除呼吸机的医学建议。也就是说，脑死亡并不仅仅意味着“脑部的死亡”，而是意味着一个人在医学上的一种彻底无法逆转的状态。现在市面上对于什么可以被称为医疗手段争议颇多。然而有一点应当是肯定的，那就是医疗手段的对象必须是一个活着的人，而不是一个已经在医学上被判定为无法逆转地死亡的人。对于支持死后冷冻的说法，认为如果把未来复活看成一个可以预见的时间点，那么死后冷冻技术实际上可以看成一种合理的、暂时保存人类肉体（特别是大脑）的手段。然而，这种说法的问题在于，预设了未来一定会存在某个机会让患者可以复活。从现代医学的角度上来看，这种复活显然是毫无根据的。从这个角度来说，将死后冷冻技术看成是一种可能成功的医学手段，只能是一种私人的信仰。

从政策层面上来说，这项技术并不是一种医疗技术，显然不应该在政策层面上得到任何的支持。虽然作为一种私人的信仰，政府可以考虑将其合法化。然而，政府也应该考虑，有许多传统民间习俗和丧葬方式，例如土葬，政府都以其违反公共利益为理由，将其认定为不合法。那么在死后冷冻技术是否合法的问题上，就需要遵循一种一致的标准。在现代社会，大多数政府和民意代表机构在立法的时候都会考虑权利语境（并不是说基于权利语境的立法就一定是正当的），然而它们通常也会平衡对于公共利益的考虑，以及对未来可能造成的影响（比如，如果人人开始效仿这种死后冷冻活动，会有什么后果）。从儒家思想的角度，显然政府应该要谨慎考虑这项技术可能带来的后果，特别是这种技术对于现存的社会道德风俗，以及对传统上受到礼仪规范的死亡的意义的影响。

从个人的伦理选择的角度上来说，死后冷冻也并不只是一个“苹果还是梨”的选择。从儒家的角度看来，死后冷冻技术涉及一种自主的伦理选择，并且密切关乎对于我们伦理实践的主体“身体”的理解。因为死亡在人生中的特殊地位，对死亡以及其仪式的选择也影响着我们的其他伦理关系，以及对这些关系的理解。我们对于死亡的选择，实际上也影响着我们对人生以及人生幸福的选择。同时，我们如何死去，也是我们一生的伦理关系的最终结果。如何死亡，蕴含着超越死亡本身的一系列深刻的伦理意义。笔者在上文谈到了三种常见的涉及死后冷冻的情况：（1）一个人自己应不应该选择死后冷冻；（2）一个人的父母、家人、朋友选择死后冷冻的时候，我们应该给他们什么建议；（3）一个未成年孩子在面对死亡的时候，我们应该如何帮助，甚至是代替他做决定。显然，从一个个人主义的原则主义的角度出发，这三种不同的情况都由同样的一系列原则来主导，其中最重要的原则莫过于尊重患者的自主性（autonomy）。然而，从儒家的角度来说，这三种情况只是大致从一个基本伦理关系的角度上，概括了较为常见的三种情况。儒家思想强调的是一种以美德为基础，以特殊情境和人伦关系为依归的道德判断方式。从一个最基础的层面上，儒家给我们提供了以下的思路作为参考：首先，作为个体，儒家思想认为我们应该要培养一种对待死亡坦然而敬畏的态度。儒家认为成就一个俗世的、幸福的道德生命，关爱我们的家人、邻里，服务社区、国家以至于天下众生，应当是我们每一个人的终极目标。人的幸福的基础是俗世生命中和谐、美好的人伦关系，而不是对死后世界的想象，或者是未来的复活。对待死亡的正确态度，是从我们日常的自我修养和对礼仪的实践当中培养的。只有在此世的伦理关系中安顿自己，我们才能够以一种坦然而敬畏的态度面对死亡。

其次，儒家思想认为，作为一个家庭的成员，我们可能会遇到家人患有无法治愈的绝症，甚至是他们自己要求进行人体冷冻的情况。实际上，根据媒体报道，我国第一例死后冷冻也是由患者的女儿与女婿先提出这个建议，然后才由患者加入这个计划。从报道中，我们可以看到女儿与女婿的出发点是认为患者作为一个单亲母亲，一路靠着自己的奋斗把女儿养大，又遇到外婆生病的情况，在多年的照顾中做出了许多牺牲。因此，他们才产生了希望能够给予母亲复活的想法，让他们能够在未来相见。[①] 笔者相信任何对于中国式的家庭关系有感触的人，都会对这种"子欲养而亲不待"的内疚之情有一定的共鸣。然而，按照儒家的观点，缺乏礼仪节制和规范的情感，哪怕是一些基于家庭伦理关系的人类基本情感，对我们的幸福（well-being）实际上也是有伤害的。因此，情感一定要由礼仪来调和和节制，所谓"乐而不淫，哀而不伤"（《论语·八佾》）。这里的"礼"包括一些具体的、仪式性的礼节，包括葬礼和守孝等礼节，都能够让我们借助一定的仪式作用来转换我们的悲伤，让我们能内省而后投入更加深刻的道德生命的创造中。同时，礼也包括了广泛的行为要求，例如在患者床边侍疾，平日的孝敬等。如果能够按照儒家提出的这一套"礼"来节制、反思、培养自己的情感，那么就能使这些人类基本的伦理情感得到充分的调和，从而成为我们幸福生活的内在动力。相反，如果我们任由内心对父母以及家人的愧疚之情泛滥，而不学习应有的"礼"，反而会使得我们的身心受到伤害。那么，如果是父母或者家人自己坚持要死后冷冻，作为他们的亲人应当怎么做呢？按照儒家的一个观点，我们首先应该与患者诚恳地沟通，帮助他们化解、克服这种对于死亡的恐惧之情。我们应当反省，是不是因为自己给予临终关怀（care）不足够，才使得他们无法得到安顿。如果是在某些特殊的情况，他们显然已经无法被劝说，那么我们作为家庭的一分子也应该尊重和顺从他们的意志。但作为子女和亲人，我们不应该主动提出死后冷冻这种做法。我们应该明白：有的时候某些工具性的做法，例如死后冷冻，虽然能够暂时、表面地消解我们心中的痛苦。然而，这种寄托终究无法取代我们切实地在生活中的自我安顿，而这种切实的自我安顿，按照儒家的观点，终究是要回归到基本的人伦和礼仪规范。

第三种情况在死后冷冻技术中也相当普遍，那就是当一个人的年幼子女面临死亡的时候，作为家长希望将他们冷冻的情况。从儒家的角度来看，父母对儿女有一种天然的舐犊之情，这是我们天性的一部分。然而，就如同上文提到的父母的例子一样，按照儒家的观点，不加以节制的感情实际上会对我们的幸

① 《女作家冷冻大脑等 50 年后"复活"系中国首例》，见 http：//news. sina. com. cn/s/2015－09－17/181732320549. shtml。

福造成破坏，令我们始终无法找到彻底的安顿，而使得生活越发陷入一种反常当中。很多时候，我们会认为孩子还未能够体会自己的人生，就早早地去世，让我们心中更加充满了无法忍耐的悲伤。在儒家思想中虽然有“仁者寿”这样的期望，然而《论语》中就有不少例子，如伯牛病重时，孔子就感叹说：“亡之，命矣夫！斯人也，而有斯疾也。”（《论语・雍也》）子夏也曾说过：“生死有命，富贵在天。”（《论语・颜渊》）可见，儒家将死当成是超越人力控制的一部分，属于一个人的“命”的一部分。然而，孔子对于死亡以及死后的问题，总是希望人们把注意力放在生命本身上，而将死亡当成其中的一个部分。他认为我们在彻底了解和认识生命之前，是没有办法去认识死亡的，所谓“未知生，焉知死”（《论语・先进》）。这种将死后世界悬置的态度，是为了让我们能够更将注意力集中在现在的道德生命的展开当中。对于年幼的子女来说，他们当然是害怕死亡的，他们也很难知道什么才是一个正确的面对死亡的态度，这个时候更需要他们的父母来帮助他们，舒缓他们的心情，使他们以一种安宁的心情去面对这样一种命运。

显然，在以上三种情况中，家庭的帮助、关怀以及正确认识都起到了一种基础性的作用。死亡不仅仅是一件个人的事情，对于一个家庭而言，也具有重大的意义。在基于科技的超人类主义的语境中，我们见到的往往是忽视了家庭以及家庭关系对于人面对死亡时候的情绪和态度的重要作用。超人类主义对于人类的感情与幸福的理解是单一面向的，而忽视了人在伦理关系中的情感动态。即便超越家庭，我们依然在医疗制度、社会关怀上有很长的路可以走，建立一个更完善的生命关怀和临终关怀制度，将可以切实地帮助患者减轻精神痛苦，让他们能够以更坦然、平静的态度面对死亡。忽视这些基本的人伦道德建设，而希望依靠对科技的迷信来建立一种“未来主义”死亡观，实际上是并没有深入到我们人类对于死亡的真正经验中去的结果。

三、慎终与幸福

西方亚里士多德传统强调人类至善的最高目标是一种“幸福”（eudaimonia）的人生。按照亚里士多德的观点，人类的幸福来源于实践道德理性，而实践这种幸福需要培养人类的美德。在这样的实践过程中，人类会感受到心理上的快乐，在一些外在条件的配合之下，人最终能够过上一种好的、繁荣的生活。儒家思想脉络中也存在着对“活得很好”以及“幸福”的一种状态的描述，也就是所谓的“君子之道”。[①] 儒家的君子之道是建立在一种美德的伦理关系之上的幸福状态，在社会的横向维度上通过修身、齐家、治国、平天下一一展开。在内向的自我修养的维度上，能够反躬己身，通过不断地学习来培养一种内心的敬意，从而培养自己的仁、义、礼、智之美德。可以说，儒家思想的脉络下的“幸福”是一种基于人伦关系的动态。从主观方面来说，幸福包括了一种喜悦、虔敬、内省、安定的心情。从客观的角度上来看，幸福是过着一种有德性的生活，包含着对方方面面的伦理关系的实践。其中，家庭伦理方面的实践，在儒家的幸福体系中有着基础性的地位。

范瑞平在《当代儒家生命伦理学》中指出，“儒家认识的德性是一种趋向正确方向的力量。它不仅仅是有助于良好行为的习惯或倾向，而且是指引人民追求善、实现正当、完整自我的一种力量”[②]。按照一种以儒家美德为基础的观点，人类的老龄化（aging）乃是一个自然的过程，每一个阶段都是一个道德生命成熟的过程。子曰：“吾十有五，而志于学。三十而立。四十而不惑。五十而知天命。六十而耳顺。七十而从心所欲，不逾矩。”（《论语·为政》）儒家以修身为路线的生命历程，将人的生命看成是一个漫长、完整的过程，而不是将全部的注意力集中在人体能的最佳时期（青壮年）。按照儒家的观点，孔子在七十岁的时候才能够做到“从心所欲，不逾矩”，这个相比起“三十而立”“四十不惑”是完全不同的道德境界，以及道德生命的成熟。没有人能够在三十岁的时候做到“耳顺”，也没有办法在四十岁的时候做到“从心所欲，不逾矩”。在儒家看来，我们并不需要恐惧自己变老，我们应当小心的是随着年龄的增长，我们在人伦关系以及美德修养方面却没有任何的进展。对此，孔子提出：“幼而不孙弟，长而无述焉，老而不死，是为贼。”（《论语·宪问》）如果一个人在自我修养和人伦关系上没有进步，而仅仅将精力集中在对自己的肉体的保存上，那么他会成为“老而不死”的“德之贼”。

儒家“敬始慎终”的思想将“始”和“终”都当成了幸福的生活的一部分。甚至，在很多时候，对于“终”的重视程度甚至超过了“始”。“慎”代表

---

① 笔者认为此处的君子可以指一般性的美德主体，并不单指男性。

② 范瑞平：《当代儒家生命伦理学》，7 页，北京，北京大学出版社，2011。

了一种深思熟虑的态度，因为在人生开始的时候，我们都还什么都不知道，然而当人的生命走向尽头，我们已经完成了整个生命的实践。这个时候，我们应当对死亡有更加深刻的认识，对我们的道德生命的体证也有全面的反思。孟子认为，人要能够做到"养生丧死而无憾"(《孟子·梁惠王上》)。同时，在"养生"和"丧死"之间，"养生者不足以当大事；惟送死可以当大事"(《孟子·离娄下》)，可见古典儒家对于"终"的重视。丧礼可以调节人的悲伤，从而做到"哀而不伤"，并且给人提供一种恰当的表现自己情感的方式，以及向内的自我反省的机会。荀子认为"事死如生，事亡如存"，让一个人的丧礼能够大致符合他活着时候的情景，给他以恰如其分的尊重，这象征着一个合乎礼的人生的完整，"使死生终始莫不称宜而好善，是礼义之法式也，儒者是矣"(《荀子·礼论》)。

四、结语

在科技日益发达的现代社会，人类依然在不断地找寻一种安身立命的根本。超人类主义者们认为科技的发展可以解决人类的一切伦理问题，其中包括了我们长久以来对死亡的恐惧。然而，按照儒家对人的观察，人的生命是复杂的、多面向的，包裹在各种亲密的伦理关系之中。人类无法依靠科技来真正安顿自己的生命，而缺乏礼仪调节的感情与欲望也最终将对我们的幸福造成破坏性的后果。然而，在现代社会，转型的儒家也需要提出更有力量的一种美好生活的图景，来回应这种来自科技进步主义的挑战。这种美好生活的图景既需要具备现代生活的实践价值，又要保持儒家思想作为一种美好生活的土壤的活性。只有这样，儒家式的美好生活才能真正面对来自现代化生活和科技进步的挑战，在激荡的多元文化中体现出自己安身立命的独特哲学。

儒家伦理对辅助生殖技术的价值评判与思考*

贺　苗**

一、引言

进入21世纪，现代生命科学技术的发展日新月异，在人类防治疾病、探索生命本源的认知方面发挥了重大作用，深刻地改变了人类的生活方式、思维模式和人际关系的格局。人类辅助生殖技术（assisted reproductive technology，ART）作为全世界临床应用最为广泛的生命科学技术之一，已经给数百万不孕不育家庭带来福音。本文主要基于传统儒家文化的视角，对以辅助生殖技术为代表的生命科学技术进行伦理评估与价值评判，促进生命科学技术与道德价值的统一与良性发展，让科技为人类造福。

在现代生命科学的发展史上，辅助生殖技术的诞生无疑是一个重要的里程碑。从世界上第一例试管婴儿路易斯·布朗（Louise Brown）诞生以来，全世界出生的试管婴儿已超过500万。当下，人们受物质生活方式、心理状态的改变以及自然环境的影响，不孕不育率呈现出逐渐增高的趋势。不孕症的发生率占育龄人口的10%～15%，成为仅次于肿瘤和血管疾病的第三大疾病。辅助生殖技术已成为解决人类生育难题的有效途径，并且在短时间内得到迅猛发展。在一些发达国家，辅助生殖技术的应用正以每年5%～10%的速度增长。在加拿大通过辅助生殖技术出生的婴儿已超过3%，在丹麦这个比例已高达6%。①

毋庸讳言，辅助生殖技术无疑是生殖医学领域的巨大科技革命，它改变、

---

* 本文为黑龙江省自然基金面上项目“辅助生殖技术多层次模糊综合评判研究”（G201410）、黑龙江省社会科学规划基金项目“中西生命伦理思想比较研究”（12B005）、2016年哈尔滨医科大学创新科学研究资助项目（2016RWZX13）阶段性成果。

** 贺苗，哲学博士，哈尔滨医科大学人文学院教授、硕士生导师，研究方向：生命伦理学、文化哲学。

① Barrington K J，Janvier A，“The pediatric consequences of Assisted Reproductive Technologies，with special emphasis on multiple pregnancies，” *Acta Pædiatrica*，2013，102（4）：340－348.

控制甚至是代替了人类自然生殖的一个或全部环节，让科技的力量延伸至干预、复制甚至创造生命的阶段。作为现代生命科学的重要组成部分，它在给人们带来生命馈赠的同时，也必将改变人类对于自身、对于家庭、对于社会乃至整个世界的认知与态度。正是在这个意义上，我们在正确评价辅助生殖技术存在合理性的同时，也要客观公正地对技术的潜在风险与安全性进行科学评估，对技术引发的伦理、社会、法律、经济等一系列问题进行考量。

二、对技术的争议

在现代医学的研究中，没有一种技术像辅助生殖技术这样受到来自伦理、法律、社会等不同领域经久不衰的关注与讨论。实际上，争议与关注的背后从深层次上反映出生命科学技术应用与道德观念的冲突，更是人与自然、人与人、人与社会之间内在的冲突与矛盾的体现。

（一）技术与生命自然性之间的冲突

在人与自然的关系上，现代辅助生殖技术打破了生命孕育的自然性和神圣性，切断了生育与婚姻、性与生育行为的必然联系，给人们带来很多思想上和实践上的困惑。传统的生命观认为，人的生命来自大自然的馈赠，人是大自然的产物，接受自然的养育与调节，人每个细胞的合成与分裂，都雕刻着自然的印迹。而 ART 发展的每一步骤、每一环节都在用科技的神奇力量对自然规律、自然本质进行干预、改造与控制，其潜在的风险已初露端倪。特别是冷冻技术在辅助生殖技术领域中的运用，成功解决了胚胎移植后多余胚胎的冷冻保存问题，大大提高了受孕率，但这些冷冻的剩余胚胎也造成人与自然的一系列冲突。

首当其冲的问题便是关于冷冻胚胎自身属性的论争。胚胎蕴含着人类生命的奥秘，具有发育成为人的无限潜能。在长期的论争中，有的学者倾向于从生物学角度界定胚胎的道德地位，认为生命起源于受精卵的形成。有的学者从人的理性角度分析，认为胚胎并不具备人的社会性，不能算是纯粹的生命。有的学者则从人的潜能考虑，以胚胎发育的 14 天为界限，希望通过设置合理的界限来明确人的生命起始。无论是哪种观点，都表明辅助生殖技术与人的生命自然性方面存在着内在的矛盾与冲突。由此，我们不能从单一视角来简单地判断胚胎是人或者不是人，也不能简单地将其视为有灵魂、有理性的人，从而认定其享有法律上或道德上的权利。

其次，冷冻技术的运用导致大量胚胎被长期冷冻，而且绝大多数胚胎均很难再次应用于它们的基因父母身上。如何处理这些剩余的胚胎，已经成为当前迫切需要考虑的社会难题。目前，从世界各国不同的做法来看，主要有暂时冻存、医学废弃、捐献科研、捐赠他人等四种方式。在我国，由于尚没有对冷冻胚胎年限的具体规定，大量剩余胚胎被长久封存，这不仅使这些“备胎”永久失去长大成人的机会，也在无形中给众多生殖机构带来沉重负担。将剩余胚胎用于科学研究，是一个比较好的出路，但这是一段期望很大、约束很少、充满风险的路程，需要谨慎而为之。就像备受争议的人造生命一样，当生命不仅可以被储存、复制，甚至可以在实验室里成功地剪切与编辑，重新合成并创造出来时，生命本来自我生成的自然本性与其固有的价值与意义就消散了。

（二）技术与孩子权利之间的矛盾

在人与人的关系上，传统家庭关系的改变是辅助生殖技术面临的最为突出的问题。国内外已经有很多学者对于人工授精、体外授精所导致的多个父亲或母亲现象进行评述，并倾向于社会学的父母为孩子的真正父母。不过，这个问题还需要进一步追问，在涉及父母与子女的关系上，辅助生殖技术与孩子权利之间的矛盾日益突显。

在我国，对于孩子一般强调保密互盲原则，主张对夫妇之外的一切人保密，后代很难获得真实信息。即使可以忽略后代近亲结婚的概率，作为父母可以随意剥夺孩子的知情权吗？如果这个孩子就像电影《姐姐守护者》中的安娜一样，是承担着拯救另外一个生命的使命来到这个世界的，这些儿童是否有权利按照自己的意愿选择或改变他们的人生轨迹呢？与普通的孩子相比，他们平添了许多本不应有的焦灼、困惑与不安，时常会遭遇权利缺失、身份不明确、情感无处归依等重重危机。国外一些长期随访的研究数据表明，孩子在4～8岁时，父母都明确表示要告知孩子出生的实情，但是随着时间推移或者各种顾虑增加，仅有三分之一的家长做到了告知，其余的并没有真正付诸行动，实际上孩子成年后能获知自己真实身份的并不多。[①] 随着越来越多的医疗机提倡公开捐赠，公开供者信息以及告知后代的需求逐渐呈上升态势。如何平衡孩子的知情同意权、最佳利益与技术发展之间的冲突是技术发展过程中所需解决的问题。

（三）技术与社会监管之间的脱节

在人与社会的关系上，辅助生殖技术所面临的问题似乎更加复杂。迄今为止，全世界辅助生殖技术发展的势头和速度十分迅猛，但对技术的风险与安全性评估、研究与跟踪监管明显滞后，既缺少对其潜在风险的系统评估，又缺失具体、明晰的法律调控。

众所周知，2010 年发生在广州的八胞胎事件曾轰动一时。一对富商夫妇久婚不孕，借助试管婴儿技术孕育的 8 个胚胎竟然全部成功，最终他们找来两位代孕妈妈，再加上自身共 3 个子宫采取“2＋3＋3”方式，先后诞下 4 男 4 女八胞胎，全部存活。这一事件至少触及到两个备受大众争议的问题。一是代孕问题。在中国，代孕是非法的。虽然卫生部（现国家卫生和计划生育委员会）于 2001 年、2003 年、2006 年颁布了一系列关于人类辅助生殖技术的管理办法，但这些仅是部门立法的规章，效力位阶较低，并不能达到应有的禁止和震慑作用。八胞胎事件再次暴露出现有的法规对于日新月异的辅助生殖技术发展而言明显滞后，亟须对代孕行为立法。目前，已有学者设想了我国的“代孕法”的基本框架，并提出“治疗性代孕合法化”“非法代孕行为应当入罪”等主张，不过，这些仍处于理论探索阶段，尚未贯彻到辅助生殖技术迅速发展的现实中去。二是多胎妊娠及相关风险问题。已有文献表明，多胎妊娠会大大增加早产儿、小于胎龄儿、新生儿畸形、新生儿死亡等诸多风险。[②] 多胎妊娠的危害不仅对母子的生命健康造成威胁，也给社会增加了沉重负担。因此，选择性减胎术成为符合国家生育政策的医疗行为。无论是传统的氯化钾注射法，还是射频消融减胎等方法，仍然存在着孕妇出血、宫内感染、脏器损伤等风险。同时，减胎术也纠缠着相关的伦理问题：哪个胚胎是幸存的？哪个胚胎是等待

① Golombok S，Brewaeys A，Giavassi M T，et al，“The European study of assisted reproduction families：the transition to adolescence，” *Hum Reprod*，2002，17：830－840.

② Barrington K J，Janvier A，“The pediatric consequences of Assisted Reproductive Technologies，with special emphasis on multiple pregnancies，” *Acta Pædiatrica*，2013，102（4）：340－348.

灭亡的？如何能切实保障患者权益和社会公益？对非法减胎或逃避减胎，相关部门应该如何加强监管？

实际上，上述这些问题只是辅助生殖技术纵深发展过程中的一个缩影，随着技术的不断完善与进步，固有的问题可能会在不同程度上得到解决，新的问题还会涌现出来。正如有的学者所言，这是一项未经严格安全性与风险评估就已遍地开花的医疗技术，现在已经到了对它的风险与安全性进行认真与客观的科学评估的关键时刻。[①] 基于本文的旨趣所在，我们尝试着从传统儒家伦理的视角反思，并回应这些问题，其出发点绝不是从根本上反对技术本身，而是要促进生命科学技术与生命伦理的良性互动和协调发展。

三、儒家伦理的回应

（一）在人与自然的关系上，儒家倡导“天人合一”的生命观

“天人合一”是传统儒家的基本命题之一，也是儒家生命伦理思想的基石。其中“天”即“天道”，代表着宇宙间生生不息的自然法则，天道与人道，自然与人世之间相通相类，是一个不可分割的整体。不难发现，在二者的关系中，儒家既重视人的主体性与能动性，又要求人们应顺天而行，以保持行为的正当性与合理性。实际上，其中蕴含着极为丰富的生态平衡，人与自然共和谐的伦理色彩，无疑对于推进现代生命技术的道德化具有重要意义。

一方面，在天道面前，人不是无能无力的，人可以参天地而化育，拥有人之所以为人的独立性和自主性。恰如《周易·序卦》所云，“有天地，然后有万物；有万物，然后有男女；有男女，然后有夫妇；有夫妇，然后有父子；有父子，然后有君臣；有君臣，然后有上下；有上下，然后礼仪有所措”[②]。儒家主张以人法天，宇宙万物乃天地阴阳所化生，以阴阳喻男女，故男女婚姻亦为衍生人类的本源。婚姻不仅是家庭之始，亦是人伦之始。男女只有通过婚姻结为夫妇，生儿育女才能上承祖先，下传后世，使家族生生不息、繁荣昌盛。从这个意义上说，辅助生殖技术的诞生，对于家族生命之流的绵延不绝起到了

---

① 参见王一飞：《回顾　反思　挑战　展望：中国大陆辅助生殖技术成功应用25周年有感》，载《国际生殖健康/计划生育杂志》，2013（32）。

② 朱熹：《周易本义》，269页，北京，中华书局，2009。

重大的推进作用，极大满足了不孕不育夫妇想要生育自己孩子的迫切愿望，也减轻了他们所承受的来自家庭、家族、社会方方面面的巨大压力。

另一方面，儒家认为，生则重生，死则安死，生老病死乃人之常态。人只有顺天休命，才能获得行为和处事的正当性，才能根据自己的能力和判断力创造更美好的生活。在这个意义上，笔者认为，儒家对于现代医学技术的发展持谨慎的态度。生命科技的飞速发展，无疑是人主体性和创造力的伟大展示，但我们绝不应滥用上天赋予人类的这种高贵的能力与才华。当新兴的生命技术造成人道与天道、人与自然的紧张、矛盾与冲突的时候，我们需要参悟到人在整个宇宙中的有限性和局限性，需要审慎地考量生命技术的运用是否有助于维护我们现在的生活，是否能够引领人类走向光明的未来。若人类从内心有对自然、对生命的敬畏，又能纠正现代科技的狂妄、变异和武断，人类就可以真正实现诗意地栖居于大地的理想。

（二）在人与人的关系上，儒家重视“仁者爱人”的人本观

经典的儒家伦理将“仁”视为一切道德的根源，是人的最高精神境界。从本义而言，仁的基本精神是爱人，所谓“仁者爱人，有礼者敬人”①。这里的“人”泛指一切人，它包含着一种“泛爱众”的博爱思想，一种人与人之间同类相似相爱的意识。从这一前提出发，儒家伦理倡导“仁”，首先表现为对他人的同情、关怀与扶助，所谓“恻隐之心，仁之端也”②。在儒家伦理中，恻隐之心，构成了仁德的基本点和出发点。其次“仁”所包含的这种情感上的爱是发自肺腑的真心真意，而不是虚伪的假仁假义，所以孔子说：“巧言令色，鲜矣仁”③。由此可见，作为仁者，应是真诚、尽心尽力去帮助他人，关怀他人，做助人、利人的事，不做损人、害人的事。这也是儒家所提倡的忠恕之道的内涵，即“己欲立而立人，己欲达而达人”④。

实际上，现代生命技术与儒家伦理所倡导的仁爱思想在本质上是殊途同归的。现代生命技术的出发点和落脚点一定要指向科技的善，其过程也应体现对

① 朱熹集注：《孟子》，118页，上海，上海古籍出版社，2013。

② 同上书，153页。

③ 朱熹集注：《论语　大学　中庸》，18页，上海，上海古籍出版社，2013。

④ 同上书，80页。

人的尊重与关怀，对生命的呵护与敬畏。儒家认为，“仁也者，人也”[①]，仁不仅是一切道德的根源，也是人之所以为人的基本规定性。这种以人为本的观念贯行在辅助生殖技术中，可以引导医务人员在实施ART过程中最大限度地尊重与保护患者的切身利益，尽可能地避免或者降低手术治疗对患者造成的生理、心理、经济、社会等多方面的伤害。要对患者有恻隐之心，尊重他们的知情同意权，真诚地帮助患者克服焦虑、自卑、不安等心理顾虑，给予必要的同情、理解与支持，保障患者无后顾之忧地接受治疗。在涉及辅助生殖技术的医方、供方、受方、后代等不同群体之间，如果能在内心秉承仁爱之心，身体力行地践行恕道的基本精神，“己所不欲，勿施于人”[②]，将心比心，推己及人，无疑有利于现代生命技术的健康发展，有助于社会的和谐稳定。

（三）在人与社会的关系上，儒家强调“以义求利”的义利观

儒家传统历来重视义利之辨，将它视为处理公利与私利、个人与社会之间关系的重要准则。在义利这对范畴中，利，通常是指个人利益；义，主要代表着主体心中至高无上的道义。儒家先哲认为，人皆有求义、求利之心，二者不能简单地相互排斥与否定。战国时期思想家荀子充分肯定了利的客观必然性，“义与利，人之所两有也。虽尧舜不能去民之欲利，虽桀纣不能去民之好义”[③]。在儒家看来，人生而有欲，求利是人的本能。如果人们仅仅按照本能去追逐私利，则无异于禽兽。如果通过不正当的手段去获得利益，则是小人行径，非君子所为。在这个意义上，孔子说：“君子喻于义，小人喻于利。”[④] 由此可见，儒家辨义利，并不是要阻碍人们去获得个人利益，而是要弄清楚应以何种手段、何种方式去实现利的问题。儒家主张，见利思义，以义致利，就是要求人们面对利益，应以义为准绳进行取舍，符合义则取，不符合义则舍。

不难发现，儒家的义利观对于我们厘清医学技术的善恶边界，构建工具理性与价值理性的平衡，促进人与社会的和谐发展具有重要的启示作用。现代生命技术的发展过程，时刻伴随着义利之间的矛盾与冲突。辅助生殖技术的介入，让无数男男女女享受到生命馈赠，但也出现了人畜细胞混合研究、通过不

---

① 朱熹集注：《孟子》，209页，上海，上海古籍出版社，2013。

② 朱熹集注：《论语　大学　中庸》，188页，上海，上海古籍出版社，2013。

③ 杨倞注：《荀子》，324页，上海，上海世纪出版集团，2010。

④ 朱熹集注：《论语　大学　中庸》，53页，上海，上海古籍出版社，2013。

正当手段谋取暴利等一系列严重后果。当义利不能两全时，儒家的义利观告诉我们，个人利益、物质利益虽然是人生的基本需求，但却不是最高的价值，我们不应忘记人之所以为人的崇高与尊严，人应有更高的精神需求、道德需求，应追求完善的道德人格。现代生命技术发展得越快，越需要受道义的制约，越要不断探索技术发展的道德边界。只有以义求利，以义导利，才能使社会的整体利益得到实现，才能做出正确的价值判断与选择。

四、余论：关于儒家伦理的一点思索

面对现代生命技术的迅猛发展，传统儒家伦理曾一度被视为一种过去的文化事实，应该走进历史，甚至应该走进“博物馆”。事实上，整个儒家伦理文化经过两千多年的流传并未在中国消亡，至今仍显示着不竭的生命力。儒学作为一种理论、思想、文化精神已经深刻积淀在中国人的血脉之中，影响着人们的生活方式、风俗习惯、观念意识和价值取向。在今天全球一体化、文化价值多元化的时代，植根于中国本土的儒家文化已经逐渐超越国界、超越传统的本土性，以一种宽容、开放的姿态与世界不同文化进行平等的交流、对话，不仅为现代人类寻求普世伦理提供有益的价值资源，更是人类反思现代生命科学技术危机的文化之镜。

英国著名历史学家汤因比将人类文明的成长视为一个连续的过程，是由一连串挑战和应战勾勒出的一种持续的序列运动。儒家伦理对现代生命技术的回应，本质上是技术与道德之间、现代与传统之间相互冲突、交织、纠缠、借鉴、学习、建构、无限博弈的历史进程。我们不应该简单地将二者对立与分裂，而是应更加深入地探讨现代性与传统之间绵延不断的相互作用，深入挖掘传统中蕴含的现代性因素和现代性中的传统，以更为开放包容的心灵，重视传统与现代性的结合。富有生命力的、善的道德，在本质上应当促进科学技术的进步，更应当促进并确立技术应用的正当性、目的性和人道性，使技术成为人类享受生命、收获幸福的有效手段和途径。只有这样，科技才能拥抱生命，创造新的奇迹。正如凯文·凯利所言：“没有一个人能够实现人力可及的所有目标，没有一项技术能够收获科技可能创造的一切成果。我们需要所有生命、所有思维和所有技术共同开始理解现实世界。”①

---

① 凯文·凯利：《科技想要什么》，361页，北京，中信出版社，2011。

传统诚信观对基因伦理的当代启示*

郭玉宇**

一、问题缘起

在当下基因技术的迅猛发展过程中，无论是基因诊断、基因治疗还是基因研究，其过程中都不可避免地出现相关的社会难题，如基因歧视引发的不公、基因隐私保护不当、基因专利的处理等。这些问题需要法律制度上的重新调整，更需要首先从伦理道德上进行考量。

基因伦理问题，说到底还是属于如何正确理解和处理关涉基因的个人道德权利以及由此产生的伦理关系的问题。当下的基因伦理研究具有重要性和紧迫性。对于任何新的社会问题，法律手段和伦理手段是两种重要的维系方式，法律层面的维系方式，作为一种强制性的调整社会关系的方式，当然是主要的手段，而对于基因技术发展引发的社会问题，仅仅依赖法律层面的维系又是远远不够的。

一方面，我国目前的法律体系中对于基因相关权利保护的规定是非常欠缺的。不可否认，我国已经有了一些在宏观层面上防范基因技术滥用的法律规制，如《基因工程安全管理办法》《人类遗传资源管理暂行办法》和《人的体细胞治疗及基因治疗临床研究质控要点》等。我国现有法律体系中对于人的权利以及人的尊严问题有一些相关规定。如我国《宪法》第三十八条规定："中华人民共和国公民的人格尊严不受侵犯。禁止用任何方法对公民进行侮辱、诽谤和诬告陷害。"也有一些关于隐私权保护的规定，如《民法通则》第一百条

---

* 本文由2014年度教育部人文社会科学研究青年基金项目"'道德异乡人'的哲学溯源及其在当下西方生命伦理学中的理论形态研究"（14YJC720009）资助；同时为南京医科大学哲学社会科学发展专项项目"后现代图景下对高新生命科学技术的伦理问题研究"（2013NJZS01）成果之一。

** 郭玉宇，伦理学博士，南京医科大学医政学院副教授。

规定："公民享有肖像权，未经本人同意，不得以营利为目的使用公民的肖像。"最高人民法院 1993 年 8 月 7 日公布的《关于审理名誉权案件若干问题的解答》第七条第三款明确指出，对未经他人同意，擅自公布他人的隐私致人名誉受到损害，应认定为侵害他人名誉权。但从法律文本解读中不难发现，尽管法律制度在逐步完善，但迄今为止还没有直接针对基因权利方面的法律条文，因此一旦发生基因侵权问题就没有直接而明确的法律依据。此时的伦理规约是非常必要的。

另一方面，即便是将来法律制度得到进一步的完善，甚至明确规定对基因保护的相关法律规范，但由于在基因治疗及其研究过程中，获取基因的手段具有快捷性和隐蔽性，基因权的保护完全寄希望于法律也是不太现实的。由此，保护基因相关权利，除了完善法律制度，还须完善相应的生命伦理尤其是基因伦理的规约，双管齐下，基因技术方可走向良好的发展方向。

基因的特质决定了基因保护的难度，也决定了在基因研究中既要尊重法律的规约，又要讲究生命伦理的道德约束。因为法律的滞后性以及基因的不可控制性，需要研究者更加注重道德自律。而从伦理规约的角度，在中国基因技术的研究和应用过程中，应当强调强化诚信观，形成现代基因诚信观，并将基因诚信观规定为基因研究过程中的行业道德规范。原因有二：其一，在围绕基因伦理问题进行相关讨论时，笔者认为任何具体文化形态中的生命伦理规范都应有其具体的话语体系，当代中国本土环境下的基因伦理应该符合中国话语体系的特征。诚信观是最重要的中国传统道德文化之一，有着根深蒂固的中国话语根基，符合中国人的心理文化态度，中国传统诚信文化若被应用到中国当代基因伦理中，易于理解和接受。其二，中国传统诚信思想源远流长，随着时代的变化不断更新其丰富的内涵，其生命力也得以展示。基因技术发展过程中，如果能够以诚信作为道德规范，结合相关的基因法律制约，基因相关权利可以得到最大化的保护。

二、传统诚信观

（一）传统诚信观之解读

首先，从词源学的角度看"诚信"。在中国古代，"诚"和"信"皆是独立的词，有着各自的具体内涵。《说文解字》释“诚”：“诚，信也，从言成声。”《礼记·乐记》说：“著诚去伪，礼之径也。”至于信，《说文解字》云：“信，诚也，从人从言。”《辞源》对“信”做了两种主要的解释，一为“诚实，不欺”，二为“信从，信任”。东汉刘熙撰《释名》指出：“信，申也，相申述使不相违也”，这句话告诉我们什么是“信”。“信”侧重行为上对其言语承诺的实践延伸，是对言语承诺的进一步确认。所以，一般认为“诚”主要涉及人的内在的心理态度和心理状态，“信”主要是指人的言与行之间的相合与一致。①

其次，作为一个伦理学范畴，传统文化中的“诚”是形而上的价值指向，“信”是以“诚”为价值导向的形而下的具体道德规范。

对于“诚”之价值指向的如此定位，明确而又详细的解释应当是从《中庸》开始。“先秦时代，对‘诚’作全面而系统论述的是《中庸》”②，“诚者，天之道也；诚之者，人之道也”。引用现代大儒牟宗三先生的进一步解释：“‘天之道’即自然而本然如此之道。诚体为创造之真几，为真实生命，人人本有，天地之道亦只如此。惟人如不能直下体现此诚体，而须修养工夫以复之，则即属于‘人之道’。而经由修养工夫以得之，即是‘诚之’。天之道以诚为体，人之道以诚为工夫。”③ 对“诚”的重视，应该是从孔子提出仁爱观念以后才逐渐开始的。在孔子的思想体系中，“诚”是以“忠”与“直”的观念出现的；孟子讲“诚”，强调“诚”是发自内心的实实在在的真实情感；《大学》讲“诚”，也是讲真情实意。

天自然而然，真实无伪，天之本性为“诚”，人应当以天之本性为最高追求，追求人性之自然而然、真实无伪。看来，只有求诚，才能达致“天人合一”。儒家以后，“诚”的思想地位可见一斑。

所以，儒家传统文化中，“诚”首先表达的是本体论之概念，体现道德之最高境界。宋人周敦颐在《通书》中从人性论和修养论的角度对“诚”做了总结。其一，“诚”是五常的根本，各种善行的根源。“诚，五常之本，百行之源也。”仁义礼智信以及一切德行，都是以诚为基础。其二，“诚”是道德修养达到的最高境界，是“圣人之本”，一切道德都源于“诚”。其三，“诚”是一种

---

① 参见罗安宪：《“诚信”观念的历史生成及时代意义》，见《2010国际儒学论坛论文集》，345页。

② 同上书，345～347页。

③ 牟宗三：《心体与性体》（上），277页，上海，上海古籍出版社，1999。

修养方法。“君子乾乾不息于诚，然必惩忿窒欲，迁善改过而后至。”君子没有达到圣人的境界，不能自然而“诚”。这就需要他奋发努力，孜孜以求“诚”，必须克服自己的欲望以向善，经过长时间的修炼，而后能达到“诚”的境界。①

作为形而下的具体道德规范，“信”的伦理学范畴与实际行为要求有直接关联，所以对于“信”的论述早于“诚”。《尚书》里已经有关于“信”的描述。子张问仁于孔子，孔子曰：“能行五者于天下，为仁矣。”“请问之。”曰：“恭、宽、信、敏、惠。恭则不侮，宽则得众，信则人任焉，敏则有功，惠则足以使人。”（《论语·阳货》）可见在孔子那里，“信”是“仁”的具体要求之一。做人要守“信”，即实话实说、值得信赖并见之于行为。这样的含义基本上贯穿于儒家思想体系。汉代董仲舒在继承孟子提出的“仁义礼智”四端之外增列“信”，统称为五常。“夫仁义礼智信，五常之道，王者所当修饬也”（《汉书·董仲舒传》），进一步强化了“信”作为道德要求的地位。

最后，“诚”与“信”各自独特的理论渊源形成中国传统诚信观深刻而丰富的内涵，即以道德的最高境界“诚”为价值引导，在具体的社会实践活动中以“诚”为本，以“信”为用。

中国传统文化的诚信观对于任何领域的适用都有具体的说明，无论是治理国家、经营家庭、行业活动还是为人处世都有具体的阐释，诚信是人类活动最基本的道德准则。受中国传统文化影响，在中国传统医学活动中，诚信自然得到高度重视，是医者最基本最重要的职业道德素养之一，并且具有丰富的内涵。最具代表性的是孙思邈的《大医精诚》。“精”和“诚”是《大医精诚》论述的有关医生素养的两个重要问题，缺一不可，即：作为医者，第一，要有精湛的医术，因为医道是“至精至微之事”，所以从医之人必须“博极医源，精勤不倦”，对于医术，要达至“精”。第二，医者要有高尚的医德修养，心怀“大慈恻隐之心”，立志“普救含灵之苦”，且拒绝“自逞俊快，邀射名誉”“恃己所长，经略财物”，要达至“诚”。

（二）传统诚信观之历史局限与发展

如果去探寻“诚信”的渊源，会发现它远远超越了单纯的道德自觉问题，

① 参见郭玉宇：《中西方传统诚信观之解读》，载《从南京医科大学学报》（社会科学版），2005（12）。

实质上，它的内涵背后是复杂社会关系的折射。费孝通先生曾经说过："从基层上看去，中国社会是乡土性的。"[①] 乡土性是中国传统社会的根本特征：以乡为基本生活单位，以土为主要生存来源。乡在本质上体现的是血缘关系，因此"在中国传统社会中，血缘关系是社会的基本关系"[②]。在中国传统小农经济的乡土社会里，受其相应的传统血缘文化和家族文化的影响，中国传统诚信观不可避免地也滋生了"乡土性"的局限性，即更多时候产生于熟人圈子里，并且根据人际关系的亲疏呈现诚信度的差异。当然，先天的局限性并不能全盘否定传统诚信观的当下意义。时至当下，传统诚信观对于个人品德的重视和强化、重义轻利的道德要求仍不失其重要价值，但需要进行当代转型，即发扬其义理为先的文化精髓，克服其血缘地域的历史局限性，以适应和促进当下社会的发展。首先，在范围上要突破中国传统诚信观时常囿于狭隘的亲缘关系或者熟人圈子的局限性特征，超越亲缘关系和熟人圈子，面向所有的道德主体；其次，在方式上不仅通过自律恪守，也应当有客观的他律要求，所以若能形成约定俗成的职业道德行规就将有更好的约束性；最后，在内涵上应当结合新的社会历史条件更新、转化和提升。所以，在基因技术的发展过程中，应当积极汲取传统诚信文化资源，结合具体情境，赋予其新的内涵，构建在中国当前社会环境下，在基因技术研究、治疗、预防及其所有应用过程中的诚信观（简称基因诚信观）。下文就当代基因诚信观的问题进行具体的讨论。

三、基因诚信观

本文中所提到基因概念是一种宽泛的概念。基因（遗传因子）是具有遗传效应的DNA片段，也是"包含在一切动物、植物、微生物和人类细胞内合成有功能的蛋白质多肽链或RNA所必需的核酸序列的总和所构成的自然资源"[③]。基因是一种自然资源，但因带有个体核心的生命印记，如支持着生命的基本构造和性能，储存着生命的种族、血型及孕育、生长、凋亡等过程的全部信息，决定着生命健康的内在因素，等等，基因必然具有区别于任何其他自

---

① 费孝通：《乡土中国 生育制度》，6页，北京，北京大学出版社，1998。

② 樊浩：《中国伦理精神的历史建构》，7页，南京，江苏人民出版社，1992。

③ 刘长秋、刘迎春：《基因技术法研究》，26页，北京，法律出版社，2005。

然资源的特殊性。

基因的特殊性在于由其生物性特征决定的它在社会层面上的法律和伦理双重价值。从法律角度来看，首先，基因属于能为人们带来利益、具有一定经济价值的私有产物。其次，基因在给人们带来利益、带来一定经济价值的同时，又体现法律上的人格权。在民法中，个体具有独立的人格权。人格权是以人格利益为标的的法律权利，具体包括属于个体的生命权、身体权、自由权、名誉权等。人格权一般没有外在的物质性存在，但在经济活动中也能够转化为财产利益。

从伦理的角度来看，基因因与生命相关，所以在使用的过程中体现出个体的道德人格意义，彰显道德人格权。道德人格作为人的人格价值规定性，是一个人做人的尊严、价值和品格的总和，具有意志自主性、自我同一性、主体完整性等特征。[①] 道德人格权之内涵可以分解为两方面：其一，道德人格权是平等的，人作为一个自然物，生而有之。因此，不管具体的个人遗传物质性质如何，基因表达出来的伦理意义是平等的，都应受到同样的尊重。其二，伦理学视域下，人的道德实践不仅包括各种道德意识，还包括道德行为和道德活动，并且是在对象化外部世界中展开的；不仅是以个人的价值生命来确定的，也是以类生命来确定的。而在道德实践中，人作为一个完整的人，以一种完整的方式，把自己的全面本质据为己有，追求人的全面发展、自我完善和理想人格。[②] 人类存在的意义根本上是在于作为个体和作为类的人类总是处于道德人格的追求过程中。只有在尊重人之自然存在的基础上对人之存在价值、人之存在意义的追求才是真正的道德人格追求，人之为人的尊严方可在其中显现。

总之，基因既具有法律价值，也具有伦理价值，所以基因在法律上体现着一种人格权与财产权的交融，而在伦理上体现了更深层次的道德人格权。所以基于中国传统文化中的“诚”之道德高度和“信”之伦理范围，对于基因伦理的诉求若借助于传统文化的“诚信”之内涵，必然有一定的启示意义。基因诚信观最终也应是表达对具有道德人格主体的生命之“诚”。具体

① 参见唐凯麟：《道德人格论》，载《求索》，1994（5）。

② 参见郭玉宇：《基因技术发展背景下对道德人格权的反思》，载《东南大学学报》（哲学社会科学版），2008，10（2）。

内涵如下：

1. 对具有道德人格主体的生命之“诚”，体现对生命整体的敬与爱

中国传统的生命观是从属于宇宙大生命的，中国传统文化崇尚天人合一，人类的生命存在和宇宙世界的存在是合二为一的，是宏观生命中的一部分并且是相互感应的。而只有诚，才可以将人合于天。《中庸》就明确推崇“诚”是天的根本特征，“诚者，天之道也”（《中庸》第二十章）。所以“诚”在中国传统文化中所描述的道德地位属于至高层面，既是天道，也是人道，即人生之最高境界，人道之第一原则；只有在实践了智、仁、勇三德，且行为皆合乎道的条件下才能达到“诚”。基因诚信观的道德前提便是对待生命的平等。对生命之“诚”，首先要形成基因主体性概念，树立基因平等观。

在人类历史发展过程中，曾经出现或者正在发生着由于种族、性别、肤色、疾病、身体缺陷等引起的生命歧视，这些都是由于对生命缺乏“诚”。由于对生命之“诚”的缺失，在当下基因技术取得突破性发展的社会中，基因歧视很遗憾地成为新的歧视形式。“基因决定论”是对待生命不“诚”的最根本性的表现。所谓“基因决定论”是指将基因信息与人的行为、心理活动一一简单对应，并以前者解释后者，认为一个人的基因信息内容决定了他自身的行为方式与心理内容。[①] 不可否认，在生物学层面上确实存在很多差异，包括个体遗传信息的差异性，也确实有非正常基因与正常基因之间的区分，但是生物世界本身就是多样的，这才是生命的常态，我们应当尊重生命的常态。个体的道德人格不应由于基因的表达差异而有所不同，任何差异都不能贬低人的道德人格权和生命尊严。

2. 对具有道德人格主体的生命之“诚”，表达了对人精神生命之“诚”

中国传统生命观既包括物质生命体，也包括精神生命体，钱穆认为：“生命是有经验的，物质则只有变动，不好说有经验。……生命愈演进，生命的内部经验愈鲜明，愈复杂，愈微妙，于是遂从物质界发展出精神界。……经验之累积，便成其为精神界。”[②] 同时认为：人的生命由人心即由人类的精神主宰，

① 参见高兆明：《“基因决定论”质疑》，载《道德与文明》，2003（4）。

② 钱穆：《湖上闲思录》，111页，北京，生活·读书·新知三联书店，2001。

人的精神是人类通向自然的基础，达成天人合一的条件。人心本来已经是一“大自由”，人身“则仅为其一工具”①。只有体现对人精神生命的诚才具有本真意义。因此，朱熹强调“诚”具备天理之属性，是万物之根源，应当作为人们为人为事之目标。“凡人所以立身行己，应事接物，莫大乎诚敬。诚者何？不自欺，不妄之谓也。”② 所以，我们应当认识到基因是一项重要的隐私，属于在精神层面需要尊重和保护的对象，这是基因诚信观的基本态度。隐私有三种基本形态：个人信息、个人私事、个人领域。一般认为个人领域处于外层，为有形的隐私；个人私事次之，为动态的隐私；个人信息属于核心层次，属于无形的隐私。③ 随着基因技术的发展，隐私范围也相应扩展到了基因层面。基因其实就是人的生命密码，因为基因不仅可以表达个人的生命特征，还可以反映个人所在家族的生命基本特征。基因隐私不仅涉及身体也涉及人格尊严。因此基因信息属于个人信息当中的深层次的内容，可谓核心隐私，有着必然的受保护的伦理诉求。

3. 对具有道德人格主体的生命之“诚”具有实在性

中国传统生命观是实在的，“中国儒道皆经由理性思辨之路，坚持从宇宙内部去寻找生命的本源，排除了彼岸神秘力量在生命创生中的作用；坚持立足于人学的立场而非神学的立场来看待人的生命价值，表现了重生珍生的价值取向……”④ 这就要求在基因技术的研究和应用过程中，不可以偏离医学目的、人类健康以及卫生事业的长远发展这样合乎生命伦理的方向。任何医学行为都是围绕生命和为生命的，这是医学的根本目的所在。之所以要追求医学的人道主义，也是为了实现医学之大“诚”。王船山说：“诚也者，实也，实有也。”（王船山：《尚书引义》卷四）即“诚”是世界万物和人类社会所普遍固有的实有，确确实实、真实无伪。“诚”不是想当然就有，人应当主动求“诚”，通过求“诚”可达到“诚”的境界。“贤人”通过求“诚”能达到此境界，“愚人”通过修身，经过“人一能之，己百之。人十能之，己千之”（《中庸》第二十

---

① 钱穆：《现代中国学术论衡》，85～86 页，北京，生活·读书·新知三联书店，2001。

② 参见黎靖德编：《朱子语类》，卷一一九，北京，中华书局出版社，1980。

③ 参见王利明：《人格权法新论》，482 页，长春，吉林人民出版社，1994。

④ 李霞：《论儒道生命观的理性精神及其历史影响》，载《安徽大学学报》（哲学社会科学版），2003，27（5）。

章）的加倍努力，同样也能达到。当然，这是一个艰苦的过程，它要求人们“不愿乎其外”“反求诸其身”（《中庸》第十四章），即更加重视反省内求，而不是追求外在的名利地位。基因的诚信观是实在的，是体现在基因研究与临床应用的整个过程中的。对受者应当做到实实在在的知情同意，这是基因诚信观的基本承诺。在基因的知情同意方面做到诚信必然是要做到真正的诚信而不是表面的诚信。如在涉及基因研究与临床应用领域，实验者应当诚心实意地主动让受试者知情（信息的真实和充分），诚心实意地帮助受试者理解（全面地理解），诚心实意地征求受试者的同意（没有胁迫和诱导）。如此，才是做到实实在在的诚信。

歙县许宪言：“以诚待人，人自怀服，任术御物，物终不亲。”[①] 意即一个人是否能让他人信服，就在于一个“诚”字。你对他人诚心诚意，别人自然会对你信服，你算计他人、当他人是工具，他人自然最终会远离你。此番道理，从古至今，莫不如是。在当下中国宏观的医患关系中（也包括基因研究过程中实验者和受试者的关系），医患之间时有冲突，原因涉及医方、患方、管理方、社会制度和社会价值观等多个层面，说到底是社会整体的诚信缺失。因为社会交互关系的诚信缺失必然也会反映到医学领域，再影响社会关系，形成恶性循环。在荀子看来，“诚”为德行的基础，致“诚”则众德自备，“君子养心莫善于诚，致诚则无它事矣”，“诚信生神”（《荀子·不苟》），所以，诚信既是养性修身的根本原则，又是区分悫士（《说文解字》：“悫，谨也。”悫士也即谨慎之士，与小人相对）和小人的道德标准。医学作为人学，从本质属性上就决定了医生包括基因研究者应该是光明正大、诚实守信的君子。道德上的小人从来就不会获得生命科学技术研究的真正成果，也没有从事生命科学技术研究的资格，诚信是人之存在和交互关系的道德出发点。中国传统诚信观即使在当下社会仍然表现出历久弥新的生命力，散发着思想光芒。而我们在探讨当下的生命伦理难题时，应当立足本土文化土壤，在汲取传统资源的同时积极探索，结合具体社会历史条件，使之焕发出应有的思想魅力和社会价值。基因诚信观是传统诚信观在当下的重要转型，在基因技术发展过程中必然有着重要的道德导向价值。

---

① 休宁《陈氏宗谱》卷三，转引自郭振香：《徽商的诚信观》，载《安徽大学学报》（社会科学版），1997（3）。

四、医疗体制的困惑

中国医改中市场化的困境——从魏则西事件说起

张　颖*

2016 年 4 月，一个年轻人的死亡引起中国社会极大的关注，他的名字是魏则西。① 毫无疑问，魏则西事件远远超越了事件主人公本身的命运，成为审视当下中国社会诸多问题，尤其是医疗体制问题的一个视角。在众多声讨的文章中，除"百度"搜索引擎之外，"莆田系"和"民营/私人资本"在中国当今的医疗市场所起的作用成为媒体质疑和谴责的主要对象。不少人将魏则西之死指向民营资本和公立医院"联姻"及其背后所形成的一个利益链条。人们痛斥

---

* 张颖，香港浸会大学应用伦理研究中心研究员，宗教及哲学系副教授。

① 魏则西，西安科技大学计算机专业学生，滑膜肉瘤晚期患者，2016 年 4 月 12 日去世。生前在网络上发帖写道，他在求医的过程中，通过"百度"搜索引擎看到排名前列的武警北京总队第二医院，因被该院李姓主任所称的"生物免疫疗法""斯坦福技术"所蛊惑，在花费 20 多万元后，病情不仅没有好转，反被延误救治。

那些"见利忘义"让"白衣天使"成为"黑心魔鬼"的医院和当事医生。一句"一旦医院被利益迷住了双眼，必然会做出损害人民利益的事情"让医疗服务的提供者成为当今中国丧失道德底线的化身。由此，莆田系→民营资本→市场经济→追逐利益→草菅人命成为一个不可置疑的逻辑连环。随之而来的就是主张恢复政府管控，放弃市场改革的种种声音和论调。这里，我们要问：中国医改的市场化是否已经走到了绝境？

从 1985 年中国全面医改启动，到如今已经 30 多年了；自 2005 年新一轮医改讨论到现在也已超过 10 年，其间取得的成就不可忽视。譬如：不少民营或私立医院通过管理制度杜绝了医务人员收"红包"现象，并通过减少药品采供环节，减少了医药行业"商业贿赂"现象的发生。由于公立医院的改革并没有让看病难、看病贵、以药补医等诸多问题得到多大缓解，民营或私立医院多多少少解决了部分人求医的需要。那么，如何看待中国医改中市场化的困境呢？本文试图从三个方面探讨这个问题：(1) 如何界定医疗体制的市场化和商业化？(2) 医疗市场化的医疗服务体系是否与社会公益化相互矛盾？(3) 我们可以从西方的医疗市场化和商业化的模式中吸取哪些经验？

一、医疗体制的市场化和商业化

所谓现代医疗/医院是基于西方的现代医学/医疗的模本，与中国传统的中医的医疗方法以及经营模式都有很大的差异。当代的医疗体制（healthcare system）是指提供医疗服务（即看病、治病）的体制或机构（institutions）以及社会资源（resources）。一个国家的政府根据社会大众对健康的需求和现有的医疗资源的水平设置一个尽量完善的医疗体制，其中既包括人们基本的看病、治病的医疗保障，即医疗体制的主要定义，也包括公共卫生机制（public health），以维系一个正常有序的社会健康管理模式。在西方社会，医疗提供者可以是政府、劳工工会、各种慈善组织（以宗教组织为主）或市场，其中主要的是政府和市场。根据世界卫生组织（WHO）的定义，医疗体制"包括所有用以促进、恢复或维持健康的组织机构、资源及其进行的各项活动"[①]。作

① WHO, "Global Strategy for Health for All by the Year 2000," http://www.who.int/whr/1998/media_centre/executive_summary6/en/，2016-06-10。

为一种体制，医疗体制与社会其他形态的体制，如教育体制、经济体制、政治体制等具有共通性，但也有它的特殊性，因为医疗直接关乎人们的健康和生命。一般来讲，一个社会的医疗服务模式集中反映了这个社会大众和政府对健康文明生活的要求、理念和愿景。

由于医疗体制涉及医疗资源及其有效分配的问题，因此出现政府计划和市场经营的模式，如同经济模式，有计划经济和市场经济两种模式。市场化的经营模式强调医疗服务的效益和医疗服务的自由选择。例如在美国，大多数的医疗保障体制是由市场化的私营部门提供，而美国政府则是提供辅助性质的公共医疗保险以及针对特殊人群的特殊医保计划，如医疗辅助计划（Medicaid 和 Medicare)、儿童医疗保险计划（Children's Health Insurance Program）以及老兵（即退伍军人）健康管理等。另外，还有一些医疗机构属于公益性的非营利（non-profit）组织，大多由慈善或宗教团体经营，各个州的地方政府也有针对弱势群体的医疗机构（包括州立大学属下的医院以及地方县、市的小型医院)。[①] 医疗保险是美国医疗保障体制中的重要部分。医疗保险分为社会保险和私人的商业医疗保险两种。大多数美国人使用的是商业医保，其中可以分为两大类：一类是自选式保险计划，投保者可以自由选择医院和医师，但保险费相对较高，而且需要自己负担部分的挂号费和医疗费[②]；另一类是管理式保险计划，保险费相对便宜，看病只要付少量的挂号费，基本上不必再承担其他费用，但医生和诊所必须在保险公司指定的范围之内，如果要看指定范围之外的专科医生，事先必须得到保险公司的认可。

在医疗改革之前，中国的医疗体制基本上是政府计划管理模式，即所谓的公费医疗体制。当时，中国政府模仿其他共产主义国家（如苏联、东欧国家）的全国性医疗体系。换言之，政府拥有并运营所有的医疗机构和组织，所有的医护人员皆为政府的雇员。政府计划的管理模式以公益性为目标，力图满足社会大众的基本医疗卫生服务需求。在一定程度上，这种以政府计划为导向的管理模式为社会（特别是城市居民）提供了所需要的医疗服务和保障，中国许多

---

① 参见 2006 年美国众议院政府责任办公室报告“Non-Profit，For-Profit and Government Hospitals”(GAO，May 26，2006)，pp. 1-28。

② 商业医保一般分为个人计划和家庭计划。家庭保险允许一人购买，涵盖全家，包括配偶和未成年子女。

大城市的国民综合健康指标达到了世界中等收入国家的水平。但与此同时，中国改革前的原有体制亦存在不少严重的问题，譬如，国有的铁饭碗和大锅饭体制导致不少医护人员对待工作缺乏热情；很多医生更是没有动力提高自己的业务水平，造成医疗水平停滞和医院管理的官僚化倾向。就医疗资源来讲，从对特权阶层人士的特殊照顾和“不惜一切代价抢救”到一般百姓“一人生病全家吃药”以及“小病大医”等社会现象的存在，导致医疗资源由于缺乏合理的利用而出现大量的浪费现象。

与城市相比，农村的状况更差。改革前由于农村医疗资源的匮乏，城乡之间的医疗水平差距巨大。上世纪六七十年代曾经出现过所谓的“赤脚医生”，即当时“半农半医”的乡村卫生工作者。他们为农村的基本医疗服务做出了特殊的贡献，被认为是中国“从实际情况出发，解决八亿农民看病吃药问题的成功经验”，是“成功的卫生革命”①。在1952—1982年期间，中国农村的婴儿死亡率逐年下降，一些传统的传染病（如血吸虫病）也被彻底根除。“赤脚医生”的出现，也恢复了人们对传统中医的兴趣和认识。目前，有学者重新审视赤脚医生的特殊历史及其对当前乡村合作医疗制度的启示。学者方小平以中国浙江省富阳县作为个案，研究当地自50年代以来，特别是70年代以后赤脚医生（包括中药）制度的使用以及农村医疗合作化的经验。② 文章指出，改革开放后，赤脚医生和农村医疗合作化制度的瓦解，导致农民失去了基本的医疗保障。许多家庭因疾病陷入极度的贫困，造成农民“小病拖，大病扛，重病等着见阎王”的局面。方小平认为，赤脚医生和农村医疗合作化制是中国二元体制下的产物，是农民靠自己的力量在医疗保障分配极为不公的情况下的一个创举。文章最后指出，地方政府如何在市场经济中找到新的农村医疗合作化制度，仍是一个需要探讨的课题。这里需要说明的是，方文写于2003年，到现在十几年过去了，目前农村已有了新农村医疗保险，但发展较为迟缓，覆盖率仍有限。

自上世纪80年代经济改革开放医疗，中国的医疗体制也随之发生一系列的变革，出现了市场化和商业化的模式，以改变原有医疗体制单一、低效的状

---

① 《1983年中国卫生年鉴》，39页，北京，人民卫生出版社，1983。

② 参见方小平：《赤脚医生与农村医疗合作化制度》，载《二十一世纪双月刊》，2003，10（79），87-97页。

况。中国医疗体制的市场化主要体现在两个方面：（1）民营或私立医院的出现；（2）民营或私人资本进入公立医院。一般百姓最关心的还是价格问题，因为医改的直接结果是费用的飞速上涨，而很多人会自然地把费用的上涨看作市场化的结果：医疗资源有限，供求不平衡导致价格的提升。因此很多人认为，医疗是政府的责任，政府应该在医疗保障和服务上下功夫，实行全民医疗保障制度（national healthcare 或 universal healthcare）。近几年来，这样的声音在中国百姓中尤为突出。

在欧洲很多发达的国家、北美的加拿大、亚洲的新加坡及台湾、香港等地区都有不同程度的全民医保制度，美国奥巴马总统执政以来，也一直推行全民医保。更有不少学者从人权的角度论证全民医保的道德意涵。例如，美国著名的医学伦理学家丹尼尔斯（Norman Daniels）在他的《正义的医疗保障》（*Just Health Care*）一书中明确提出“医疗保障之权益”（rights of health-care）的概念。[①] 丹尼尔斯以“健康需求”（health needs）为基本框架希望建构一个医疗平等和正义的社会，认为每个人都有接受“良好的、最低限度的医疗保障”（decent minimum care）的权利，因为医疗保障是一个人维系其基本尊严的保障。[②]《世界人权宣言》（Universal Declaration of Human Rights）第 25 条把医疗列为人的基本权利之一；同样，《世界卫生组织宪章》（Constitution of World Health Organization）强调医疗体制下不分宗族、不分宗教信仰、不分经济地位的人人平等。欧洲社会福利体制的全民医保亦是基于类似的思想，认为政府理所当然应该承担医疗的责任。2005 年，联合国教科文组织属下的生命伦理学和人权委员会发表《世界生命伦理学和人权宣言》（Universal Declaration of Bioethics and Human Rights），更明确地将就医的权利和人权直接挂钩。

像丹尼尔斯这样坚持医疗保障平等和医疗资源再分配原则的学者往往会质疑医疗体制的市场化和商业化，而他们质疑的原因主要来自“平等”原则，即有钱人能买到更好的医疗是不道德的，至少是不公平的，而非认为市场化和商

① 按照丹尼尔斯的说法，这里所说的权益既是道德意义上的，亦是法律意义上的。参见 Daniels，*Just Health Care*，Cambridge：Cambridge University Press，1985。

② 这里的问题是，什么是“良好的”“最低限度的医疗保障”？这类问题在实际操作中都会产生不明确性。对于一个肾病患者来讲，到底洗肾是“最低限度”还是换肾是他的积极权利？诸如此类的问题在西方医学伦理学的争议中并没有真正解决。

业化导致医疗或医院质量的下降。[①] 事实上，在美国或香港这样的资本主义社会，私立医院的质量往往会比公立医院更好，私立医院的医生更不会因为追逐利润而降低医疗质量。[②] 就中国的具体状况来讲，政府提供一定的医疗保障是非常有必要的。但本文所要论证的是，除了政府计划的模式，市场模式也不能放弃。当下医疗中所出现的问题，包括魏则西事件，其实不是医疗市场化/私有化的问题，而是当下调整缺乏一个有效的、健康的医疗市场化/私有化的问题。另外，医疗市场化和效益化绝不意味要以牺牲道德为前提。那么，中国医改中市场化出现的问题究竟是什么？我们如何看待利和义的关系？

二、市场模式的伦理向度

谈到医疗的市场化和商业化，人们马上会有几种抱怨，如：市场化令医疗费用不断上涨；市场化让医院“见利忘义”，让“白衣天使”成为杀人的“魔鬼”；市场化导致官商勾结，而为此牺牲的是平民百姓的利益。这样的批评看似有一定的道理，但这种由 A 导致 B 的简单判断模式在将市场妖魔化的同时，忽略了体制中其他问题的所在。

让我们首先审视一下医疗费用上涨的问题。毫无疑问，过去 20 年，中国医疗费用的快速上涨是一个不争的事实。然而市场化绝非上涨的主要原因。实际上，医疗费用的上涨是一个全球性的问题，特别是在发达国家。主要因素是：(1) 由于医疗科技的发展，过去的绝症可以有机会医治，导致医疗需求的增加；(2) 人口的老龄化大大增加了需要医疗保障的人口以及更为复杂的医疗服务；(3) 疾病谱的转型提高了医疗研究的费用；(4) 与医疗保健相关的商品价格上涨幅度高于通货膨胀率，原因之一是很多医院进口不必要的高价医疗设备，这些成本最终由患者埋单。因此，看病贵是一个复杂的社会问题，不单单是市场化的原因。至于政府是否可以依靠制定政策，人为限制价格的提高（如

---

① 丹尼尔斯在他后来的著作 *Just Health: Meeting Health Needs Fairly* 中对他之前的观点有些修正，认为医疗上的分配正义也需要有一定的限制。参见 Norman Daniels，*Just Health: Meeting Health Needs Fairly*，Cambridge：Cambridge University Press，2007。

② 笔者在美国休斯敦（Houston）居住多年，距离世界首屈一指的得克萨斯医疗中心（Texas Medical Center）不到五分钟的车程。该医疗中心聚集了美国最顶级的私家医院和医疗研究中心，如 MD 安德森癌症中心、得州儿童医院、得州妇女医院等，吸引了世界各地的人来中心治病。

诊疗费、挂号费、药费）是个经济学问题。从经济运行的规律来看，政府限价一定会有副作用，就像在纽约、香港这样的城市限制房价一样。那么，政府是否可以不把医疗当作一般商品，而是看作一种公共商品或一种纯粹的社会福利？

首先我们必须承认的是，医疗不是一种普通的公共商品（public goods）和公共服务（public service），如卫星天线、公共电视台，大家共同享用，多一人、少一人没有区别。由于医疗是有限资源和有限服务，当供不应求的时候，就会产生如何分配的问题，也因此出现“分配正义”（distributive justice）的问题。目前通行的有两种方式：政府分配（公）和市场分配（私）。那么政府分配医疗资源和服务的标准是什么？看官位等级？看谁最需要？或看作人人都应享有的权利？显然，在这三个选择中，大多数人倾向第三种，即医疗是权利或者是政府应该提供的福利，这也是丹尼尔斯提出的正义的医疗保障。但这种保障体制本身是否存在着道德危险呢？就此，美国的另一位著名的医学伦理学家恩格尔哈特（H. T. Engelhardt，Jr.）持有与丹尼尔斯截然不同的观点。恩格尔哈特认为，由政府提供的、社会福利式的、单一的医疗保障具有以下几个弊病：

（1）无法界定丹尼尔斯所说的平等的、良好的、最低限度的医疗保障；

（2）高质量的全民医保不可持续；

（3）针对医师和患者来说，都无法实现自由的选择；

（4）医疗费用难以得到有效的控制；

（5）医疗保障拥有者不负责任的道德风险（免费的东西，不花白不花的心理）。[①]

恩格尔哈特的观点虽然看上去很极端，但的确令人深思。将医疗保障看成是天赋人权，听起来很动人，似乎站在了道德的制高点，但背后确实存在诸多被掩盖的问题，尤其是自由选择和治疗质量受到限制的问题。在一个相对比较小的社会（比如挪威、瑞士、新加坡、台湾地区），政府模式相对比较容易实施。但规模大、人口复杂的社会（如美国、中国），相对就会存在很大的困难。否则很难解释为什么在奥巴马医疗改革中，近半数的美国人会反对他的全民保

---

① 参见 Engelhardt，“The Family in Transition and in Authority：The Impact of Biotechnology”，Shui Chuen Lee（ed.），*The Family*，*Medical Decision-Making*，*and Biotechnology*，*Philosophy and Medicine Series*，Vol. 91，New York：Springer，pp. 27-45。

险法案。其中一个不满就是政府医保强化了官僚体制，降低了效益，提高了成本。比如不少医生抱怨政府强制的“电子病历”管制。据调查，每位医生平均每天要在计算机前花费至少 48 分钟处理电子档案，而不是利用这个时间会诊。① 当然，也会有人站出来说，美国人反对全民保险法案，这是因为美国社会过于个人主义所致。从过去两年“奥巴马医保”（Obamacare）实施的真实现状来看，一部分人（原来付不起医保的人）的确从中获益，而另一部分人却由于这个计划而受到伤害（保险被取消或价格被拉高）。② 由此观之，一个人人平等获益的医疗保障制度在现实中难以实现。就中国而言，历史事实已经证明过去的医疗大锅饭的体制无法持续，所以才出现医改的需求。然而，在改革过程中我们为什么又会对市场化的改革产生了怀疑呢？这里，我们需要关注两个问题：一是医疗改革中体制不完善的问题；二是医疗市场化中道德和法律缺失的问题。

首先的问题是，中国在医改中出现了中国式的“公不公”“私不私”的现象。换言之，公立医院得不到政府应给予的资金，造成很多公立医院不得不遵循市场的“自收自支、自负盈亏”的模式来运营。而私立医院由于政府设置的种种障碍，导致其不能依靠真正的市场模式来竞争，而是要么靠依附权贵、要么靠公立医院、要么靠坑蒙拐骗来运营。正如范瑞平指出的：“事实上，我们的医疗市场是很不健全的，根本没有形成同世界上许多其他地方（例如香港）所存在的那种公立与私立进行有序、有效竞争的两级医疗系统。我们的公立医院虽然名为‘公立’，却不采用纳税人供养的方式、或者仅仅得到极少的投入……”③ 与此同时，不少的民营/私立医院不得不与政府的行政部门合作，甚至挂靠在公立医院的名下，形成共同利益的链条，使得公立医院和私立医院两者皆为名不正、言不顺的模糊体系。④ 关于这一点笔者将在本文的第三部分进一步说明。

---

① Chris Edwards, “Hayek vs. Government Health Care,” Cato Institute. Feb. 17, 2015.

② 不得不承认，医疗体制的设计是一个复杂的政治过程。例如美国这样一个复杂的社会，政府要平衡各方面的利益：医院、保险公司、制药公司、消费者、工会等，这的确不是一件易事。同时要考虑的因素包括医疗质量的保障、可以享有服务的保障、可以接受的价格以及风险保护等。

③ 参见范瑞平，《诚之者：医学人文走进临床之道》，载《医学与哲学》，2014，35（6），48～52 页。

④ 有关这个问题的讨论，可参见《医疗改革必须打破民营资本和公立医院的“合谋”》一文见巨亨网新闻中心，2016-05-04。文章指出：“如今发生［魏则西］致人死亡的事件，终于让中国的医疗问题再次受到社会大众的审视监督。这些均折射出医疗改革部分走偏，流于形式，医改亟待提速与完善。……希望经由此次事件，国家能真正把民营资本侵蚀公立医院的问题重视起来，加快推进医改进程，不断完善相关制度，确保人民的生命健康安全不再受到这样的威胁。”

再者是伦理道德和法律监管的缺失，这也是笔者要重点讨论的问题。从道德层面讲，中国传统不乏有关医院伦理的论述，儒家提出“医者仁心”，道家谈“善为医者”，佛家提倡“同体大悲”。另外，佛教还有具体的“服务四原则”，即慷慨、善言、善行、公正。然而，这些传统的理念由于我们过去对自身文化传统的破坏已经被很多人淡忘。与此同时，面对现代化、市场化的变革，传统的道德理想也受到一定的挑战。就此，笔者认为，我们在大力提倡传统道德思想的同时，需要建立一套更为具体的“专业伦理”（professional ethics）规范。譬如，香港有一个由香港医务委员会制定的《香港注册医生专业守则》。根据2016年的修订本，《守则》明确说明香港医务委员会的角色，界定医学院国际守则以及《日内瓦宣言》。《守则》的引言开篇部分这样写道：

> 医学有别于其他专业，医护人员有拯救性命和舒缓痛楚的特殊道德责任。医学学理强调此道德理想远较个人利益重要。最早期的医学学理源自希波克拉提斯宣言（Hippocratic Oath，公元前四世纪）。虽然《医生注册条例》（第161章）授予医疗专业人士高度的专业自我规管，但有关人士必须奉行一套以崇高道德价值、保障病人权益和坚守专业诚信为目标的严格行为守则。①

一个正常的现代社会，对每位医生都有“专业伦理”的要求，无论这位医生是在公立医院还是私立医院任职。《守则》严格规定医生专业的操守及责任，以及“专业失当”的定义。医务委员会有权在考虑每宗个案的证据后，判断医生是否未达应有水平。医务委员会做判断时将考虑医生专业的成文及不成文规则。需要指出的是，《守则》是针对香港的所有医护人员，私家医生或私立医院并不会由于市场因素而不受《守则》的约束。

中国内地近几年没有少谈医生的专业精神以及医生应有的责任和道德，但在现实生活中，我们常常会看到责任的缺失；而所谓的医疗伦理委员会也往往是花架子，并未能发挥监督医院和医生的功能，或在医疗纠纷中起到调解的作用。不久前，美国科学院院士、哈佛大学公共卫生学院教授萧庆伦（William Hsiao）与布鲁曼索尔（David Blumenthal）医师在《新英格兰医学杂志》（*The New England Journal of Medicine*）上联合发表文章，题为《来自东方

---

① 参见《香港注册医生专业守则》，http://idv.sinica.edu.tw/cfw/article/The-Framework-of-the-Right-to-Health-(chines).pdf，引于2016-06-10。

的教训——中国医改的困局》。他们在肯定中国医改的同时对目前中国的医疗状况提出了严厉的批评。① 文章指出，中国的医疗制度缺乏专业精神（professionalism），而这正是中国医改中的一大难题。在美国，医生的专业精神包括专业知识和技能（specialized knowledge）、完成专业工作的能力（competence）、诚实与正直（honesty and integrity）、勇于承担责任（accountability）、自我约束力（self-discipline）以及自我形象的维系（self-image）。虽然在美国也有医生违背专业理论甚至犯法的个案，但绝大多数的医护人员都是注重专业伦理要求的。反观中国目前的状况，正是由于传统伦理道德的丧失加之现代专业精神的匮乏，促使不少医护人员在患者利益和自身经济利益发生冲突时选择了后者。

从法律的层面，社会缺乏对医护人员和患者双向的保护，因而近年来不断出现所谓的“医闹”现象。就魏则西一案来看，现存体制在医治过程中的确存在“医疗保障之权益”缺失的问题，尤其是医疗人权（rights of patients）的层面。② 欧美较重视此类问题，譬如，1973 年，美国医院协会通过了《病人/患者权利法案》（The American Hospital Association Patent's Bill of Rights）；1998 年，又有《1998 年病人/患者权利法案》（Patent's Bill of Rights Act of 1998）出炉，其中包括病人/患者的知情权，如可近性（access）、平等性（equality）、参与性（participation）等。1991 年，英国通过《病人/患者宪章》（The Patient Chart），界定病人/患者应有的权利。病人/患者权利又包括“防御权”和“受益权”，前者强调患者的自由权（包括自由就医、自由选择医保、知情同意等），后者强调患者在医疗资源可以满足的情况下应得到的医疗照顾。与“防御权”相比，“受益权”更为复杂，也难以达成社会共识。③

---

① 参见 David Blumenthal 和 William Hsiao 合作的“Lessons from the East — China's Rapidly Evolving Health Care System”一文（*New England Journal of Medicine*，372：1281-1285，2015）。有意思的是，文章亦提到中国“赤脚医生”的传统，认为这个传统仍然可以成为当今中国农村医疗改革的模式。

② 笔者这里不是就拥有“医疗保障之权益”（rights of healthcare）而言，即所谓的本应拥有的“保障的权利”（entitlement），而是就患者在治疗过程中所拥有的不被伤害之权利而言，即医疗人权（rights of patients）而言。

③ Bright Toebes，*The Right to Health as a Human Right in International Law*，Oxford，England：Intersentia/Hart，1999，pp. 289-290.

如果说西方的问题是“积极权利”的无限扩大化，即人权的“通胀”（rights inflation），中国的问题则是相反的，即人权意识的缺乏，特别是“防御权”或“消极权利”。虽然中国传统的医学理论没有明确的“权利”概念，但在当今社会环境下，上述的权利概念还是具有一定意义的，特别是随着医疗市场的出现，“权利”作为患者不受伤害的保护机制尤为重要。其实，医学伦理学“四原则”（four principles）中的不伤害原则（non-maleficence）也包含了患者的“防御权”。[①] 就医师而言，为患者提供“诊断”与“治疗”（diagnosis and treatment）是医师专业伦理的一部分，而为了利益，诱导治疗、过度治疗显然是有违专业伦理的行为。魏则西身患罕见的滑膜肉瘤晚期，医师是可以给出治疗或不治疗的方案。但是，给魏则西医治的医生没有做他们该做的事，而是想尽办法骗取患者的钱财。不要说魏则西的“受益权”在哪里，他连“防御权”都完全没有。缺乏人权的意识，这才是中国的医疗市场没有道德底线的原因所在。

特别应该指出的是，现代医疗医患关系愈来愈丧失传统的关系，而注入了服务提供商和顾客的商业关系；在这个关系模式中，双方应有的权利和义务都是非常重要的。就医院和医师的责任而言，他们决不能因为眼前利益而无视病人/患者的在医治过程中的权利，这也是职业伦理中所说的医生的“自我约束力”。魏则西的悲剧恰恰说明中国的医疗体制在市场化的过程中，既缺乏医生的职业精神，也缺乏保障患者权利的机制。目前医疗体制中由西方引进的“知情同意”（informed consent），与其说是保护病人/患者的权利合同书，不如说已成为保护医院以及医护人员免责的工具。现代的［西式］医院除了医学技术的变化，人与人的关系也不再是传统的熟人社会的关系，医患关系亦如此。尽管我们需要提倡“医者仁术”“医者仁心”的传统理念和美德，但我们不得不面对现代都市陌路人关系的变化。反观当今的医疗现状，很多医生一天看几十个病人，要求医师把病人个个当“亲人”对待是不切实际的期盼，但是要求医生履行医护人员的专业道德并不过分。在此基础上，我们也希望医护人员多点

① 与“受益权”相应的原则是，“行善原则”（beneficence）。行善原则与不伤害原则是一体之两面，两者有积极与消极上的差别。“行善原则”强调主动但不必然能严格遵守的行为；当行为无法达到预期时也很少以法律的形式来处罚。“不伤害原则”则指向需要禁止的行为，必须全面遵守，必要时可以用法律手段来制止某些行为的发生。

个人的修身养性，在面对患者时，能够有“推己及人”的精神与“同体大悲”的境界。

回到魏则西的案例，这是一个“中国式求医法”的典型案例。首先，患者对医疗信息缺乏来源。这个案子的责任方之一，是中国的搜索引擎百度，一家由于自身的利益为网络使用者提供了虚假的信息的公司。网民都在感叹，如果有谷歌（Google），魏则西和家人就会得到正确的医疗信息。笔者需要提醒大家的是，在谷歌引擎上寻找信息的确会更可靠，但前提是要用英文去寻找，而不是中文，因为使用中文很有可能也会像百度那样看到错误的、虚假的信息。谷歌可以尽量保障英文信息的正确性，但无法保障中文的。从另一方面来看，网络上的虚假信息说明使用中文的骗子很多，而百度的监管又严重缺失，相关部门的监管也严重缺失。魏则西的悲剧在于在错误的信息下，又遇到缺乏专业伦理的从业人员。由此观之，魏则西的案例反映的不仅仅是中国医疗体制的乱象（虚假宣传、过度医疗），也反映了中国整个社会的乱象。①

由此可见，中国医改的市场化过程中，没有传统医学伦理的支持，没有现代专业规范的支持，也没有医生独立的行会的协助。② 与此同时，政府给医院和医疗人员的资助愈来愈少，特别是医生的基本收入过低，造成医院（包括公立医院）和医护人员不得不想尽办法挣钱（以药养医、过度医疗等），即所谓的“创收入、求生存”。其结果，一方面是医疗资源的浪费，另一方面是一部分人得不到应有的医疗保障。同时，医患矛盾逐年激化，甚至出现医闹、患者或家属伤害医师的现象。中国医患的关系，到了今天这样相互猜疑、相互仇视的地步，一方面与医疗体制本身有关，另一方面与中国在整个现代化的转型中（包括市场的转型）所存在的道德和法律的缺失相关。

笔者在此需要声明的是，本文提倡市场化医疗体制不是要完全否定政府的作用，尤其是医疗这个较为特殊的产品。曾获诺贝尔经济学奖的著名自由主义的经济大师哈耶克（Friedrich A. von Hayek）在其代表作《通往奴役之路》

---

① 诱导治疗、过度治疗是当今医疗制度中的普遍现象，并非民营/私立医院的专利。其实，中国的医疗体制一直是政府的公立医院占主导地位。因此，将现在出现的医疗领域的种种问题归结于市场化的民营医院和私人资本显然是一种舆论误导。

② 针对这个问题，也有学者呼吁传统价值的回归（如儒家的美德）以建立医护人员的操守，参见范瑞平：《诚之者：医学人文走进临床之道》，48～52页。

（*The Road to Serfdom*）中大谈为何个体需要警惕成为国家权力的奴隶，因而成为上世纪反对国家主义和计划经济的宣言书。然而正是在同一本书中，哈耶克却认为在医疗保障上政府应该插手干预，为每位公民提供全民医保（universal healthcare）。① 或许，在哈耶克看来，健康保障是他所强调的自由之状态（a state of liberty or freedom）的基础。② 当然，哈耶克还是坚持市场为主的必要性，因为政府能做到的至多是基本的保障。本文谈到美国和香港这两个代表自由经济制度的社会，虽然两个社会的政治制度有所不同，但都没有排除医疗体制的市场化和商业化的运作，也没有因此出现市场失控的状态，或是由于市场导致医疗人员道德沦丧的困境。因此，目前中国医改所面临的问题，不是市场化的问题，而是缺乏与市场相互作用的其他应有的应对机制的问题，包括职业精神的确立与维护，法律的保障，政府相关部门和大众媒体的有力监督等。

三、医改走出困境的可能性

2006 年，九三学社中央委员、山西医科大学教授吴博威提出，一些经营规范、技术力量雄厚、特色鲜明的民营医院发展较好，在医疗改革中发挥着应有的辅助作用。他指出，民营医院是对国家卫生资源的补充，而且民营医院对公立医院深化卫生体制改革起到了促进作用："从总体上看，我国现有的民营医院具有经营机制灵活、融资管道多元化、市场开拓意识和服务意识强等优势，满足了人们日趋多样化、多层次的就医需求，已成为我国医疗卫生事业的重要组成部分。民营医院的出现和发展，有效地优化了医疗资源分配，较好地满足了群众的医疗需求。通过竞争，促进了公立医院的改革与管理，使整个医疗市场无论从技术、服务还是价格，更贴近老百姓的实际需要和经济承受能力。从而为整个社会迈向小康创造了条件，是件利国利民的好事。"③ 这里，

---

① F. A. Hayek，*The Road to Serfdom*，edited by Bruce Caldwell，Chicago：University of Chicago Press，2007，p. 148.

② 实际上，哈耶克在此涉及"自由"（freedom）与"安全"（security）之间的某种悖论。由于本文篇幅限制，这里不展开讨论。

③ 吴博威：《在医疗改革中充分发挥民营医院的辅助作用》，九三学社中央办公厅，2006-09-22。亦可参见 http://www.93.gov.cn/html/93gov/lxzn/czyz/sqmy/5669248988855439318.html，引于 2016-06-10。

吴教授有关市场化医疗保障体制优势的论述可以总结为三点：(1) 满足人们多层次的就医需求；(2) 引进竞争机制，提高医疗技术和服务质量；(3) 降低成本和医疗价格。在对民营医院发展的建议议题上，文章提出对民营医院开展三A制的活动，即服务水平A、价格信誉A以及就医环境A。整整十年过去了，今天中国的医疗市场似乎远离那些看好市场的学者的预期。而去市场还是继续市场化的话题由于魏则西之死又成为舆论的一个热点。笔者认为，中国目前的医改如果停止市场化肯定是行不通的，我们不能因为魏则西的悲剧而否定民营医院和私人资本的存在价值。那么，我们可以从西方的医疗市场化和商业化的模式中吸取哪些经验?

首先，医疗改革的市场化必须打破私人资本和公立医院的暗箱操作，医院应该公私分明。由魏则西事件所带出的民营/私人资本和公立医院的利益"联姻"，反映出中国医疗体制本身的问题。正如萧庆伦所指出的那样，中国医改的最大痛点是：现行公立医院的本质，是戴着脚镣的营利性医院。也就是说，医院看起来是公立的，但本质是赚钱的，表面上又受到限制（如诊疗费、挂号费）。[①] 由于公立医院是中国目前医疗体制的重心，政府应该投入应有的资金和资源，彻底清除以药养医的现象。虽然公立医院以公益为主，但也不能忽视有效性的考虑（cost-effectiveness considerations）。社会应赋予医护人员应有的社会地位，大大提高他们的工资待遇，让他们把精力集中在医疗上而不是如何为医院牟利上。同时，政府应该给医生更多的自由，允许他们在公私体制中自由选择。

其次，中国需要开发真正的医疗市场，用市场调节政府设计的不足。也就是说，双轨制（two-tier system）是中国医改的道路。在一个健康的市场经济环境里，私立医院和私家医生的存在，既可以加强竞争，在一定程度上也可以使医疗服务与市场的供求关系有效地相互匹配。但市场化最重要的是各个经营主体之间的公平竞争，也就是政府在过去几十年中挂在嘴边的要"一碗水端平"的口号。但我们看到的是，在实际操作中非政府组织或私人办医都会碰到

① William Hsiao, Mingqiang Li, Shufang Zhang, "Universal Health Coverage: The Case of China," United Nations Research Institute for Social Development, 2014, pp. 1-29.

一扇隐形的玻璃门，私立医院的经营者，面临着来自政府的种种的困扰和干预。[1] 与公立医院相比，民营/私立医院在医疗保险定点、人才引进、职称评定、政策信息、大型设备购置、建设用地审批、资金借贷等诸方面都遇到歧视。其实，这个问题不只是医疗市场中存在的问题，而且是中国改革开放这个大市场一直存在的问题，也是官商勾结、最终导致腐败的根本原因。把莆田系看作民营化、市场化的典范是对健康市场和私营企业的羞辱。莆田系之所以可以做大，垄断中国的医疗体系，正说明医改中存在不规范甚至腐败的状态。如同其他行业不少的所谓民营企业一样，莆田系的猖狂是官商勾结的结果，而这一结合造成多年来莆田系的医院无人监管，或有人在背后撑腰的局面。在一个法治有效的社会，像莆田系这样的医院不知会吃多少官司，应该早就停业了。然而，在当今的中国，患者很难通过正常的法律程序起诉医院或医生，因此才会产生具有中国特色的“医闹”现象。如果一个社会只看市场、效益、利益，不讲专业道德，不讲契约精神，那么，这个市场一定是畸形的，是不可持续的。资本的血液天生不是神圣的，但也不是天生就邪恶的。所以经济学家常常说，市场只是手段；市场就像医师手中的手术刀，既可以用来救人，也可以用来杀人。根据顾昕在《医治中国病：医疗体制改革的两条路线之争》中所提供的调查报告，中国医疗的问题不在于医疗机构是私立还是公立，而是医疗服务社会公益化是否有充分制度安排的问题。作者进一步指出，国际卫生政策有关研究显示，“医疗服务团购者的所有制形式与其绩效表现（尤其是费用高低）之间没有明确的关系。民营机构的发展与社会公益性的推进也不一定必然呈负相关”[2]。

---

① 《医疗改革必须打破民营资本和公立医院的“合谋”》一文指出中国市场中出现的种种不规范现象：“在土地上，公立医院享有土地划拨权，民营医院却难以享有相关便利。如按市场价有偿出让购地，两者价差十多倍甚至几十倍。如果同样是买地建医院，那么，民营医院跟公立医院完全不是在同一起跑在线竞争。在税收上，营利性民营医院在3年免税期后，要参照企业管理，缴纳各种税费；非营利性民营医院，股东不能分红，利润全部投入再生产，投资者缺乏积极性。公立医院却是天然非营利机构，长期享受免税优惠。在医保上，民营医院也面临障碍。过去，民营医院并未纳入医保，目前虽然逐步纳入，但常常无法享受和公立医院同等的报销额度……林林总总的障碍，让民营医院‘就像是背着几十斤的包袱与公立医院赛跑’，别说在竞争中胜出，维持生存已属不易。在这种情况下，一些医院投资者靠百度推广、虚假广告等手段招揽顾客赚快钱，不足为奇。”见 http://bbs.tianya.cn/post-develop-2139481-1.shtml，2016-06-10。

② 顾昕：《医治中国病：医疗体制改革的两条路线之争》，载《二十一世纪双月刊》2007，12（107）。

毫无疑问，以莆田系为代表的民营/私立医院确实存在诸多的问题，但市场化的方向并没有错。如果说这类的民营医院不靠谱，这不是因为医改市场化的问题，而是因为市场化改革不充分的问题。当然，有市场就需要相应的法律和监管。不少学者指出，中国不仅是对民营/私立医院的准入、经营、退出各阶段缺乏相应的监管机制，而且在制度和政策制定及执行上也存在着各种限制。具体来说，一是民营/私立医院监管的政策和法律法规不完善，甚至不明确；二是各个相关部门在监管上缺乏配合，譬如，如何界定各大医院医学伦理委员会的监督作用；三是医疗违法犯罪的成本过低。目前实行的《医疗机构管理条例实施细则》对医疗机构的罚款额度仅为 1 万元以下。[①] 这里听起来好像不只是在谈论医疗市场，中国的股票市场不也是一样的吗？如此看来，医疗市场的乱象也正是中国各种市场乱象的缩影。

像美国和香港这样较为规范的市场，私人办医可以得到应有的保护，私人经营者当然无须使用各种不正当的手段去牟利，患者也无须担心会成为医院赚钱机器上的牺牲品。一旦医院或医师被判定为有违法之举，相应的惩罚会相当严厉。从效益和公益的角度去看，利和义并非一定是对立的关系。譬如，儒家传统一直强调二者的平衡，坚持“君子爱财，取之有道”的主张。[②] 尽管著名的德国社会学家韦伯（Max Weber）在其《中国的宗教：儒教与道教》（*The Religion of China*：*Confucianism and Taoism*）一书中，得出了儒家不利于近代资本主义的论断，他还是不否认儒家有实用主义的一面以及对财富的肯定；他甚至认为，在中国这块土地上可以清楚地看到“营利欲”和“对于财富高度的乃至全面性的推崇”[③]。从道家的角度看，医疗体制改革就是从“有为”经济到“无为”经济的过度；与大政府的控制相反，道家更强调非强制的“自然之秩序”，即老子所说的“辅万物之自然而不敢为”（《老子》六十四章）[④]。

---

① 见 http://www.moh.gov.cn/mohzcfgs/pgz/200804/18303.shtml，2016-10-06。

② 儒家从来没有把以正当手段追求财富看作是邪恶之举。孔子说：“富与贵，是人之所欲也，不以其道得之，不处也。”（《论语·里仁》）孟子认为，应该让百姓“仰足以事父母，俯足以畜妻子，乐岁终身饱，凶年免于死亡”（《孟子·梁惠王上》）。

③ 韦伯：《中国的宗教：儒教与道教》，简惠美译，309～310 页，台北，远流出版社，1989。

④ 参见牟钟鉴：《老子的道论及现代意义》，59～71 页，见《道家文化研究》第六辑，上海，上海古籍出版社，1995。有关儒家对市场的看法，亦可参考 Ruiping Fan，*Reconstructionist Confucianism*：*Rethinking Morality after the West*，New York：Springer，pp. 123-133。

由此而言，公立医院以服务社会的健康为主导，但并不意味着在经营管理上不讲效益；私立医院更要考虑效益的因素，但并不意味着不讲治病救人的责任。显然，两条腿走路是最佳的方案，公私体系发挥各自的长处，弥补对方的局限。特别是谈及公立医院的公益性问题时，我们必须指出，公益性的实现一定是在保证医疗服务质量和效率的前提下，否则所谓的公平性和适宜性就会大打折扣。中国的医改要走出困境，市场化是不可忽略的问题。一个健康的医疗保障市场会辅助政府做很多事情。再以香港为例，香港现行的医疗模式架构由三个主要环节组成：健康管理、小区医疗和专科医疗。健康管理包括健康档案管理、健康教育、健康体检、健康评估、健康生活方式指导和咨询、健康状况跟踪随访；小区医疗包括常见病治疗、预防性医疗、慢性病治疗和康复、家庭医生；专科医疗包括孕妇生产、急性病、危重病、各专科疑难病、需大型手术治疗的疾病、重症康复等。① 在上述的医疗模式中，市场与私人医疗机构都起到了正面的作用。总之，中国医改的方向应该是双轨制：让公立为公立，私立为私立，两者互补不足，共同为社会提供良好的医疗服务。

---

① 参见香港长青树健康管理有限公司《关于香港医疗改革的总思路》，见 http://www.fhb.gov.hk/beStrong/files/organizations/O138.pdf，2016-06-10。

从儒家角度看公平与医疗成本效益的矛盾

陈浩文*

本文首先指出儒家伦理学有个人和公共道德两个层面，在公共层面其指导思想是一种受限制的效益主义（constrained utilitarianism），时至今日这种思想还深远地影响华人社会的公共政策制定。儒家的受限制的效益主义虽然有考虑公平，但是华人对其重视程度似乎较西方人弱。本文引用的社会调查为这个观点提供实证论据，并显示在医疗资源分配问题上处理公平与成本效益之间的矛盾，华人社会深受这个传统影响。

一、儒家思想与效益主义

两千多年来，中国社会的道德风气一直深受儒家思想影响。儒家哲学是一套复杂而深奥的思想体系。很多比较哲学家（comparative philosophers）试图将儒家思想归纳在西方哲学的分类之中，例如有人视之为德性理论，也有人理解它是一种效益主义。[①] 然而，这种分类却有过度简化之嫌。笔者认为儒家思想应该是一套具有不同层次道德考虑、较为多元的理论。儒家将道德分为私人（个人）和公共（政治）两类[②]，近似马克斯·韦伯（将政治作为一种志业）的分类[③]。

在韦伯眼中，政治道德很大程度上应是一种重视政治行为的结果的责任伦

* 陈浩文，香港城市大学公共政策学系副教授。

① Hansen，C.（1992），*A Daoist of Chinese Thought*：*A Philosophical Interpretation*，New York：Oxford University Press；Im，M.（1997），*Emotion and Ethical Theory in Mencius*，Ann Arbor：The University of Michigan Press；Munro，D. J.（2005），*A Chinese Ethics for the New Century*，Hong Kong：The Chinese University Press；Munro，D. J.（2008），*Ethics in Action*：*Workable Guidelines for Private and Public Choice*，Hong Kong：The Chinese University Press.

② Munro (2005)，(2008).

③ Weber，M.（1946），*From Max Weber*：*Essays in Sociology*，In H. H. Gerth and C. Wright Millsw，Eds.，trans. London：Routledge and Kegan Paul.

理（ethics of responsibility），而心志伦理（ethics of conviction）则应仅适用于个人生活。韦伯认为遵从责任伦理的公职人员有时可能为了争取一个理想的结果，而不按照其心志或所相信的道德原则行事。他更认为，如果公共决策全由心志伦理主宰，可能会导致盲信（fanaticism），后果不堪设想。

至于个人道德方面，儒家则重视道德教育所塑造的人格，以及仁、孝、忠和勇等各种德性的培养。道德教育的最终目标是成为一个道德上完美的人（即“君子”）。[①] 当然，这不表示效益考虑并不适用于个人道德的层面，尤其是风险非常高的情况下。《论语》中记载孔子曾说为人应当尽量避免“必”及“固”。[②] “孝”虽是儒家思想中重要的德性，但孔子也说：如果父亲对你的惩罚是不公平的，而你是一个孝子，你还是应该接受，只要父亲责打你的时候是用一根小棒。不过，如果他用的是一根大棒，你便应该逃跑。[③]

在讨论公共道德时，效益考虑更形重要。在古代中国，成为圣人的理想在道德上是比成为君子更为崇高的。[④] 然而，孔子认为如果统治者能够惠及百姓，就可算是圣人了。此说法可见于他与学生子贡的对话，如下：

> 子贡曰：“如有博施于民而能济众，何如？可谓仁乎？”
> 子曰：“何事于仁，必也圣乎！尧舜其犹病诸！”[⑤]

孟子也认为，如果人们只关心自己的利益，社会将陷入混乱；而他更以社会稳定这个结果为理据，建议统治者施行仁义之政，因为即使我们认为培育个人的德性十分重要，在有一个不可以让人温饱和稳定的社会，这亦会变成空谈。[⑥]

话虽如此，这不是说儒家容许公职人员为了达致理想的社会或政治结果，而轻易违背道德原则[⑦]，也不会接受牺牲一些个人或群体，尤其是弱势社群的

---

① Li，Y.（2004），*The Unity of Rule and Virtue*，Singapore：Eastern Universities Press，pp. 55-57.

② 参见《论语》，9.4，长沙，湖南人民出版社，1999。

③ D. C. Lau，Ed.，*A Concordance to the Kongzi Jiayu*（pp. 1-91）. Hong Kong：The Commercial Press Limited，1992，15.10.

④ Li（2004）.

⑤ 《论语》，6.30，长沙，湖南人民出版社，1999。

⑥ 参见《孟子》1.1，12.4，长沙，湖南人民出版社，1999。

⑦ Chan，H. M.（2009），“Whose Responsibility? Marginalization of Personal Responsibility and Moral Character.” In L. C，Li，Ed.，*Towards Responsible Government in East Asia：Trajectories，Intentions and Meanings*，London and New York：Routledge and Kegan Paul，pp. 101-111.

基本利益，以换取最大的社会利益。儒家并非彻头彻尾的效益主义，其效益考虑同时受制于其他道德原因，例如对弱势社群的关注。孟子主张人生来便有恻隐之心，会同情受苦的他人。这种与生俱来的同情心称为“仁之端”[1]。他更认为统治者应该以“仁”为行事准则，并须特别关注及帮助受到自然灾害影响的人民、贫者及老年人，尤其是寡妇、鳏夫、无子女者和孤儿。[2] 然而，这种主张却不会引致平均主义或是典型的国家福利主义，因为孟子相信政府干预有碍社会兴旺，所以强烈反对高税收，也反对过分干预经济及人民的生计。

儒家受限制的效益主义（the confucian model of constrained utilitarianism）显然影响了中国社会的各类社会政策，也体现了植根于儒家的传统精神。根据一项在北京、台北和香港进行的调查[3]，绝大多数的受访者都接受了这种收入分配的最低限制原则：

> 最公正的收入分配方式，是要先保障每人都可以得到若干最低收入，才将整体社会收入最大化。

不论是不受限制的效益最大化原则（principle of maximization of utility），还是罗尔斯提出的差异原则（Rawls' difference principle），都是非常不受欢迎的选择。大部分受访者虽然认为最大化是一种值得追求的理想，他们也认为应该关注社会上的弱势人士，最大化原则因而应该受到制约。故此，这个调查的结果显示某种受到限制的效益主义才是中国社会普遍接受的。

二、医疗成本效益与公平的矛盾

成本效益分析（cost-effectiveness analysis，CEA）是医疗经济学主要的分析方法，也是医疗决策者和管理者在做分配资源决定医疗时常用的工具。这个分析方法是以效益主义为基础，按这个方法，资源分配最佳决定应能够以最

---

① 《孟子》，3.6，长沙，湖南人民出版社，1999。

② 同上书，2.5.

③ Chan，H.M.（2004），“The Ethics of Care and Political Practices in Hong Kong”，In B.H，Chua，Ed.，*Communitarian Politics in Asia*，London：Routledge and Kegan Paul；Chan，H.M.（2005），“Rawls' Theory of Justice：A Naturalistic Evaluation，” *Journal of Medicine and Philosophy*，29（5）：449-465.

少成本带来最大的成果。一个有名的例子是，有研究发现，假如将每三年一次的帕氏抹片普查改为每年一次，将导致每多发现一宗子宫颈癌个案的成本增至一百万美元以上，原因是由三年一次转为一年一次，会令成本增加两倍，但子宫颈细胞变异没有那么快，在第二和第三年找到的新个案不会太多，所以发现新个案的成本很高，不如把资源用在其他可以带来更大成果的医疗服务上。[①]虽然成本效益分析在医疗资源分配决策过程中甚为有效，但它始终有其局限，例如未能考虑众多与医疗决策有关的社会价值。

本文从伦理学角度评论成本效益分析的局限性。在理论上，这个分析的缺憾主要在于没有考虑分配的公平性，所以分析的结果未充分顾及公平的价值，这个看法与儒家思想相符。然而对公平的重视程度，会受文化影响，未必有一个客观的标准。本文引用的社会调查显示，中西社会对公平有不同程度的价值考虑，华人社会虽然都重视公平，但由于受上文所述的儒家传统影响，程度不及西方社会，因为华人社会较重视成本效益。

三、成本效益分析的基本假设与分配中立的问题

用于医疗保健决策的成本效益分析，有以下四个基本原则[②]：

P1：不论不同患者的初始条件如何，等量的效益增长具有相同价值。

P2：医疗保健服务的效益增长与受益人数成正比。

P3：医疗保健服务的效益增长与服务的受益时间成正比。

P4：最理想的结果是决策能在有限预算下增加最多的总效益（最大化原则）。

成本效益分析的主要缺点是以分配中立作为其基本原则，并假设每个患者的健康受益总和将抵消其他社会价值的考虑，完全没有顾及实际效益究竟如何分配及给予社会上的不同人士。由于成本效益分析在分配原则上保持中立，所以依此分配医疗资源，即使符合上述的基本原则，也可能对某部分人不公平。

---

① Eddy，D. M.（1990），“Screening for cervical cancer，” *Annals of Internal Medicine*，113：214-226.

② Nord，E.（1999），*Cost-Value Analysis in Health Care：Making Sense out of QALY*，Cambridge：Cambridge University Press；Ubel，P. A.（2000），*Pricing Life：Why It's Time for Health Care Rationing*，Cambridge，MA：MIT Press.

换言之，如果我们要求公平地分配医疗资源，将可能违反这些基本原则。[①] 我们将于下文逐一讨论相关的伦理问题。

四、对慢性病患者或残疾人士的歧视

假设病人 A 本身已患有一种慢性疾病或是一名残疾人士，而病人 B 则没有任何慢性疾病亦非残障。现在病人 A 及 B 均患上一种致命疾病，现有两种成本相同的治疗方案：

方案 1：拯救病人 A 的生命，但病人之前已有先天残疾，如失明。

方案 2：拯救病人 B 的生命，并可以令他完全康复。

假如采取方案 1，拯救病人 A 的生命而带来的效益增长比方案 2 较少，根据成本效益分析，我们应该采取方案 2，因为在其他条件相同的情况下，它会增加较多的效益。不过，有研究显示，当人们要决定采用哪个方案时，最普遍的响应是这两名病人同样值得接受治疗。[②] 假如病人 B 优先获得治疗，很多人会认为这个决定属于歧视。然而，这种要求平等机会的观点似乎与最大化原则（P4）互相矛盾，因为根据最大化原则，我们应优先考虑可以带来更多效益增长的方案 2。

五、严重疾病的伦理问题

不少人似乎特别关注患有严重疾病的病人。假设同样成本的治疗能给病人 X 和病人 Y 带来相同效益，而病人 X 的初始病况更为严重，在其他条件相同的情况下，许多人认为应优先治疗病人 X，病人的初始状况似乎会影响医疗决策，这与原则 P1 不符。很多人更认为即使治疗病人 X 带来的效益较治疗病人 Y 少，亦至少应给予病人 X 相等的优先权去接受治疗。挪威医疗经济学家 Erik Nord 亦有调查发现，假如死亡与完全健康之间可划分成七个等级[③]，受访者普遍认为，为严重病人提高两级健康状况在价值上等同于为中度病人提高三级健康状况，这个结果与 P1 和 P4 均相违背。

① Nord，E.（1999），*Cost-Value Analysis in Health Care：Making Sense out of QALY*，Cambridge：Cambridge University Press；Ubel，P. A.（2000），*Pricing Life：Why It's Time for Health Care Rationing*，Cambridge，MA：MIT Press.

② Nord（1999）.

③ Ibid.

在另一项相关研究中，Peter Ubel 要求受访者想象他们有相等机会患上疾病 A 或疾病 B[①]：

疾病 A：严重病况，治疗后可获稍微改善。

疾病 B：中度病况，治疗后可获显著改善。

假设两种疾病的治疗成本相同，受访者要决定把较多资源用于治疗其中一种疾病，或是把资源平均投放，结果显示多数人会选择后者。

Nord 和 Ubel 的研究显示出人们对严重疾病的特别关注。这种关注说明在决定病人接受治疗的优先次序时，人们确实会考虑某些与成本效益无关的因素。例如很多人都认为即使一些药物的疗效并不显著，但仍应该给予艾滋病患者。在医疗资源有限的前提下，我们固然需要权衡成本效益与伦理关注，然而，很多人始终选择满足严重疾病患者一定程度的需要，尽管那不能达致最大的效益。

六、给所有人一个机会

另一个伦理问题涉及人们对平等机会的看法。很多人相信在相同条件下，不论治疗的效果大小，都应给予患者同等的优先权接受治疗。[②] 假设疾病 F 和疾病 G 的初始病况相同，但治疗疾病 F 患者所带来的增益比治疗疾病 G 患者来得少。如果有人因此提出疾病 F 的患者应享有较低的治疗优先权，却似乎欠缺明确的理据，因为很多人往往认为相同病况的病人，不论治疗效果是显著抑或中等，都应该拥有同等接受治疗的权利，但按最大化原则（P4）疾病 G 的患者应该有更高的治疗优先权。

Peter Ubel 和他的同事的研究[③]更表明人们关注能否让每一个条件相同的病人都有治疗的机会。该研究中，受访者要从以下两个为低风险人士检查结肠癌的测试中选择其一：

测试 1，可以为所有低风险人士提供检查，并拯救 1 000 人的生命。

测试 2，只能为一半低风险人士提供检查，并拯救 1 100 人的生命。

研究发现，假设这两项测试的成本相同，而政府只能负担起其中一个测

① Ubel（2000）.

② Nord（1999）.

③ Ubel，P. A.，M. L. DeKay，J. Baron and D. A. Asch（1996），“Cost-effectiveness analysis in a setting of budget constraints：is it equitable?” *New England Journal of Medicine*，334：1174-1177.

试，很多受访者情愿选择测试 1。这结果显然违反最大化原则（P4），因为选择测试 2 可以多拯救 100 个人的生命。然而，许多受访者却为了提供更多检查而选择测试 1。

七、时期及年龄的重要性

根据成本效益分析的假设 P1 和 P3，医疗保健服务的效益增长是与服务的受益时间成正比的；在不影响效益增长的情况下，可以不需要考虑病人的年龄。然而，在其他条件相同的情况下，为一位病人延长二十年寿命的价值，可能比分别为两位病人延长十年寿命的价值为低。原来，在某些情况下计算未来效益增长时，也许会打折扣[①]，这反映了假设 P3 的问题所在。再者，病人的年龄似乎亦是一个重要的因素，例如很多人认同为六十岁的人延长二十年寿命的价值，是不及为一个十岁的小孩延长相同年数的寿命。比起长者，大众也许觉得为年轻人治疗是更重要的，因为愈年轻的人似乎有更大的权利享有额外的寿命。[②] 这种直觉反映了原则 P1 的问题，即其对年龄的忽视。

八、对治疗成本较高的疾病的关注

根据成本效益分析，在其他条件相同的情况下，治疗成本较高的疾病的优先次序应该较低。然而，单单因为大量的患者可以以较低的成本得到同样的效益，而歧视治疗成本较高疾病的患者，似乎有不公平之嫌。这就表明医疗成果的价值并不总是与可受益的人数成正比。例如，为有需要的单一病人进行器官移植的成本甚高，但很多人都不会接受把手术资源用于为大量的人注射感冒疫苗，即使这样做可以拯救更多生命。此例正表明 P2 和 P4（最大化原则）的问题所在。

这种对治疗成本较高的疾病的关注或许可以解释一个多年前在俄勒冈州推行的计划何以会以失败告终。当年，州政府希望扩大医疗补助计划，以涵盖所有在贫困线下生活的居民。这个扩展计划若要成功，就必须把有限的预算全用于资助较高优先级别的医疗服务。在运用成本效益分析去设定初步的优先次序

---

① Nord（1999）and Ubel（2000）.

② Nord（1999）.

时，竟然得出出人意表的结果，例如阑尾切除手术的优先次序竟低于套牙冠、治疗拇指吸吮及治疗腰痛。[①] 这个不合常理的结果之所以出现，是由于切除阑尾的手术成本高于治疗一些小病，其成本效益亦较低，因而导致治疗它的优先次序低于一些小病。

九、对治疗成功机会较小患者的伦理关注

根据成本效益分析，成功机会较小的治疗的优先次序应该较其他治疗更低。然而，很多人认为这是不公平的。在 Peter Ubel 和 George Loewenstein 进行的一项研究[②]中有一设例，涉及 100 个可移植肝脏及两组等待接受肝脏移植的患者，受访者要决定应把多少肝脏分配给各组儿童：

第 1 组：100 名存活率达 80%的儿童；

第 2 组：100 名存活率仅 70%的儿童。

上述例子是众多情景测试中的一个版本。在其他版本中，两组的幸存率分别改为 80%和 50%，80%和 20%，40%和 25%，40%和 10%。在众多版本中，分配肝脏到存活率较低的第二组都会违反最大化原则，但许多受访者却倾向于平等分配。即使部分受访者宁愿把优先权给予幸存率较高的组别，但是其中很多人仍然相信部分幸存率较低的儿童也应该享有一次肝脏移植的机会。因此，很少有受访者遵循最大化原则，将所有肝脏分配到幸存率较高的组别。这项研究正显示出最大化原则与关注治疗成功机会较小患者之间存在矛盾。

十、文化因素

虽然有充分的证据表明人们会尝试平衡成本效益及公平两种价值，但在不同文化背景下，人们愿意舍弃效益的程度也有所不同。故此，对于疾病严重程

---

① Haldorn, David C. (1991), The Oregon Priority-Setting Exercise: Quality of Life and Public Policy, In Hastings Center Report, May-June, 1991.

② Ubel, P. A. and G. Loewenstein (1996a), "Distributing scarce livers: the moral reasoning of the general public," *Social Science and Medicine*, 42: 1049-1055. See also Ubel, P. A. and G. Loewenstein (1996b), "Public perceptions of the importance of prognosis in allocating transplantable livers to children," *Medical Decision Making*, 16: 234-241.

度、持续时间及其他因素的权衡方式也因文化背景的差异而有不同的展现。

本文先后讨论了由 Peter Ubel 和他的同事们进行的三项研究①，前两项在费城进行，最后一项则在匹兹堡进行。我和我的同事分别在香港、广州、上海和北京重复这三项研究②，目的是比较在中国和美国不同城市的人怎样在成本效益及公平之间取得平衡。

第一项研究是关于资源如何分配给不同种类的患者，受访者要决定资源应如何分配给治疗疾病 A 及 B：

疾病 A：严重病况，治疗后可获稍微改善。

疾病 B：中度病况，治疗后可获显著改善。③

研究结果如下：

受访者对治疗的选择取向

	受访人数	疾病 A	疾病 B	平均分配给疾病 A、B
费城	77	12%	13%	75%
香港*	281	17%	28%	53%
广州	837	19%	53%	28%
上海	1 050	35%	46%	19%
北京	1 050	19%	57%	24%

*由于数据遗失，整体百分比不足 100%。

大部分费城的受访者选择把资源平均分配给两组疾病的患者。虽然大多数香港的受访者做出同样的选择，但相应的比例较低。较多的香港受访者会把治疗优先权给予疾病 B 的患者；在费城，把治疗优先权给予疾病 A 或 B 的受访者数目相若。在中国其他城市，即使相当多的受访者选择把资源平均分配，大

① Ubel (1999), Ubel et al. (1996); Ubel & Loewenstein (1996a, 1996b).

② 该次调查采用的研究方法为结构式面谈，在 2004—2005 年进行，访谈地点为香港、广州、北京和上海的各个目标住户家中。香港的样本名单共有两千个，由政府统计署于屋宇单位档案库中抽出，涵盖了全港 18 区的住户地址（已建设地区内的永久性屋宇单位的地址）。统计署采用了等距复样本抽样法选取样本（systematic replicated sampling with a fixed interval）。广州、北京及上海的抽样方法则使用了系统抽样、分层抽样及间隔抽样。每个地区视为一个“层”（stratum）。根据统计年鉴的人口分布，样本会分配到各个地区。在香港，于 18 个地区抽取样本，研究期间共走访了 1 072 户，成功采访其中 281 户，回应比率为 26.2%。在北京，于 8 个行政区抽取样本，走访了 3 654 户，成功采访其中 1 050 户，回应比率为 29.2%。在上海，于 10 个行政区抽取样本，走访了 4717 户，成功采访其中 1 050 户，回应比率为 23.4%。在广州，于 6 个行政区抽取样本，走访了 922 户，成功采访其中 837 户，回应比率为 90.8%。

③ Ubel (1999).

多数受访者仍然首选治疗后可获显著改善的中度病患者。在五个城市中，费城对严重疾病的关注似乎最强，而三个内地城市似乎较弱，香港则处于费城及三个内地城市之间。

至于另一研究，受访者要在两种测试中二选其一：

测试 1，可以为所有低风险人士提供检查，并拯救 1 000 人的生命。

测试 2，只能为一半低风险人士提供检查，并拯救 1 100 人的生命。[①]

研究结果如下：

受访者选择倾向

	受访人数	测试 1	测试 2	拒绝选择
费城	568	56%	42%	2%
香港	281	44%	55%	1%
广州*	800	39%	60%	0%
上海	1 050	33%	63%	5%
北京	1 050	44%	54%	2%

* 由于数据遗失，部分城市整体百分比不足 100%。

在费城，较多受访者选择测试 1，但香港和三个内地城市的多数受访者则选择测试 2。整体而言，在香港及中国其他城市，受访者对让所有人得到相同机会的关注似乎较弱。

至于有关分配 100 个可移植肝脏到两组不同存活率儿童的研究[②]，由于详细调查结果过于复杂，就此略述而不细表。大体上，匹兹堡多数人选择把肝脏移植手术的配额平分，但在香港和三个内地城市多数人选的却是将较多的肝脏分配到具有较高存活率的组别。

十一、结论

整体而言，上述的研究均表明在费城、匹兹堡、香港和中国其他城市，大众的态度表现了对公平的重视。只是，在费城和匹兹堡，成本效益和公平之间的平衡较倾向于公平，但在香港和中国其他三个城市则向效率倾斜，这亦显示华人社会的公共伦理还受儒家思想的影响。

---

① Ubel et al. (1996).

② Ubel & Lowenstein (1996a & 1996b).

中国医疗服务价格政策演变的伦理反思
——基于儒家生命伦理学基本原则

吴静娴*

一、引言

儒家文化在中国历史上所起的促进中华文明发展的作用，是不能否认也不应否定的。① 随着中国经济体制由计划经济到市场经济转轨，更需要对当前社会经济政策进行伦理价值评估。在此背景下，相比于西方伦理原则，儒家伦理原则根植于中华民族，可为当代生命伦理学提供深厚的中国文化根基，在当代中国更具有实践指导意义。儒家伦理作为理论资源通过融进中国传统医德而影响当代医学伦理②，在对传统儒家伦理进行重构的基础上，当代儒家生命伦理所提倡的仁爱原则、公义原则、诚信原则和和谐原则等基本原则根植于传统儒家伦理，又赋予其丰富的内涵。③

首先，儒家伦理是一种德性伦理，儒家伦理学以“仁”为其核心哲学观念，以“仁”统领各种美德。④ 儒家特别推崇仁爱原则，首先包括一般的不作恶和行善的要求，并认为通过推己及人，到己所不欲、勿施于人，再到立人、达人，即可建立“厚德载物”的和谐人际关系。⑤ 这同西方个人主义根本不

---

* 吴静娴，西安交通大学—香港城市大学联合培养博士研究生，研究方向：卫生管理、医改评估、生命伦理。

① 参见冯友兰：《从中华民族的形成看儒家思想的历史作用》，载《哲学研究》，1980（2），44～48页。

② 参见程新宇：《儒家伦理对当代生命伦理学发展的价值及其局限》，载《伦理学研究》，2009（3），26～31页。

③ 本文主要参考范瑞平在《当代儒家生命伦理学》一书中所重构的儒家生命伦理四条原则，即“仁爱”“公义”“诚信”和“和谐”相关阐述，并综合其他相关文献形成对这四条基本原则的内涵界定。范瑞平：《当代儒家生命伦理学》，242～251页，北京，北京大学出版社，2011。

④ 参见王海云、孙书行：《浅析儒家伦理与生命伦理的互补》，载《学园：学者的精神家园》，2009（4），15～18页。

⑤ 参见杨建祥：《儒家和谐能力思想的两个原则性思考》，载《天府新论》，2007（2），21～24页。

同①，儒家的“仁爱”，既包括博爱，也包括差等之爱。仁爱原则对不同对象的要求不同。对于个体之间人际关系，仁爱原则通过发扬“仁者爱人”“厚德载物”“民胞物与”的道德精神，同情弱者、互助友爱、帮穷济困，以实现“我为人人，人人为我”的和谐友爱的新型人际关系，这点对于解决当前中国日益突出的医患矛盾具有指导意义。对于家庭，儒家强调家庭是社会的基础，必须对自己家庭成员的健康负责。对于政府，仁爱原则主张“以民为本”“为民制产”，要求政府必须承担起照顾弱势人群的责任。但儒家并不支持政府将资源集中起来统一调配、平等分摊，因此不支持政府大包大揽的免费医疗。

其次，公义原则建立在“义”的德性基础之上，是卫生公正原则在儒家生命伦理中的体现。不同层次的公共范围，其主体承担不同的公义责任。对个体而言，公义原则推崇尊德尊贤，要求人们应在德性的调节和制约之下追求利益，那些有德有才、做正确之事的人应当受到社会的重用，并获得应有的报酬。“利”与“义”是儒家伦理的一对重要范畴，儒家既重义又讲利②，主张“君子义以为上”“见利思义”。按照公义德性分配原则，那些为病人提供稳定、高质量医疗服务的医生，理应得到较高的报酬。对家庭而言，维系家庭和睦即为义。对政府而言，实现“天下为公”的王道责任即为公义③，这要求政府既要照顾“鳏寡孤独废疾者”等弱势人群，但也不应一味追求人人平等而走上平均主义道路④。

再次，在当代中国，由于人们一味追求个人经济利益而导致道德缺失，在市场经济背景下重拾诚信原则、重塑中国人的诚信品格对于指导整个中国社会实践具有重要意义。“诚”者，其首要含义即为“实”，真实，表里如一；“信”者，则要求可信，信守诺言，言行一致。诚信原则是儒家的修身之道、为政之基及经商之本。个人应坚守道德诚信，表里如一；政府则必须履行其对公众承诺的责任⑤，依靠正确的政策理念、诚信的人文精神去取信于民，团结人民。

最后，“和”是儒家另一个中心德性。儒家思想以“修身、齐家、治国、平天下”为理想追求，其目的正在于实现社会群体的和谐有序。和谐原则不仅肯定世间万物的多样性、认同社会群体之间具有冲突的性质，更强调通过和合

---

① 参见李海燕：《儒家伦理与传统医德》，载《武汉科技大学学报》（社会科学版），2003，5（4）。

② 参见步臻：《生命伦理学视野中的儒家伦理及其当代价值》，载《中国医学伦理学》，2011，24（2），265～266页。

③ 参见田超：《公义语境下的儒家社会正义原则——与黄玉顺教授商榷》，载《学术界》，2012（11），118～125页。

④ 参见范瑞平：《当代儒家生命伦理学》，243页，北京，北京大学出版社，2011。

⑤ 参见邹东升：《政府诚信缺失与重建探究》，载《重庆大学学报》（社会科学版），2004，10（3），45～48页。

而构建和谐、共荣，将多元事物的差别及由此产生的对立、对峙、冲突化解于无形之中。[①] 这种德性理念要求在做重要决定时必须兼顾所有人利益、协商确定，不应坚持己见、坚持绝对个人主义。在医疗卫生体制改革逐步深入的今天，必须统筹兼顾政府、医疗机构、患者等多方利益，不应有所偏移。

目前已有文献大多基于上述单一伦理原则就医疗卫生领域某一微观问题或事件进行阐述分析，如医患关系[②]、医疗腐败[③]、应急突发事件（如非典）[④⑤]、高科技医疗技术（如克隆、器官移植）[⑥⑦⑧⑨⑩]、临终关怀与安乐死[⑪⑫⑬⑭]、人

---

① 参见潘亚暾：《儒学的当代价值及其生命力》，载《河南商业高等专科学校学报》，2006，19（1），102～104页。

② 参见涂玲、卢光琇：《商业贿赂与医患关系的生命伦理学思考》，载《中国医学伦理》，2006，19（4），42～44页；郑大喜：《构建和谐医患关系的生命伦理学思考》，载《中国卫生资源》，2008，11（4），156～157页；杨敏、黎志敏：《从生命伦理学的视角构建和谐医患关系》，载《医学与法学》，2009，1（2），71～73页；郑金林：《论构建和谐医患关系的伦理价值》，载《南京中医药大学学报》（社会科学版），2010，11（4），216～219页；于海燕、刘冰、刘明明、张永利：《伦理学视阈下的新型医患关系探究》，载《医学与社会》，2014（7），25～26页。

③ 参见李永生：《医疗腐败与医院管理伦理》，载《医学与哲学》，2006，27（10），12～14页；Fan，Ruiping，"Corrupt practices in Chinese medical care：the root in public policies and a call for Confucian-market approach，" *Kennedy Institute of Ethics Journal*，2007，Vol. 17，No. 2，pp. 111-131。

④ 参见刘晓文、王家鹏：《突发性公共事件中的生命伦理思考》，2014年卫生法学与生命伦理国际研讨会。

⑤ 参见孙慕义：《生命伦理与制度伦理冲突的终结——"非典"事件的伦理学审读》，载《医学与哲学》，2003，24（6），1～3页。

⑥ 参见陆树程：《克隆技术的发展与现代生命伦理——兼与姚大志先生商榷》，载《哲学研究》，2004（4），86～92页。

⑦ 参见李萌、李光玉：《由治疗性克隆引起的生命伦理问题探析》，载《医学与社会》，2005，18（9），43～45页。

⑧ 参见邱仁宗：《人类基因组的伦理和法律问题》，2008年全国科技法制高峰论坛暨中国科学技术法学会成立二十周年纪念大会。

⑨ 参见王延光：《辅助生殖技术的伦理问题与论争》，载《中国医学伦理学》，2007，20（1），15～18页。

⑩ 参见雷瑞鹏：《关于克隆技术的伦理思考》，载《华中科技大学学报》（社会科学版），2005，19（3），119～124页。

⑪ 参见马晓：《影响中国临终关怀发展的传统伦理观念解析》，载《中国医学伦理学》，2009，22（1），14～15页。

⑫ 参见何昕：《论庄子生命伦理与现代临终关怀》，载《云南社会科学》，2015，（2），52～58页。

⑬ 参见程新宇：《生命伦理之争的文化视角——以安乐死和人工流产为例》，载《医学与哲学：A》，2006，27（3），39～40页。

⑭ 参见田甲乐、罗会宇：《儒家生命伦理视阈下的安乐死》，载《医学与社会》，2012，25（8），4～6页。

工流产①等，鲜有文献从儒家生命伦理基本原则出发，评判某一中观、宏观医疗卫生政策。本文主要目的即在于：基于当代儒家生命伦理仁爱、公义、诚信、和谐四条基本原则，以中国医疗服务价格政策为评判对象，将新中国成立以来中国医疗服务价格政策②分为四个阶段，从政府、医疗机构和居民等多视角，评判、反思各阶段医疗服务价格政策特点，探究合乎儒家生命伦理基本原则的医疗服务价格政策改革之道。

二、基于儒家生命伦理基本原则评判中国医疗服务价格政策演变

（一）第一阶段：新中国成立初期至 1977 年

1. 医疗服务价格政策特点：医疗服务计划管理、政府统一低价收费

第一阶段为新中国成立后至改革开放期间，中国处在计划经济体制下，国民经济发展缓慢，人民群众收入较低，三大产业尤以农业为主。这一时期，就新中国卫生事业的性质虽然也曾有过争论，但一直被认为是社会主义福利事业，没有根本分歧。③ 卫生事业作为福利性事业，政府对医疗机构实行免税政策，并逐渐增加政府对医疗机构的经费补助。随着 20 世纪 50 年代初公费医疗和劳保医疗制度的建立④，政府一直强调卫生事业的公益性，对公立医疗机构医疗服务价格一直采取计划管理、低价政策，各类医疗服务价格（包括药品）

---

① 参见邱仁宗：《生命伦理学——女性主义视角》，北京，中国社会科学出版社，2006。

② 根据中华人民共和国财政部、税务局《关于医疗卫生机构有关税收政策的通知》（财税字［2000］第 42 号）相关内容，医疗服务是指医疗服务机构对患者进行检查、诊断、治疗、康复和提供预防保健、接生、计划生育方面的服务，以及与这些服务有关的提供药品、医用材料器具、救护车、病房住宿和伙食的业务。本文的医疗服务价格政策是狭义的医疗服务项目收费政策，这些项目包括挂号、床位、诊察、检查、治疗、手术、化验、护理和其他项目。本文不讨论药品价格（收费）政策。

③ 参见北春：《卫生事业性质说》，载《中国卫生经济》，1991（1），4～9 页。

④ 根据 1952、1953 年中国政务院颁布实施的《关于实行公费医疗预防的指示》和《劳动保险条例》相关规定，在公务人员和伤残军人方面实行公费医疗，费用由各级政府财政预算拨款；对全民所有制正式职工及其供养的直系亲属实行劳保医疗，经费主要来源于企业的福利基金。但在农村，则基本上是自费医疗。由此导致了当时普遍存在的问题，不同地区、不同所有制、不同行业和不同单位之间，职工享受的医疗待遇差异很大；一些生产经营困难的企业、单位，职工医疗费长期得不到报销，医疗费拖欠现象严重。而对于占人口绝大多数的农民的医疗卫生工作，除了为消灭天花、伤寒等急、烈性传染病而实行全民性计划免疫免费制度之外，基本上采取依靠群众路线，依靠群众办医，实行农民自费看病的办法。

基本上均为政府统一定价，且定价不计成本，以适应群众的承受能力、保障普通民众都能得到医疗卫生服务。[①]

由于政府不计成本、三次大幅降低医疗服务收费标准，医疗服务收费价格低于不含工资与折旧费的物耗标准，随着业务量的加大，医疗机构势必面临收不抵支的困境。为了维持医疗机构经济平稳有序运行，一方面，政府对医疗机构实行差额预算补助办法，即结余上缴、亏损由上级政府补助，并进一步加大对医疗机构的财政投入；另一方面，政府规定药品按照批发价格乘以一定加成率而定的零售价格出售，所得利润用以弥补医疗服务收费偏低造成的损失。

2. 伦理学思考：片面“仁政”之下的绝对平均主义难以持续

这一时期，卫生事业作为社会主义福利事业，由政府主导，基于预防为主的方针及低成本的医疗服务价格，使得中国在经济发展水平不高的条件下保证人人享有基本的医疗保健服务[②]，被世界卫生组织和世界银行誉为“以最少投入获得了最大健康收益”的“中国模式”[③]。在建国初期有限的财力限制下，当时的政策是以高度的平均来维持最大范围最低程度的福利。

首先，这一以“医疗服务计划管理、政府统一低价收费”为主要特点的医疗服务价格政策，体现了儒家的主要德性——“仁”——所引导建立的“仁爱”原则，即政府“以民为本”的儒家核心价值理念。[④] 仁爱、有德的政府应

---

① 从1949年新中国成立到1952年，经济尚处恢复时期，财政困难，虽然政府对医疗机构补助较少，但医疗机构享受与社会福利机构相同的税收优惠——免收税利，医疗服务按照保本原则收费。“一五”时期政府仍对医疗机构实行免税政策，并逐渐增加对医疗机构的经费补助。1956年7月卫生部决定降低医疗收费标准，使医疗服务价格相较以前大幅降低，一些医疗服务价格甚至低于成本。同时，政府对医疗机构实行差额预算补助的预算办法，即结余上缴、亏损由上级政府补助。1957年政府进一步加大对医疗机构的财政投入，并规定医疗服务收费价格低于不含工资与折旧费的物耗成本，药品则按药品批发价格乘一定加成率确定的零售价格执行，所得利润弥补医疗服务收费偏低造成的损失。1958年卫生部指出“为了减轻人民群众的经济负担，医院、卫生院等医疗机构的部分费用可由国家在财政上给以一定的补助”。同时提出，今后随着生产的发展将有可能逐步实现全民免费医疗或低价医疗，并于1958年、1960年和1972年，全国三次大幅度降低医疗服务收费标准，使医疗服务计划价格远远低于不含工资的实际成本，药品价格与零售价格也相应地降低。参见王冬：《现代医院管理理论与方法》，上海，上海科学技术文献出版社，1992。

② 参见王绍光：《中国公共卫生的危机与转机》，载《经济管理文摘》，2003（19），38～42页。

③ 世界银行：《1993年世界发展报告：投资于健康》，210～211页，北京，中国财政经济出版社1993。

④ 参见范瑞平：《当代儒家生命伦理学》，244页，北京，北京大学出版社，2011。

该既有普遍之爱，同时也拥有差等之爱。普遍之爱要求政府要保证普通民众都能得到医疗卫生服务。解放初期，由于医疗卫生条件恶劣、传染病肆虐，中国人民的健康指标属于世界上最低水平的国别组，政府为了强调卫生事业的公益性，严格控制医疗服务价格和药品价格，为全体国民广播“仁爱”；同时，为受传染病等困扰的弱势人群提供适度的医疗关照，体现差等原则。随着中国政府财政投入的加大，极大程度上保证了居民可以享受价格低廉的医疗服务，医疗卫生事业取得了长足发展。

但是，必须要意识到，在人民群众生命健康堪忧的建国初期，政府有责任承担短期的低价医疗卫生服务。然而，由于当时的公立医疗机构不以营利为目的，而以实现公益性为目标，在政府计划管理、低价政策之下，医疗服务收费高低同医疗机构成本完全无关，同医疗机构本身发展、医务人员收入及福利等完全无关，依靠国家财政补贴包干，但由于多次大幅降低医疗服务价格造成的医疗机构亏损全部由政府兜底，国家财政负担越发沉重，对医疗机构补偿逐渐由足额补助转为补助不足。随着国家财政投入越来越力不从心、医疗服务业务量逐渐加大，医疗机构收支差额难以足额补助，严重影响了医疗机构及医疗卫生事业的可持续发展。因此，由政府完全负担全体居民医疗服务费用的“全民免费医疗”不可能实现。儒家生命伦理中的“公义”原则要求政府有所为有所不为，不可能支持政府追求人人平等而走上平均主义道路——一味地采用低价收费政策来追求所谓的全民福利。

此外，这种低价收费政策不论从政府财政角度还是医疗机构经济运行角度，均是不可持续的。一方面，由于未能兼顾政府、医疗机构、人民群众各方利益，政府完全主导、一意孤行，违背了“和谐”原则；另一方面，如若继续推行这一低价政策，政府所需担当的财政风险极大，对民众所承诺的全民低价医疗难以履行，政府有可能陷入信任危机，也不符合“诚信”原则的要求。

（二）第二阶段：1978—1996 年

1. 医疗服务价格政策特点：调放结合、按不含工资在内的医疗成本收费

改革开放以来，随着中国经济体制和运行机制发生重大变革，引发了学术界对卫生事业性质的大讨论，人们认为卫生事业具有多重属性，出现学术上的

“百花齐放，百家争鸣”的局面。90年代初，则将卫生事业界定为“社会公益性福利事业”。所谓公益性是指“谁得益，谁负担”，而福利性是指国家拨款，邓小平南方谈话之后，有人提出“卫生事业的市场化”。卫生经济理论界未能就卫生事业的性质形成共同的认识。

然而，伴随计划经济向社会主义市场经济的逐步转轨，各类社会产品和服务价格及其管理体制也发生改变，医疗服务供应系统首先面临的则是服务成本的提高，包括卫生材料、设备和水电煤气等价格的不断提高，人员工资也在不断增加。

面对医疗服务成本的提高、业务量的加大，尽管政府对医疗机构的补偿政策进行了一定调整，但由于政府对医院人员工资补助在医院总收入中的比例逐年减少，加之医疗服务价格仍维持上个阶段所实行的政府计划管理及低价政策，医疗服务价格收费政策既难以反映医疗服务成本，也不适应医疗服务供求关系的变化，造成医疗机构亏损越来越大、补偿不足问题日益严重、医疗服务供应质量与效率下降，在此情况下出现了因卫生资源短缺而导致的“看病难，住院难，手术难”三难问题。

随着政府逐步认识到通过医疗服务低价收费以体现卫生事业福利性的片面性，为了解决医疗机构成本补偿的问题，这一阶段医疗服务行业先后进行了三次大的医疗服务价格调整，适度提高医疗服务收费标准。第一次医疗服务价格调整与国家计划为主、市场为辅的思想相适应，以1981年2月国务院下发的《批转卫生部关于解决医院赔本问题的报告》为标准，提出按经济规律办事，重视价值规律的作用。一方面，政府减少财政拨款，替代的办法是为医疗机构提供无息贷款；另一方面，医疗服务收费政策逐步由不计成本的低价收费向按不含工资在内的医疗成本收费过渡，突出调整医疗服务价格中偏低的医疗项目（如床位费）价格。在当时使医院的收入大幅度提高，大型设备开始大量引进。第二次医疗服务价格调整和改革的指导思想与国家总的价格改革思想相一致，主张调放结合，转换价格机制，由单一的标准调整为主转入价格构成和定价多元化及开始实行调放结合的新时期。随着治理整顿不断深入，1989年政府在总结医疗服务价格改革经验的基础上，提出加强对医疗服务价格的管理和清理整顿，通过制定“医疗收费管理办法”和完善“医疗成本测算办法”，强调加强医疗收费管理，提出完善医疗服务定价、管理的依据、办法和权限，并开始第三次医疗服务价格调整。

2. 伦理学思考：成本补偿不到位，公立医疗机构无奈背离"公义"

改革开放以来，计划经济的解体将医疗事业推向市场，加之物价上涨、成本上升，政府逐步摒弃了医疗服务低价收费政策，价格政策逐渐由单一价格标准向调放结合过渡。儒家生命伦理所倡导的"仁爱"是普世之爱，但并非平等之爱。[①] 换言之，必须改革上一阶段一味追求平等的低价收费政策，重新明确政府在医疗卫生领域的责任。然而，由于市场机制尚在初创时期，政府不能也不敢完全放权，这一时期医疗服务仍由政府定价。一方面，由于医疗服务价格上调未能完全体现医疗服务成本，且与物价上涨并不同步，对于补偿医疗机构亏损收效甚微；另一方面，当时医疗保险制度改革的核心是建立分担机制，使国家不再"包揽过多"，公立医疗机构财政补偿收入明显减少。这一升一降之间难以平衡，结果便是政府卫生投入逐年减少的同时，居民个人卫生支出节节攀升[②]、个人医疗卫生负担逐渐加重[③]。此次医疗服务价格改革收效甚微，有悖于"以民为本"的政策初衷。

必须承认，改革开放初期中国各项制度都在"摸着石头过河"，由于计划经济未被彻底打破、市场经济体制并未完全建成，政府各项政策改革必须以"求稳"为首要前提，医疗服务价格市场管理难以完全放手。但是，这一时期出现医疗市场行为扭曲、医疗腐败问题，恰恰是由于市场机制不完善造成的。公立医疗机构为中国绝大多数居民提供医疗服务，其收入来源主要包括财政补偿、药品加成收入及医疗服务收入，三方应合理分摊补偿比例，才能确保医疗卫生事业的持续、和谐、有序发展，这才符合儒家生命伦理之责任共担、"和

---

① Fan，Ruiping，"Nonegalitarian Social Responsibility for Health：A Confucian Perspective on Article 14 of the UNESCO Declaration on Bioethics and Human Rights，" *Kennedy Institute of Ethics Journal*，2016，No. 26.

② 改革开放初期，政府卫生支出占卫生总费用比重为 32.2%，到 1996 年，该比重下降到 17%，政府卫生支出比重以平均每年 1 个百分点的速度下降。而居民个人卫生支出的比重则在节节攀升。1978 年，居民个人卫生支出占卫生总费用的比重不过 20.4%，1996 年该比重已升至 50.6%。参见中华人民共和国国家卫生和计划生育委员会：《2014 中国卫生和计划生育统计年鉴》，北京，中国协和医科大学出版社，2014。

③ 1993 年国家第一次卫生服务调查数据显示，从未住院原因来看，由于经济原因导致应住院未住院的比例，城市居民由 1985 年的 17.3%增至 1993 年的 39.8%，农村居民则由 57.3%增至 58.8%，城乡居民年住院率下降，居民医疗卫生服务需求难以得到满足。参见中华人民共和国国家卫生和计划生育委员会：《2010 中国卫生和计划生育统计年鉴》，北京，中国协和医科大学出版社，2010。

谐”原则。但事实并非如此：其一，由于国家财政负担沉重，对公立医疗机构补偿不足，人员工资收入也未能足额补偿；其二，医疗服务实行根据不含工资的成本定价，但并不能真实反映成本及控制资源的有效利用，医疗服务价格依旧偏低，尤其是诊疗费、护理费等体现劳务人员价值的服务项目收费较低。在医疗服务成本补偿仍未到位的情况下，公立医疗机构为了维持自身运行，不得不顶着事业单位帽子自负盈亏——提供药品服务和大型医疗设备检查来弥补亏损，沦为千方百计赚取利润的“企业”。大处方“以药养医”[①]、大型诊疗设备过度提供等现象日益严重，医疗服务低效率、低质量问题突出。医疗市场在政府计划管理之下产生了严重的医疗腐败问题，不但加重了居民的疾病经济负担，更难以形成一个有序的医疗服务市场。

从医务人员自身来讲，由于基本工资较低，不合理的医生薪酬制度及有误导性的激励机制导致医生不得不通过开大处方和高价药、多做检查来获得基本的生活费用。[②] 儒家的“公义”原则要求对利益的追求应当受到德性的调节和制约，但并非不支持市场经济和合理收入。孔子承认追求富贵是人性的基本特点，但是这种富贵应该是通过合适的道德方式获得的，应通过自身的才华和劳动换来，也就是有德者应有贵，有才者应有位，有功者应有赏。[③] 医务人员处于一种特殊的行业内，更应以高度的德行要求自己，只有通过为患者提供高质量的服务获得的报酬，才是君子“仁义”的体现。但事实上，在当时的薪酬制度之下，由于医务人员基本生活支出难以维持，诊疗、护理等医疗服务价格偏低，难以体现医务人员劳务价值，为了获得较高的工资收入以维持生活，医务人员不得不通过“以药养医”来获得合理的报酬。

最后要强调的是，这一阶段政府正处于从计划管理到市场机制过渡的政策探索期，唯有实践“诚”和“信”，才能服务于民，取信于民。推行医疗服务价格改革也是如此，建立一个诚信政府必须以诚信行政，说到做到，有法必依，有章必循，有制必守，有诺必行，为民置产。

---

① 据测算，这一时期全国公立医院收入中，药品收入占比每年递增 2%，医疗费与药费之比 1995 年达到 3∶7，同年门诊病人次均费用中药品费占 64.16%，住院病人则为 52.78%。参见中华人民共和国卫生部：《2003 中国卫生统计年鉴》，北京，中国协和医科大学出版社，2003。

② Fan，Ruiping：A Reconstructionist Confucian Approach to Chinese Health Care，China：Bioethics，Trust，and The Challenge Of The Market，2007，pp. 111-131.

③ 参见范瑞平：《当代儒家生命伦理学》，247 页，北京，北京大学出版社，2011。

（三）第三阶段：1997—2008 年

1. 医疗服务价格政策特点："总量控制，结构调整"，分级管理的政府指导价格

在上一阶段，政府提出对部分医疗服务项目按照不含工资在内的成本进行收费，但仍未能考虑到市场经济的成本定价原则。加之公立医疗机构收入中，药占比逐渐提高，补偿机制不合理，医疗服务价格改革势在必行。

1996 年国家计委联合卫生、财政等部门联合印发了《关于加强和改进医疗服务收费管理的通知》，明确提出医疗服务收费标准按冲抵财政补助和药品（含制剂）销售纯收入后的医疗服务成本制定，充分考虑各方面的承受能力调整医疗服务收费价格。1997 年 1 月，中共中央、国务院《关于卫生改革与发展的决定》（中发〔1997〕3 号）明确提出"卫生事业是政府实行一定福利政策的社会公益事业"，"公立卫生机构是非营利性公益事业单位，继续享受税、费优惠政策"，在此基础上要求"完善政府对卫生服务价格的管理"，提出对不同医疗服务项目采用不同作价方法。1997 年政府提出了"总量控制，结构调整"，在控制医疗总费用增长幅度的前提下，控制或降低药品收入比例，通过调整医疗服务收费标准，提高医疗服务收入在医院收入中的比例，促使医疗服务和卫生事业的发展逐步走向良性循环；降低大型设备检查治疗费，同时要求严格控制医疗费用及药品费用。2000 年 2 月，由国务院批准的《关于城镇医药卫生体制改革的指导意见》中指出，"对于非营利医疗机构的收入实行总量控制，结构调整"。在总量控制中，综合考虑医疗成本、财政补偿和药品收入等因素，并调整不合理的医疗服务价格，体现医务人员的技术劳务价值。同年 7 月，针对医疗服务价格管制中的突出问题，国家出台了《关于改革医疗服务价格管理的意见》，确定了中央管项目、地方定价格原则。随后根据改革进展情况又颁布了整顿医疗服务价格市场秩序、完善价格形成机制、规范医疗服务价格等方面的政策。自此，以"总量控制，结构调整"为原则、中央地方分级管理的医疗服务政府指导价格管理模式逐步建立。

2. 伦理学思考：各方利益兼顾未能实现，公立医疗机构为自救"诚信"缺失

1997—2008 年这一阶段，政府不再采用低价政策维持所谓低水平的全民

福利，而是重新明确了其职责所在，从全局视角出发，充分考虑财政补助、医疗成本等各方面的承受能力调整医疗服务收费价格，即为上文提到的“总量控制”。这一时期医疗服务价格政策不再政府单方自主决定，而是兼顾所有利益相关者，共同协商调整价格，这同儒家生命伦理中的“和谐”原则相呼应。

这一时期，社会主义市场经济体制尚未完善，政府未能退出医疗服务定价机制，医疗服务市场化未完全实现，尽管“结构调整”后，政策上规定降低医疗机构收入中药占比、提高部分医疗服务价格，增设诊疗费以体现医务人员劳务价值，调增住院费、护理费、手术费等，降低大型设备检查治疗费，但由于政府对公立医疗机构补偿不足、医疗服务收入不足，上一阶段所出现的开大处方、多做检查等医疗腐败问题愈发严重，这也就是广为人们诟病的公立医院营利性趋利行为。加之政府卫生投入不足①，原有的劳保医疗和公费医疗制度被打破，医疗服务成本逐年提高，导致城乡居民从过去由于卫生资源不足、服务效率低下引致的“看病难、住院难、手术难”问题逐渐发展到以缺钱、支付不起医疗费用为特点的新一轮“看病难、治病贵”②。一方面，由于中国采取按医疗服务项目收费的方式，医疗机构的收入与其提供的服务项目数量直接相关，治疗主动权在于医疗机构，为了增加收入，部分医疗机构在医疗服务价格严重低于成本的情况下，采取过度检查、分解收费、重复

① 这一阶段，中国政府只有不到6%的财政资金投向了医疗卫生事业。相比于发达国家（通常有15%～20%的财政支出投向医疗卫生）、其他发展中国家（通常有10%左右的财政资金用于医疗卫生），中国政府对卫生事业的投入整体上明显不足。与GDP做一个对比，中国政府卫生投入就更显不足，1997—2008年，中国政府卫生支出占GDP比重一直围绕1%上下波动，2008年该比例最高，占当年GDP的比重仅为1.14%，而发达国家政府卫生支出占GDP比例一般为6%～8%，发展中国家为2%～6%。（数据源：国家卫生和计划生育委员会，2014；World Health Organization. Regional Office for South-East Asia：Health financing strategy for the Asia Pacific Region（2010—2015），World Health Organization，South-East Asia Region and Western Pacific Region，2009。）

② 全国卫生服务抽样调查数据显示，这一阶段城乡居民因经济原因导致疾病应治疗未治疗、应住院未住院问题极为突出。农村居民因经济原因应治疗未治疗比例从1998年的36.7%上升到2003年的38.6%，城市居民从1998年的32.3%上升到2003年的36.4%；农村居民因经济原因应住院未住院比例从1998年的64.0%上升到2003年的75.4%，城市居民则从1998年的60.0%下降到2003年的56.1%。此外，“因病致贫”“因病返贫”问题极为突出，2003年因病致贫的人次数占调查总人数的30%（其中农村为33.4%，城市为25.0%），2008年已升至34.5%（其中农村为37.8%，城市为28.4%）。（数据源：国家卫生和计划生育委员会1998年第二次国家卫生服务调查分析报告，2003年第三次国家卫生服务调查分析报告，2008年第四次国家卫生服务调查分析报告。）

收费等方式，过度提供医疗服务，导致医疗费用的逐步上升，医疗资源的极大浪费。另一方面，公立医疗机构总收入中，药品收入与医疗服务收入比例极不协调，药占比极高，以药养医、以药补医问题严重。[①] 公立医疗机构这些行为虽为无奈之举，但却有欺瞒患者、违背医德之嫌，早已背离儒家“诚信”德性要求。

反思公立医疗机构中出现的大处方、过度检查等医疗腐败问题，并非由于市场化造成的公立医院趋利性，而是在市场化不彻底、政府计划管理未完全放手情况下引致的公立医院自救反应。简言之，政府错误的导向政策阻碍了市场机制有效发挥作用。主要体现在：

第一，政府职责定位不明。政府主办公立医疗机构，却不对其负责，并未对公立医疗机构提供足额财政补助，即便是人头工资也未能及时到位。在这种情况下，却不能放权让医疗服务市场定价，仍采用政府强制限制价格，公立医院只得自谋出路，寻求补偿，因此将医疗机构运行成本转嫁于患者身上，通过加大药品收入和检查收入、拆分服务项目等手段弥补亏损。

第二，从大环境上看，随着其他商品供求领域市场经济逐步建立，由于政府仍保留计划经济时期对公立医疗机构拥有的绝对控制地位，公立医疗机构的垄断地位仍未打破，私立医疗机构无法与公立医疗机构分庭抗礼，难以形成公平的竞争环境。从儒家的观点来看，政府、医疗机构、患者应合力建立一个以诚信德性为核心的医疗服务市场，尊重“仁者之爱”“差等之爱”，建立公私两级医疗服务系统，公立医疗机构由政府主导，提供基本医疗服务项目，侧重于为只拥有基本医疗保险的居民服务；私立医疗机构则可提供高质量、高水平的治疗保健服务，侧重于为拥有较高支付能力及服务需求的居民服务。这样一来，让公立医疗机构与私立医疗机构各司其职、相互竞争，不仅可以满足人们不同层次的医疗服务需求，还可以减轻政府负担，最终建立一个公正、诚信的医疗服务市场。从儒家人文的视角来看，这既是追求医疗“公正”“仁爱”的需要，即“仁者爱人”“差等之爱”，同时也保障了不同层次人群各得所需，是

---

① 以 2008 年为例，全国 9 598 家公立医院当年总收入为 6 090.2 亿元，其中财政补助收入所占比例不足 8.4%，药品收入占 42.1%，检查收入占 10.1%，挂号、收入、治疗等其他医疗服务项目收入占 37.7%。(数据源：中华人民共和国卫生部：《中国卫生统计年鉴》，北京，中国协和医科大学出版社，2009。)

追求良好医疗结果的需要。[①] 就医疗服务价格而言，必须彻底破除政府独大的局面，对公立医疗机构，应由政府、市场和医疗机构、医保机构共同协商定价，充分考虑医疗服务成本，特别是挂号、治疗、手术、护理等体现医务人员劳务价值的项目，建议通过行业评估，重新测算并制定价格；对私立医疗机构，则应在市场供求关系作用下交由市场定价。

（四）第四阶段：2009 年新医改至今

1. 医疗服务价格政策特点：服务项目价格分类管理、政府指导价与市场调节价相结合

2009 年新一轮医药卫生体制改革全面启动，突出强调“坚持以人为本，把维护人民健康权益放在第一位”。为了促进医疗卫生事业回归公益性，着力解决群众“看病难”“看病贵”问题，中国各级政府通过调整医疗服务价格体系、加大政府财政投入等措施，进一步理顺医疗服务价格。2012 年，国家发改委、卫生部等发出《关于规范医疗服务价格管理及有关问题的通知》（以下简称《通知》），正式发布《全国医疗服务价格项目规范（2012 年版）》，《通知》突出了技术劳务的成本因素，严格规范了医疗服务价格行为。按照“总量控制、结构调整、有升有降、逐步到位”原则，要求各地全面规范医疗服务价格管理，强调在开展公立医院改革试点的地区，要取消药品加成政策，在不增加群众负担的前提下，提高诊疗费、手术费、护理费等医疗技术服务价格，降低大型设备检查价格。新版项目规范公布的医疗服务价格项目是各级各类非营利性医疗机构提供医疗服务收取费用的项目依据，各地不得以任何形式进行分解。

在此基础上，随着十八届三中全会的召开，开启了由政府主导到市场主导的根本性变革。中央政府明确提出，要使市场在资源分配中起决定性作用，政府退居二线，承担起基础性作用。与此同时，价格机制改革顺势而为。2015 年 10 月中共中央、国务院发布《关于推进价格机制改革的若干意见》（以下简称《意见》），标志着新一轮医疗服务价格改革的开始，此次改革强调医疗服务项目价格分类管理、政府指导价与市场调节价相结合。《意见》要求深化重点领域价格改革，充分发挥市场决定价格的作用，指出“落实非公立医疗机构医疗服务市场调

① 参见范瑞平：《人文走进临床：“诚之者”之道》，载《医学与哲学》，2014，35（6），43～47 页。

节价政策。公立医疗机构医疗服务项目价格实行分类管理”。具体而言，对市场竞争比较充分、个性化需求比较强的医疗服务项目实行市场调节价，其中医保基金支付的服务项目由医保经办机构与医疗机构谈判，合理确定支付标准。

2. 伦理学思考：以人为本，“诚”“义”“和”兼顾的医疗服务市场初具雏形

新医改最大的亮点在于强调“以人为本”，这是儒家“仁政”的集中体现，即将人民群众的利益作为各项决策的出发点和落脚点。就此阶段医疗服务价格政策而言，首先，此次医疗服务价格改革体现了儒家生命伦理中的“和谐”原则。和谐，即要求做重要决定时，要按照德性的要求同其他利益相关者共同协商、共同决定。[①] 医疗服务价格不但同政府相关，更离不开医疗保险机构、医疗服务机构的相互配合。

其次，新医改的市场化道路探索契合儒家生命伦理对市场竞争的认识。儒家并非摒弃市场，而是支持建立一种以“诚”“义”“和”之德性为导向的医疗服务竞争市场，客观、理性认识政府失灵和市场失灵，即在“诚信”“公义”“和谐”等儒家生命伦理原则下重新厘清政府责任及市场责任。

一方面，由于市场经济在中国目前尚不成熟，政府有责任健全医疗服务价格市场行为规则，发挥政府对市场竞争的基础性监管作用，营造良好市场竞争环境。政府应逐步破除公立医疗机构的垄断地位，放宽社会资本办医准入条件，探索建立公立、私立两级医疗服务体系，为社会办医提供公平竞争的政策基础。在此基础上，通过完善立法，制定医疗服务价格行为规则和监管办法；制定相应的议价规则、医疗服务价格行为规范，完善明码标价、收费公示等制度规定，以法律形式约束、引导医疗机构价格行为，消除市场竞争不够充分、交易双方地位不对等、市场信息不对称等问题，营造诚信、公正的市场竞争环境。

另一方面，医疗服务价格应按照医疗服务项目成本，在市场机制下动态调整，使医疗服务价格得以反映成本变化，使价格变化与成本变化相适应。此外，由于社会经济发展水平、政府投入力度不断变化，医疗服务项目价格也应有所调整。因此，医疗服务价格必须在维持公立医疗机构合理业务收入的基础

① 参见范瑞平：《当代儒家生命伦理学》，249 页，北京，北京大学出版社，2011。

上，进行按项目成本定价，动态调整部分医疗服务价格。建立健全医疗服务价格动态调整机制，从宏观层面，应基于本地经济社会发展水平、物价变化及医保承受能力，最大程度地避免相应的社会风险；从微观层面，同一医疗服务项目应按照医师职级拉开差距，可以按照医师职级，设置不同档次的医师服务费，充分体现医务人员的技术劳务价值，提高诊察费、注射费、护理费、疑难复杂手术费等技术劳务性收费标准，促进医务人员精进技术、提高工作积极性。配合医务人员薪酬制度改革，逐步建立“工作越好、收入越高”的激励机制，通过道德方式获得公平合理的收入，从根本上杜绝医疗腐败。

最后，医疗服务项目价格以分类管理、政府指导价与市场调节价相结合为其突出亮点。在非公立医疗机构中，医疗服务价格应当实现完全市场化，交由市场进行调节。在公立医疗机构，改革过去的医疗服务价格管理机制，实行分类管理。第一，对于那些市场竞争较为充分、群众个性化需求较为强烈的医疗服务项目，应当放开价格管理，促进市场竞争，将定价交由医疗机构自主决定，逐步完善市场机制，由市场供求关系决定价格，实行市场调节价，以提供更加优质的服务。第二，对于基本医疗服务项目，坚持行政主导定价，保证人民群众获得基本医疗服务。第三，对于医保基金支付的医疗服务项目，则由医保经办机构与医疗机构进行谈判、协商，合理确定支付标准。在此基础上将部分医疗服务项目定价权下放到地市，更加灵活，切合实际。

三、结语

总体上看，医疗服务价格政策演变趋势即从政府计划管理逐渐引入市场调价机制。医疗服务价格政策改革作为医疗卫生体制改革的重要方面，关乎政府、医疗机构、居民等多方利益。只有基于正确合理的指导原则及对中国医疗卫生体制发展的客观认识，才可制定兼顾各方利益相关者的医疗服务价格政策。在这里，儒家生命伦理学所提出的具有一般理论意义和超越时代价值的伦理道德、价值取向、行为规范等，对于当代中国医疗服务价格政策制定有一定的借鉴意义。纵观中国医疗服务价格政策演变过程可以发现，儒家生命伦理中的“仁爱”“公义”“诚信”“和谐”等基本原则并未过时，相反，它们根植于中国传统文化又超越过去人们对儒家人文的狭义认识，对于指导中国卫生制度改革、政策制定与完善具有重要意义。

第一，政府要“以民为本”而非“以政为本”，坚持卫生事业的公益性，在建国之初采用低价政策提供医疗卫生服务、保障人民群众生存权利，而后建立基本医疗卫生体系、为普通民众提供基本的医疗卫生服务，通过多项改革以解决人民群众“看病难、看病贵”问题，皆出自“以人为本”，是“仁爱”原则的体现。

第二，一个“仁爱”的政府并不应一味追求低价收费和平均主义，而应遵循医疗技术服务的内在规律，合理调整医疗服务价格体系，使之体现医疗服务合理成本和医务人员劳动价值，使公立医院可以通过提供优质服务获得合理的补偿以维持正常运营；配合薪酬制度改革，解决好医务人员的福利待遇、职业发展等利益关切问题，确保医生获得符合德性要求的合理收入；建立公私两级医疗服务体系，逐渐放开并加快推进社会资本进入医疗服务领域，促进公立医疗机构与非公立医疗机构公平竞争，不同医疗服务项目在公立医疗机构与非公立医疗机构分类管理，不同医疗服务项目按照其市场竞争充分程度分类管理，满足人们不同层次医疗服务需求，是“公义”原则的体现。

第三，医疗服务价格政策不应由政府单方确定，内部价格制定必须兼顾政府、医疗机构、医保机构及患者等多方利益群体，由政府垄断到引入多方协商机制、共同制定医疗服务价格，建议政府放权，组织各利益相关者代表形成协商委员会，以第三方中立态度选择与决定政策；外部环境方面必须通盘考虑政府财政能力、医疗机构经济运行和居民收入水平，并允许公立医疗机构与非公立医疗机构在医疗市场上公平竞争，为人民群众提供更多更好的医疗服务，这是“和谐”原则的要求。

第四，面对当前中国的信任危机、诚信危机，政府、市场、医疗机构和患者要共同建立诚实守信的竞争环境，注重运用市场这只“无形的手”使医疗价格体现技术服务的价值，使更多的卫生资源得到市场的合理配置。在政府层面，必须遵从爱人尊贤的德性，创造良好有序的医疗服务市场环境，担当市场的规范者而不是盈利者，更不是垄断者[①]，以此服务人民、取信于民，建立诚信政府；医疗服务机构必须明确其性质定位，医生个人则应坚持真诚待人。这些恰恰是儒家生命伦理“诚信”原则的基本要求。

---

① 参见范瑞平：《当代儒家生命伦理学》，254～255页，北京，北京大学出版社，2011。

工具理性的医学伦理学争议：从人体商品化趋势谈起

梁媛媛*

一、前言

远古的巫术曾经视人体为神秘的，现代科学则揭示了人体是奇妙的；道德伦理不断强调人体是神圣的，而人体器官黑市的价格表则指出，人体是昂贵的。在器官黑市上，人体的每一部分都明码标价。除了比较常见的肾脏、肝脏、心脏、角膜外，像皮肤按每平方英寸，脊椎按每节，都可以交易买卖。而且在世界不同的国家和地区，器官的价格明显存在巨大的差异。简单来说，就是贫困地区的人体器官流向欧美发达地区，或者需要器官的病人直接到有供体的国家接受移植手术。一个在美国可能需要等待 1 到 3 年的病人，在东南亚国家只要几个星期就可以完成器官的配型和移植。这甚至催生出一个新的产业：器官移植旅游业。遗憾的是，中国目前亦成为器官移植产业链条上的一部分。本文从对工具理性反思与批判的视角，探讨人体商品化所带来的伦理困境。

二、人体商品化的现状

中国在人体器官移植领域的地位十分特殊。一方面，由于庞大的人口基数，中国对人体器官的需求量也很大：每年大约有 30 万人需要进行器官移植。在很长一段时间，中国把死刑犯作为提供器官的主要来源，这也一直为国际社会所诟病。一些英美和以色列的科学家曾投书医学杂志《柳叶刀》，呼吁学术界应联合杯葛中国内地用死刑犯作为器官移植供体的行为。杯葛的方式包括国际学术会议拒收中国相关论文，也不邀请中国学者发表演讲；相关学术期刊拒

* 梁媛媛，香港浸会大学哲学博士，凤凰卫视高级编辑。

发中国学者有关器官移植的论文；以及拒绝与中国有器官移植方面的医学和学术合作。他们提出的一个重要理由就是，中国内地的论文作者无法说明供体的来源。[①] 从 2015 年 1 月 1 日起，中国内地全面停止使用死囚器官，公民自愿捐献成为器官移植供体的唯一来源。死囚可以自愿捐献器官。有捐献意愿的死囚的器官一旦纳入全国统一的分配系统，就属于公民自愿捐献，不再存在死囚捐献的说法[②]，其中最大的变化在于器官资源的分配从此前由执行死刑的司法部门掌握分配，变为纳入到一个全国性的统一分配体系。2016 年 8 月 18 日至 23 日，国际器官移植协会主办的两年一度的国际器官移植大会在香港举行，这是全球器官移植领域规模最大、最权威的学术会议，就器官移植科研、临床、社会和伦理等方面课题进行交流研讨。这是该会议首次在中国举办，不过，围绕这次会议选址香港以及大会首日举办的中国专场论坛，仍然产生了一些争议。[③] 反对的声音认为，中国刚刚在 2015 年才宣布全面停止使用死囚器官，而且没有人身自由的囚犯是否真能实行自愿捐献这一行为也存在疑问，所以如此快地打开之前一直向中国紧闭的学术抵制似乎为时过早。[④]

事实上，器官移植学会会长菲利普·奥康纳博士（Philip J. O'Connell）对为何选址在香港召开会议也曾专门发出公开信解释：一方面是因为原选址地泰国因为发生军事政变而变得不再合适；另一方面，他表示也的确在中国的器官移植界看到了一些改变和希望。如在不到 10 年前的悉尼大会时，提交自中国的临床研究论文摘要超过了 160 篇，但全部都被退回。但在今年，器官移植学会只收到了 28 篇来自中国的临床研究论文。其中有 10 篇被立即退回，另外 2 篇在被要求提供进一步的证据来表明论文中不包含来自被处决囚犯器官的数据

---

① AL Caplanemail，Gabriel Danovitch，Michael Shapiro，Jacob Lavee，Miran Epstein，"Time for a boycott of Chinese science and medicine pertaining to organ transplantation"，in *The Lancet*，Volume 378，No. 9798，p. 1218，1 October 2011.

② 《中国 2015 年 1 月 1 日将停止死囚器官使用》，见 http://www.hrol.org/News/ChinaNews/2014-12/3665.html，2014-12-05。

③ Didi Kirsten Tatlow，"Debate Flares on China's Use of Prisoners' Organs as Experts Meet in Hong Kong"，see http://www.nytimes.com/2016/08/18/world/asia/debate-flares-on-chinas-use-of-prisoners-organs-as-experts-meet-in-hong-kong.html.

④ T. Trey，A. Sharif，A. Schwarz，M. Fiatarone Singh，J. Lavee，"Transplant Medicine in China：Need for Transparency and International Scrutiny Remains"，see http://onlinelibrary.wiley.com/doi/10.1111/ajt.14014/full.

未果后也被拒。奥康纳博士认为这一方面证明中国的医学研究人员已经了解到学会对使用死囚器官的零容忍政策，另一方面学会本身仍坚持了自己原有的学术和伦理立场。[①]

中国作为世界人口最多的国家，的确存在着在源源不断提供大量人体器官的现象。2007 年 3 月中国颁布的《人体器官移植条例》规定，任何组织或个人不得以任何形式买卖人体器官，不得从事与买卖人体器官有关的活动。尽管有这样的明文规定，但仍有大量的黑市交易，甚至出现了器官中介，提供从器官配型到购买、移植的一条龙服务。这些器官中介包养多个供体，为购买器官的人提供更多的配型选择。买卖器官是已明确的违法行为，但还有一些灰色地带如收购人胎盘，制作贩卖相关制品；在大学的布告栏里还可以看到以女大学生为对象，征购优质卵子，甚至代孕的广告。如果说器官买卖涉及人身伤害，那么在不造成伤害的前提下，出售自己身体的某些部分，如精子、卵子，有何不可呢？如果不想怀孕，精卵本来就会从体内排出，现在把它们卖给有需要的人，还可以获得经济利益，这不是两全其美吗？不得不承认，这种功利主义的价值取向在当今社会颇有影响。

三、儒家伦理学的身体观

目前中国社会正在经历经济结构重组和相应而来的社会转型，社会的核心价值观呈现多元的价值取向，彼此之间不乏对撞和张力，造成道德取向上的种种困惑。传统儒家文化重视的道德修养，家庭伦理观念仍在起着主要的作用。譬如，凝聚中国家庭伦理的核心孝道就强调身体的完整性，有所谓“身体发肤，受之父母，不敢毁伤，孝之始也”的说法。也即是说，持守孝道，首先要爱护自己的身体，保持它的完整性。因为从宗族血亲的角度来看，个人不是身体的所有者，而是承受者。所谓“身也者，父母之遗体也”[②]。即便人在死后，也不能破坏身体的完整性，因为“父母全而生之，子全而归之，可谓孝矣”[③]。在儒家看来，个体是宗族整体中的一个枝节，“身也者，亲之枝也”[④]。他依附

---

① Philip J. O'Connell, “TTS Interactions with CHINA-July 31, 2016”, see https: //www. tts. org/newstts-world/member-news/2174-tts-interactions-with-china-july-31-2016.

② 《礼记正义》卷五十六《祭义》，1844 页，上海，上海古籍出版社，2008。

③ 同上书，1848 页。

④ 《大戴礼记解诂》卷一《哀公问于孔子》，15 页，北京，中华书局，1983 年。

于亲族的根本之上，从父母那里接受了身体的赐予，从宗族那里获得了姓氏，个人只是整个家族绵延体系上一个承上启下的环节。

此外，在儒家的思想体系中，身体还是自我的一部分，即儒家学者杨儒宾所说的“身体主体”[①]（body subject）。在《论语》中，身体往往和主体融合，如“三省吾身”（《学而》）、“其身正，不令而行”（《子路》）、“有杀身以成仁”（《卫灵公》）、“不降其志，不辱其身”（《微子》）。

在《孟子》一书中，“身”字出现了近60次之多，它既包括“心”也包括“体”的含义。如果说在孔子的思想中，“身”所指向的更多还是肉身的存在，那么在《孟子》中，“身”有时也会趋向于精神的承载以及整个社会结构的基础，如“天下之本在国，国之本在家，家之本在身”《（孟子·离娄上》），无论是家庭、国家还是天下都犹如“家族之树”般地成为人自身身体的不同层面的扩充和放大。从这个角度来看，“身”是物质的，也是精神的；既是自然之生命，也是道德之生命。《孟子》也有不少对“体”的描述，如四体、口体、小体、大体等。其中一部分与人的躯体和器官有关，即指身体的某个部分或者部分的身体。与此同时，孟子的身体观又与气的概念紧密相关：从“六气”到“浩然之气”，将血气化的身体向精神化的层面转化。“夫志，气之帅也；气，体之充也”（《孟子·公孙丑上》）。由此观之，儒家强调身体的神圣性，也强调生命的神圣性，所谓的“天地之大德曰生”。由于对生命的尊重，儒家将生命看作“天道”，指出唯天为大，唯人为灵。由此可见，儒家传统不会从纯粹的“利”的角度来衡量身体和生命的价值。

然而，当下的中国社会却出现向实用主义和功利主义方向倾斜的趋势。而个人主义思潮又在自主和自由的标签下试图为器官买卖寻求合理化的理论基础，即“我的身体，我的选择”。那么，人的身体究竟是神圣不可侵犯的主体性存在，还是可以自由处置的“私人财产”？

四、器官交易合法化之辩

要使器官作为商品进入市场流通体系，“人体器官交易合法化”的提议似乎变得顺理成章。首先，从市场经济的进路来看，其理据类似麻醉品交易合法

① 杨儒宾用“身体主体”的概念把儒家的主体分为意识主体、形气主体、自然主体和文化主体。参见杨儒宾：《儒家身体观》，8页，台北，“中央研究院”中国文哲研究所，2004。

化和卖淫合法化，既然屡禁不止，索性放开。在政府的监管下建立规范严格的器官交易市场，让穷人可以利用贩卖器官获得经济利益，改善自己的生活，而有移植器官需求的人依靠自己的合法收入可以延长生命，这是一种互惠互利、救人性命的交易。[①] 因为市场竞争一般会促进平等、开放，市场经济的自动调节会达到效率最优。之所以目前器官黑市如此猖獗，倒卖器官的获益如此巨大，就是因为政府的禁止导致器官成为稀缺资源。一旦让交易合法化，可以提供肾脏的人的数量就会增加，购买器官的价格自然就会下降。而这并不会降低提供器官者的收入，相反，在取消了各种中间环节以后，他们的收入与现在卖给黑市中介遭到层层盘剥相比，反而会大大增加。这同时也是打击不法分子、消灭器官黑市的最佳途径。

那么，合法化真的是一个合情合理的选择吗？伊朗在 1997 年由内阁部长会议通过了关于肾脏合法买卖的《有偿赠予法案》，成为世界上唯一可以合法买卖肾脏的国家。政府对此举的解释是，肾脏移植手术的致死率仅有三千分之一，政府有责任给那些需要肾脏的患者带来希望，同时也应该对捐赠人给予补偿。这不仅能够治愈患者，还能改善捐赠人的家庭状况。因此，在伊朗，移植一颗肾脏的费用由患者支付一部分，同时政府还会补贴一部分。伊朗的医院被称为肾脏 eBay，在医院周围的墙上贴满了各种出售肾脏的广告，需要的人可以自己来“海淘”一颗最适合自己的肾脏。

但是，合法化并没有使得伊朗的器官供求达到平衡，也并没有就此消除器官黑市。因为伊朗政府设置了两个非营利机构，促使肾脏的供求更加顺畅，帮助肾脏提供者找到合适的买家，保证肾脏移植交易公平进行。但是官方办事拖沓，促使许多人避开官方渠道，直接买卖，形成了地下黑市。而临近国家如以色列的富裕人群会用更高的价格来伊朗“换肾”，使得伊朗本国那些贫穷家庭的患者输在了价格战中。[②]

第二个力证器官买卖合法化的进路来自功利主义所指向的大众福祉，或称公共利益（the public interest）。英国哲学家边沁（Jeremy Bentham）提出的功利主义，或称效益主义（Utilitarianism），主张欲追求社会的最大幸福，应考量行为的结果是否能带来最多的快乐。从这个角度来看，所谓公共利益评断的标准就

① 参见黄有光、桑本谦：《人体器官可否合法买卖?》，载《学习与探索》，2016（3），62 页。

② Mitra Mahdavi-Mazdeh, “The Iranian model of living renal transplantation”, see http://www.kidney-international.org/article/S0085-2538（15）55619-6/pdf.

是最大多数人的最大福祉。从这个原则出发，器官合法买卖兼顾了器官提供者和购买者双方的诉求。甚至可以说全社会的人，不管是否参与买卖器官，都可以从这一交易中获益。因为“允许肾脏交易，则会使金钱发挥更大的作用——政府就能够向有钱人征收更多的税，而不会过分打击其积极性；政府也能够有资金进行有利于全社会的福祉工作，包括帮助穷人（不论年轻或年老）与保护环境”①。事实上，边沁的遗愿就是把自己的遗体制作成木乃伊摆放在伦敦大学的走廊，供后人观赏，这堪称是他对自己功利主义学说的笃信力行。

支持器官交易合法化的第三个进路建基于自由主义和个人主义。从洛克开始，物权的概念就开始延展到人的自身，人必须要成为自己的主人。② 只有完全拥有对自己身体的决定权，人才能保证有绝对的自主，而这也是自由主义的基石。③ 套用在器官买卖这一议题上，个人主义的进路就展现出一种奇异的悖论，即一个人要通过可以自由自主地分割自己的身体，从而拥有更多的自由和更高的自主性。“我的身体，我的选择。器官对于个体来说就是私有财产，公民享有身体的所有权、使用权和处理权，真正的‘自主权’应该包括卖掉自己身体部分的权利，真正的人道应该允许人们自由保留或给出他们的器官，尤其事关生死——就算是为了金钱，千千万万的生命可以因此而被挽救。我再次重申，对公民自由的尊重才是最好的人道主义，而现在我们两不相济，苦果自食。”④

五、商品化对自主性的伤害

当自由主义和市场经济相结合，逐渐构建出混合了粗糙的自由主义和泛化的消费主义的一套意识形态：一个有自由意志，可以自主支配自己身体的人，

---

① 黄有光、桑本谦：《人体器官可否合法买卖?》，载《学习与探索》，2016（3），62页。

② J. Christman，The Myth of Property：Toward an Egalitarian Theory of Ownership，New York：Oxford University Press，1994，p. 148.

③ Alexandra George，“Is ‘Property’ Necessary? On Owning the Human Body and its Parts”，Res Publica，2004，Volume 10，Number 1，34.

④ Gregory，Anthony. “Why Legalizing Organ Sales Would Help to Save Lives，End Violence，” The Atlantic. Atlantic Media Company，9 Nov. 2011. Web. 3 Feb. 2014. See：http://www.theatlantic.com/health/archive/2011/11/why-legalizing-organ-sales-would-help-to-save-lives-end-violence/248114/. 译文来自果壳网文章《器官买卖可以合法化吗?》，见 http://www.guokr.com/article/74701/? page=7。

在一个存在供需关系的市场经济体系中，经过个人选择，贩卖自己身体的某些部分获取经济利益。但是这同时也开启了一个潘多拉的盒子，即人体的物化（materialization）和商品化（commodification），主要表现出三种趋势：

首先，人体器官和组织的商品化动摇了人的自主性。表面上看，人自主支配自己的身体，出售自己的器官，似乎是人的自主性的展示。其背后的理据在于每个人都拥有自己的身体，对自己的身体有支配权和处置权。而这一权利则是来自人是主体性的存在，拥有自由意志。然而人之所以是主体性的存在，恰恰是因为人是身体的存在。人权的具体内容如生存权、安全、追求幸福，无一不是建基在人是有身体的存在上。身体并不是人所拥有的物品，不是一种财产。没有脱离了身体而抽象存在的人，从而也就没有一个抽离了身体，并且可以把身体拆分成物品出售的所有者。当人选择出售自己的器官时，他的自主性不是得到彰显，而是被侵害。出卖器官貌似是在行使对自己身体的决定权，而事实上其实是对自己身体的自主性的放弃。

其次，人体的商品化和物化是对人的尊严的侵蚀。把宝贵的身体换算成货币，也就是使人的价值屈从于经济价值。当人成为生物材料的供体，他的各种生物信息和指标被当成筛选和评判的标准，甚至待价而沽，作为个体的独特性将被研究价值和商业价值所取代。比如器官买卖中介在选择移植肾脏或肝脏的供体时，大多都要求男性、身高 170 厘米以上、体重 115 斤以上、年龄在 30 岁以下，在这个基础上再进行各种血液和肝肾功能的检查。

最后，器官的商品化也在消解人的完整性。每个人的独特性正是来自他的身体所感知到的不同经验，以及这些经验汇集起来的记忆、所形成的人格。从这一层面看，身体不仅仅是一组器官的组合，而是一个完整的整体。然而当人体器官和组织越来越脱离人体，就成为疑似自然物的存在，比如皮肤按每平方英寸标价，脊柱骨可以分节出售。肝脏因为有一定的再生功能，切掉的部分经过一段时间可以再修补回来，器官中介以此游说，让人以为肝脏可以按比例切下来以供移植，而提供肝脏的人好像可以完好如初，好像割韭菜一样，而隐瞒了各种风险和后遗症的可能性。甚至器官移植所使用的语言也在巧妙地去人化，如供体、受体。人在这一过程中被掩盖起来，所谈论的只是一件件器官，仿佛它们是一种合理正当的商品。当离开人体，而仅仅从生物学指标如血型、DNA 等来谈论器官与组织时，人就消失了。

当人在器官交易中被遮蔽，就引发了器官交易合法化中最主要的道德灾难：人体器官买卖可能演变成对穷人与社会弱势社群的剥削，很多穷人可能在没有获知充分信息的情况下售卖器官，为赚取金钱而导致健康受损，例如他们可能受到器官移植后常见的疾病折磨。而且，器官商品化后，富有的病人便可购买器官来替换丧失功能的器官，但贫穷病人只能排队轮候器官，而可得到合适器官的机会又随富人更易得到器官而降低，变相剥夺他们获得健康的机会。

六、结语

器官移植治疗是否最终只是饮鸩止渴呢？或许最终希望还是要寄托在科学的进步上。3D 生物打印是组织工程学的一种高速仿形技术，以计算机三维设计模型为蓝本，利用激光引导、喷墨打印等技术，将生物材料通过逐层堆积粘合，叠加塑型，最终形成仿真的组织或器官。1999 年，英国科学家利用 CT 扫描并三维重建出颅骨缺损的外形，并应用 3D 打印技术快速打印出合适形状、大小的钛金属植入体，用于治疗患者颅骨缺损并获得成功。[①] 或许当生物打印技术日臻成熟完善，可以安全批量生产时，这些器官才具备了商品的重要属性：凝结人类的劳动；也只有在那时，器官才可以真正作为一种商品存在。

然而，2005 年美国梦工厂出品的一部电影《神秘岛》（*The Island*）似乎在暗示器官和人之间无法切分的关系。电影讲述一群人生活在一个貌似乌托邦的社区里，人生目标就是被选中成为“神秘岛”的访客，因为据说那个岛是这个星球上唯一没有被污染过的一片净土。但是不久后的一个意外让这些人惊觉：他们其实是星球上其他居民们的克隆人，他们的存在只是为了给自己的“原型”提供各种更换用的身体零件。电影最为耐人寻味之处在于，豢养这些克隆人的医疗机构对其他居民宣称自己是在类似培养皿中生产器官，而非克隆出整个人以后采摘器官，从而逃避道德和法律上的责任。他们也的确努力尝试过，但发现无论怎样改进技术，那些单独培养出来的器官也无法具备完整身体中器官的功能。最终他们只能承认，器官是无法独立于人体而存在的。

或许中国的古人早已明白了这个道理，因此才有“由身立命”“于命安身”

---

① Winder J，Cooke R. S，Gray J，et al. Medical rapid prototyping and 3D CT in the manufacture of custom made cranial titanium plates，*J Med Eng Technol*，1999，23（1）：26-28.

的说法。相比洛克式的“我有一个身体”，中国的哲学思想更倾向于“我是一个身体”。人固然是一种生物有机体的存在，各种器官是保证此有机体存在的生物生理基础，但人不是一部由各种零件拼凑起来的机器。那些以自由或自主为名，又或是以公共福祉为借口，造成人体器官在伦理层面上发生松动，最终可能导致的后果，只是把人降格成一个装载了各种器官的皮囊。救助穷人有更好的方式，而不是肢解他们。

五、医患关系的纠结

我们应当转向医疗个人主义吗？——中国医疗机构《病历书写基本规范》的伦理审视*

边　林　郭峥嵘**

当代西方个人主义强调独立于家庭的个人权利、个人自主，但中国儒家传统伦理文化的特质之一则是家庭主义：家庭成员形成一种生命共同体，共同生活，共同决策。① 在医疗实践中，家人之间无私互助，想方设法救助病人，并

* 本文系国家社会科学基金项目“中国医疗卫生体制改革进程与前景的生命伦理学审视与思考”（13BZX090）阶段性成果及河北省教育厅人文社会科学重大攻关项目“医患矛盾与冲突及处置对策研究”（ZD201426）阶段性成果。此外，本文研究主题是由香港城市大学范瑞平教授首先提出的。范教授多次与作者讨论文章内容，提出重要的修改建议，在此特致谢忱。

** 边林，河北医科大学社会科学部教授、博士生导师。郭峥嵘，内蒙古巴彦淖尔军分区医院院长、副主任医师。

① 参见梁漱溟：《中国文化要义》，上海，上海人民出版社，2003。

对治疗安排进行家庭决策，形成医疗伦理家庭主义。[①] 医疗伦理家庭主义对中国人的医疗意识、观念、思想和行为的影响旷日持久，发生影响的路径也有多条，至少包括卫生政策制定和个人行为操作两个层面。然而，近些年来，西方个人主义文化开始强烈冲击和渗透中国社会，与中国根深蒂固的家庭主义伦理文化进行不断的博弈和磨合。我们需要特别重视和反思这种博弈和磨合在政策层面上的体现。因此，本文探讨卫生部于 2010 年 3 月 1 日正式颁布的《病例书写基本规范》(以下简称《规范》)[②] 涉及的此类问题。该《规范》要求将传统的、由病人家属代表病人及家庭签署医疗知情同意书的实践改变为必须由患者本人签署。国家从法规层面在这一问题上所做的原则性规定，非常典型地呈现出我国医疗伦理文化所发生的方向性转移。体现中国传统伦理文化的家庭主义，有被西方医疗个人主义逐步取代的趋势。看似简单的病例书写要求，本质上反映的是深层的医疗伦理问题。沉淀在中国人社会生活中，更适合中国人生活习惯、思维习惯和行为习惯的传统伦理，在医疗管理的若干顶层设计中被忽视、遗忘乃至抛弃，值得关注和反思。

一、《病例书写基本规范》若干规定中的医疗个人主义伦理倾向

国家卫生行政管理最高层以行业法规的形式制定《规范》的目的，在于通过对医院和医生强制性的统一要求，使临床诊疗信息的记录和存储规范化，也是医院管理的基础性工作。病例的书写，既是由医生主导完成的对临床诊断和治疗信息的记录过程，也是处理医患关系的一种特定方式。因此，这类规范难免蕴含着丰富的伦理特质。简言之，是倾向医疗家庭主义，还是倾向医疗个人主义？

《规范》的一些有关知情同意问题的规定，明显贯穿着一种与中国的家庭主义伦理传统并不一致的医疗个人主义倾向。

关于知情同意书由谁来签署的问题，《规范》第十条规定："对需取得患者书面同意方可进行的医疗活动，应当由患者本人签署知情同意书"。第二十三

① 参见范瑞平：《当代儒家生命伦理学》，10 页，北京，北京大学出版社，2011。

② 参见费勤福：《病例书写规范》(最新版)，611～623 页，合肥，时代传媒有限责公司、安徽科学技术出版社，2015。

条规定："手术同意书是指手术前，经治医师向患者告知拟施手术的相关情况，并由患者签署是否同意手术的医学文书"。第二十四条规定："麻醉同意书是指麻醉前，麻醉医师向患者告知拟施麻醉的相关情况，并由患者签署是否同意麻醉意见的医学文书。内容包括患者姓名、性别、年龄、病案号、科别、术前诊断、拟行手术方式、拟行麻醉方式，患者基础疾病及可能对麻醉产生影响的特殊情况，麻醉中拟行的有创操作和监测，麻醉风险、可能发生的并发症及意外情况，患者签署意见并签名、麻醉医师签名并填写日期"。第二十五条规定："输血治疗知情同意书是指输血前，经治医师向患者告知输血的相关情况，并由患者签署是否同意输血的医学文书。输血治疗知情同意书内容包括患者姓名、性别、年龄、科别、病案号、诊断、输血指征、拟输血成分、输血前有关检查结果、输血风险及可能产生的不良后果、患者签署意见并签名、医师签名并填写日期"。第二十六条规定："特殊检查、特殊治疗同意书是指在实施特殊检查、特殊治疗前，经治医师向患者告知特殊检查、特殊治疗的相关情况，并由患者签署是否同意检查、治疗的医学文书。内容包括特殊检查、特殊治疗项目名称、目的、可能出现的并发症及风险、患者签名、医师签名等"[①]。

显而易见，这些条款的共同点，就是明确规定知情同意要由患者直接做出，并通过亲手签署知情同意书完成这一过程。虽然《规范》对特殊情况下患者无法直接签署知情同意书做出了可由家属、法定监护人或者委托他人、机构代签的表达，但是从《规范》制定的初衷分析，由患者个人亲自签署是根本要求，明确规定了患者本人具有签署知情同意书这一特定医疗行为唯一的主体地位，代签只是一种不得已为之的替代行为。作为国家最高卫生行政管理层所制定的行业法规，《规范》在这个问题上表达得非常明确：在签署知情同意书这个环节，患者个人之外的任何人和机构都不能取得与患者个人同等的主体地位。我们认为，这种倾向本质上具有利用行业法规的强制性来影响乃至改变中国医疗文化方向之嫌。以个人主义为核心的西方文化，正在以其无形的力量影响着当代中国社会卫生政策和法规制定。表面上看，《规范》只是一些程序性的规定，与社会文化传统并不相干，事实上正是因为《规范》的制定者缺乏中国传统文化意识、观念和精神，没有从中国文化传统决定的中国医疗行业现实

① 费勤福：《病历书写规范》（最新版），611～623页，合肥，时代出版传媒有限公司、安徽科技出版社，2015。

出发，才使得表面上看似乎并不具备文化性质的《规范》，从一些并未引起人们注意的规定中，预示着中国医疗文化的悄然演变。

迄今为止，《规范》出台6年多来，国内几乎每年都有对《规范》进行解读或教学用书出版或再版，也有针对执业医师上岗对《规范》进行法律"通解"的著作，从这些对《规范》进行全面解读的内容、观点和立场来看，都缺少起码的伦理意识和道德观念，这种缺失反映在对知情同意一些问题的认识和解释上，表现为典型的抛开道德的"纯粹"法律思维，所有解释则在一定程度上更加强化了医疗个人主义的伦理价值取向。例如2015年《病历书写规范》（最新版）一书中，对"知情同意书履行主体"的阐述，认为"医方和患方"构成这一主体，在重复《规范》原文相关内容的同时，又特别强调应该由"患者本人签署知情同意书"①。不同版本对《规范》关于知情同意相关问题的解读中，都对"委托他人代理行使知情同意权"的问题有所解释，认为"有完全民事行为能力的患者也可以授权他人代为行使知情同意权，被授权人可以代理患者签署知情同意书"②。只是在代理签署前，要先签署"授权委托书"并存入档案。很显然，这种授权过程更说明《规范》从法律意义上所认定的主体只能是患者个人而不包括患者家属。如果患者家属与患者在知情同意问题上具有同等的地位与权利，也就无须要求先签署一个所谓的"委托代理书"了。如果患者自己能够签署"委托代理书"，那又何不直接签署知情同意书呢？看似这种规范上的无意义，实际上却有一种道德评价的意义，也为我们对《规范》做伦理审视提供了根据。只有"部分患者由于疾病导致无法行使知情选择权（如年满18周岁，处于休克、昏迷、麻醉等意识丧失状态），其近亲属可代为行使知情同意权"③。患者家属代行知情同意权的情况还适用于"因实施保护性医疗措施不宜向患者说明情况的"。只是在这些特殊情况下近亲属才具有患者不得已自然让渡的知情同意处置权，更说明《规范》及其所有解读都是坚定站在医疗个人主义立场上的。

临床诊疗知情与同意及知情同意书文本签署主体的确定，不单纯是一个基

---

① 费勤福：《病历书写规范》（最新版），469页，合肥，时代出版传媒有限公司、安徽科技出版社，2015。

② 同上。

③ 同上。

于医学诊疗程序和医院管理的法律法规问题，更是与确定法律责任密切相关的临床医学伦理问题，这一点是中国医疗卫生法律法规体系构建中需要引起关注的重要问题，也是卫生政策制定和调整需要认真对待的问题。《规范》以法规形式确认患者个人是签署知情同意书的主体，这种做法的根据又是什么呢？法规的强制并不意味着道德上就必然合理，如果不能给出充分的道德理由和伦理根据，那就一定是《规范》本身存在道德缺陷。

对于患者及其家属来说，谁来签署知情同意书，在不同的国家和社会环境下有着不同的认识和对待方式。虽然人们最为关注的可能是手术或者治疗的效果，期盼的是患者的尽快康复或病情转归，但在医疗方式的选择和决定权问题上，因为中国与西方国家文化传统的差异以及法律环境的不同，人们的认识和行为方式常常不同甚至截然相反。将谁来签署知情同意书问题提升到医疗法律和制度的层面来对待，就不再单纯是临床诊疗过程的一个程序性设计。[①]《规范》的字里行间承载的是法律责任、道德判断和管理制度，而这些都与一个国家和民族的文化传统息息相关。医学文化是社会文化的重要构成部分，不仅与社会文化具有同质性，而且作为一种特定的科技文化形态反作用于一般的社会文化，影响深远。因此，看似只是知情同意书由谁来签署这样一个简单的问题，蕴含着一个国家关于医疗伦理文化精神的确立与表达。而准确的、合理的表达则应当是与这个社会的主流文化传统所决定的现实状况相一致的。

签署知情同意书的主体被法律化本身，就说明这不是一个无关紧要的问题。其重要性在于确认谁签名谁就在这一点上享受法律赋予的相应权利，同时还要承担知情同意书所规定的全部责任和义务，其中最核心的是对医疗活动过程和结果的认可和接受。患者本人在生命和健康具备相应能力的情况下，作为事实上的主体毋庸置疑。但除了患者本人，患者家属、患者监护人、患者指定的代理人，或者以患者为中心的整个家庭作为一个集体，为什么在一般意义上不能取得与患者同等的法律主体地位呢？或者我们可以反问，《规范》究竟根据什么伦理标准来确定只有患者本人签名才是最合理的呢？这不应该是一个无理由、无根据的规定。《规范》的制定者们需要明白，给出理由或者提供根据

① LinBian，“Medical Individualism or Medical Familism? A Critical Analysis of China's New Guidelines for Informed Consent：The Basic Norms of the Documentation of the Medical Record,” *Journal of Medicine & Philosophy*，40.4（2015）：371.

的过程，本质上是对这个问题建立起伦理认识和道德选择的过程。或者说，究竟根据什么来确定签署主体应该是谁，在选择上体现和反映一种社会伦理文化取向。有一种观点认为，对知情同意这样的问题，没有必要提升到文化传统、道德选择的层面去分析和认识，更没必要作为一种文化传统问题进行论争。[①]我们认为，这种观点是出于误解。其实，《规范》在这个问题上所做出的规定，恰恰是制定者们忽略中国家庭伦理文化传统、投向医疗个人主义伦理文化怀抱的结果。

不同于西方的个人主义传统，儒家家庭主义是中国社会根深蒂固的伦理传统和文化形态。在现实生活中表现为以家庭（甚至几代人的大家庭）为轴心的决策和运行方式。家庭成员的重大问题的选择和决定，一般情况下都是由家庭集体做出。儒家思想认识到了社会实在具有以家庭为中心的深刻特征，“家庭具有本身的社会和本体论的实在性”，“家庭是社会实在的中心”[②]。儒家之所以认为“不是个人而是家庭具有本体论上的优先性，是因为维系儒家家庭主义的终极力量是德性而不是权利”[③]。这种文化传统并没有因为时代的变迁和社会的进步而从根本上发生改变，相反，在中国改革开放30多年来社会现代化程度不断提高、西方外来文化不断渗透的情况下，个人主义文化也无法取代家庭主义在中国人社会生活中的固有地位和作用。医疗活动中的家庭主义是最能反映这种传统道德文化的一个领域（详见下一节）。《规范》关于患者个人签署知情同意书的硬性规定，不仅与中国的这种传统文化和现实格格不入，而且明显带有照搬西方医疗个人主义伦理的倾向。

医疗个人主义与医疗家庭主义有各自生存的文化环境和土壤，相对于社会政治、经济等宏观领域来说，社会成员个人和社会职业领域的一系列行为性的微观活动，受社会文化传统的影响更明显、更具体和更深刻。国家医疗卫生管理机构缺少这样的认识，不仅丧失了文化的历史感，而且对社会医疗文化特色的形成、对医疗活动的现实运行都会有负面的影响。

---

① 参见朱伟：《生命伦理中的知情同意》，93～94页，上海，复旦大学出版社，2009。

②③ 范瑞平：《当代儒家生命伦理学》，4页，北京，北京大学出版社，2011。

二、为什么知情同意书的签署方式在中国不应当是个人主义的

寻求这个问题的根据，理论上的分析是不够的，还要看中国的医疗机构在现实中是如何行为的。我们可以把这种根据分为“历史根据”和“现实根据”两个方面：所谓历史根据，就是考察在《规范》出台之前，中国医疗机构一贯的做法是怎样的；所谓现实根据，就是考察包括《规范》出台之后，中国的医疗机构在这个问题上的现状又是怎样的。

签署知情同意书这种做法，是中国医疗机构在医学伦理意识尚不明确时代“术前签字”的一种演变和延续，现在被称为签署知情同意书的做法，在中国还没有“知情同意（书）”这个概念的时候，在临床上原来通常被称为“家属签字”。中国的大多数医疗机构本来没有专门提供给患者或者家属签字的文本，上个世纪80年代以前，在确定了治疗方案特别是手术方案之后，医院一般是让患者家属在病程记录上签字，这种签字本质上就是一种告知，充其量是让患者家属知情，患者及其家属的选择权和自主权几乎是被忽略的，这与那个时代中国低水平、全覆盖的全民医疗保障体制以及患者与家庭的法律意识、权利意识、自主意识欠缺有关。伴随中国改革开放的步伐，中国的医疗卫生体制也开始调整，特别是随着中国社会逐步向市场体制的转型，社会利益矛盾凸显，社会成员的法律意识和维权意识逐渐提升，医疗机构和医务工作者不断地面临责任风险。在这种情况下，很多医院出台了专门的术前签字的文本，手术前一般要求患者的家属签字。这种专门的术前签字不仅具有告知的意义，也蕴含了责任划分的法律意识。这种方式更多的不是在一般的治疗过程中使用，而是在较大手术前，医院习惯于让病人的家庭成员签字，签字的文本并不称为“知情同意书”，一般称为“手术通知书”。那个时代医院要求家属签字的目的，与现在知情同意书的签署在形式上相似，但本质并不完全相同。知情与同意的统一似乎具有绝对性特征，知情不同意的情况很少出现，原因是医疗信息在医患之间极不对称，加之医疗资源的短缺和医疗卫生保障体制的不健全等因素，患者基本上没有选择的余地，自主权和选择权必然形同虚设。在中国，医学伦理学意义上的知情同意书在临床上广泛使用的时间并不长，知情同意本来就是伴随现代医学伦理学传入中国的一个概念，知情同意书在临床上的运用，既是先前

“手术通知书”的一种演变，又增加了当代医学伦理学关于知情同意的一些内容。中国的医疗机构开始采用知情同意书的这个时期，是中国医疗卫生体制变革的时期，中国的医疗行业动摇于市场化和公益性的两难选择中，虽然中国政府对医疗卫生的投入连年增加，但是医疗卫生领域的发展还是无法满足社会快速增长的医疗和健康需要，加之改革开放带来的整个社会民主意识的快速提升，社会公众的法律意识和维权意识不断增强，知情同意书中所蕴含的法律和道德意义凸显出来。但是这种意义得以体现所呈现的特点，即要求签署知情同意书是医院和医生针对医疗责任上的防御性措施，并非完全出于对患者自主权和选择权的考虑。从知情同意书从无到有的历史过程上看，“家属签字”是起点，中国的知情同意书源于“家属签字”，并不完全是当代医学伦理学意义上的知情同意方式的运用，充其量是两者的一种结合。

与上述“知情同意”在中国医疗领域的实际形成过程相联系，还应当考察从2010年3月1日以来正式施行的《病历书写基本规范》的历史沿革。此《规范》正式施行前，2002年，当时的卫生部曾经制定了《病历书写基本规范(试行)》，这是国家卫生行政主管部门首次对临床医疗病历进行规范性管理并形成具有法律意义的文本，也是第一次在《规范》中开始比较明确地对临床“患者同意”问题进行规范。实际上，早在上个世纪80年代初期，当时的卫生部就在医院管理的规定中对病历书写做出过初步规范，但只是作为管理规定，而没有上升到法律规范层面。法律界人士认为，试行本的《规范》在2002年的出台，与当时中国社会法律环境的变化有直接的关系，特别是最高法有关《民事诉讼证据规则》的实施，医疗侵权案件实行举证责任倒置的规定，必然对医疗文书的书写规范提出较高的要求，同时《医疗事故处理条例》的实施也迫切需要更加规范的医疗文书与之配套。法律环境的改变带来医疗界在知情同意问题上责任意识的不断觉醒，当时的卫生部、国家中医药管理局根据《中华人民共和国执业医师法》《医疗机构管理条例》《医疗事故处理条例》和《中华人民共和国护士管理办法》等法律法规，出台了试行《规范》，这部试行《规范》的全部内容中，还没有出现“知情同意”和“知情同意书”的概念，采用的还是“同意书”“签字”这些概念，也就是说，“知情同意”概念在中国医疗领域的实际运用，迄今为止也不过几年时间。散在于医疗领域的一些技术规范被提升到具有法律意义规范的层次，这被医学法学界认为是在病历书写基本规范问题上完成了一次大的跨越。之后又经过八年时间的实践磨砺，“大量医疗纠纷案件的冲击，其中部分规定不够细致、部分规定难以实行等问题也逐渐被发现。在总结各地试行《规范》实施情况的基础上，结合当前医疗机构管理和医疗质量管理面临的新形势和新特点”①，经过修订和完善试行《规范》，形成了现在实行的《规范》。《规范》的正式出台，在法律意义上得到充分肯定的同时，其伦理基础并没有得到足够的重视，一方面表现在与它赖以建立的其他几部主要医学法规在道德认识上的不统一（后续阐述该问题），另一方面这种矛盾状况的出现，是因为这些法规的制定过程，根本就没有将伦理观念和道德意识融入其中。一部应当以道德为基石、也应该首先体现道德特性的法规，特别是在知情同意问题上应该闪耀的人性光芒，却淹没在无情法律的狭隘观念中，延续在中国人生活中的传统家庭伦理文化在这种“法律进步”中已经被剥离得荡然无存。

我们在与临床医生的座谈中了解到，在临床治疗特别是临床各类手术中，一些小型的、体表的、在门诊上进行的手术，一般是由患者个人在知情同意书上签字（有些无须签字），但所有其他的，特别是在手术室开展的手术，无论是常规手术，还是大型手术，无论是按照诊疗程序进行的手术，还是特殊或者紧急情况下进行的手术，个人签署知情同意书的所占比例不足10%。事实上，目前中国的大多数医院一般并不按照《规范》要求由患者个人亲自签署，更多则是要求家属签署知情同意书。具体说来，我们通过对河北省几所省级医院和市级医院的调查和座谈发现，医患双方都认为《规范》中关于由患者本人签署知情同意书的规定，并不切合中国社会和医疗活动的实际。我们对河北省石家庄市不同级别的10所医院的100名手术患者进行了问卷调查，调查结果显示，院方要求由患者个人签署知情同意书的只有7%，93%的医院和医生并没有提出必须由患者个人签署知情同意书。术前交代也主要是告知患者家属；需要患者配合以及术前注意的情况，则对患者和家属同时交代。93%的签字是由直系亲属完成的，其余7%的签署情况，也并不都是由患者个人完成的，有2人是患者直系亲属之外的人（非直系亲属或朋友）代签的，因为马上需要手术的患者身边没有近亲属，还有5例是因为患者家属没有能力签字（没有文化甚至是

① 李新刚等：《〈病历书写基本规范〉法律通解——新执业医师的法律手册》，3页，北京，人民卫生出版社，2011。

文盲，对医院和医生的手术情况交代理解和接受程度有限），由患者本人签字。被调查对象中59%的患者因为病情而没有能力签字，或者家属不想让病人个人签字。调查结果显示，患者一方和医务人员都认为，重病的病人不可能自己签署知情同意书，这种要求本身缺少起码的常识和人道精神，甚至被认为“太缺德”（不道德的规定）。即便是病人的病情没有发展到不能签署知情同意书的地步，一般来说，由家属签字署名也被认为更合情和更人道。院方或医务人员，在签署知情同意书的对象选择上，极少情况下是主动要求患者患者签署，其中包括17%的被调查医务人员并不了解《规范》关于必须由患者亲自签署知情同意书的要求，在这些人的观念中始终认为家属与患者具有同样的地位。80%的被调查医务人员多年来更多是直接向患者家属提出签署知情同意书，这样做的原因是习惯和医院的传统。因为《规范》的出台，在要求患者本人签字有困难的情况下，很多医院采用了由患者家属签署知情同意书，同时让患者本人按上手印，以达到按《规范》行事的目的。其实这种方式恰恰说明，中国社会中患者与家庭作为统一性整体之关系，从另一个角度体现了医疗家庭主义在中国医疗实践中更具道德规定性和它的伦理意义。

座谈中还了解到，在发生医疗纠纷的情况下，由谁来签署知情同意书直接导致的纠纷并不多见，在解决医疗纠纷问题上患者家属与患者一般是构成一个共同体，虽然法律诉讼主体一般是患者本人，但实际上无论是协商解决，还是医疗事故鉴定，运用法律程序解决问题，患者和家属的共同参与是常态。

这一点，在精神病学的医疗实践中表现得尤为明显。在当代西方个人主义医疗伦理中，医生必须谨慎对待病人与家属之间的关系，首先需要警惕他们可能具有利益冲突，从而不是“全家一条心”，因此要求病人独立、自主，不能让家属代表病人来做决策。我们认为从这种理解出发来对待中国的家庭是很不公平的。在儒家文化中的人看来，家属进入知情同意的实践主要不是为了自己或家庭来考虑，而是为了病人的健康及生活来考虑。个人主义的出发点不适合我们所理解的亲人之间的伦理本质，那就是，一家人之间有义务也有权利为病人做出决策，只要这种决策不违背医学治疗的好处即可。因为，在儒家文化中，家庭是一个生命共同体，中国文化是以家庭为本位的伦理文化。思考中国精神病患者的医疗伦理决策，无法像个人主义伦理那样进行脱离家庭的个人主义伦理思考，而是一定要把病人和家属放在紧密联系中进行思考。事实上，我们在精神病临床实践中，常常需要依赖家属的知情同意、签字来实施对于病人的治疗，如果这些治疗对于病人的健康是必要的、有益的。当然，在这样做的时候，程序必须严格，必须确保治疗是得到证明的、可靠的手段，而且不能仅仅依赖一位家属的同意。但是，如果完全拒斥这种家庭同意的做法、强行把病人和家属分成个人主义的独立个体，一律要求病人本人签字才能进行治疗，那对病人则是极其不利的。[①]

事实上，《规范》有关患者本人签署知情同意书的规定，与现有的一些卫生法规存在诸多方面的不一致。如 1999 年 5 月实行的《中华人民共和国执业医师法》第二十六条规定："医师应当如实向患者或者其家属介绍病情，但应注意避免对患者产生不利后果。医师进行实验性临床医疗，应当经医院批准并征得患者本人或者其家属同意"。这一法条明显地将患者和家属作为具有同样法律地位的主体来看待，在作为医疗对象主体上并没有对患者本人与家属加以严格区分。从《执业医师法》与《规范》的关系上看，《规范》应当是从属于《执业医师法》的具体法律，那么《规范》在法条和内容上应当与高于它的法律统一起来才是合理的。这样明显的不一致，用任何理由解释都不如用法律观念存在差异解释更合适，正是因为观念的不同和由此形成的根据不同，才导致法律条文规定上的不一致。

《规范》与 2002 年颁布的重要卫生法规《医疗事故处理条例》似乎具有在这个问题认识上的一致性。后者只字未提患者家属，更多采用的是"当事人"概念。该法规在关于知情同意问题上，只有第十一条做出了这样的规定："在医疗活动中，医疗机构及其医务人员应当将患者的病情、医疗措施、医疗风险等如实告知患者，及时解答其咨询；但是，应当避免对患者产生不利后果"。事实上，医疗事故的处理中，更多的是家庭或者家庭中的部分成员作为"当事人"的整体参与，除非患者本人未因事故丧失参与医疗事故处理过程的能力，实际上更多医疗事故不是导致伤残就是导致患者死亡，"当事人"只能是家庭成员。显然，这部法律也没有把家庭作为患者一方的整体来看待，强调的是患者个体。这一法律与《执业医师法》的矛盾和与《规范》的一致性，至少表明中国的若干医疗法规在法律观念和法理依据上存在不统一性，在知情同意问题

① R. Fan, Z. Guo and M. Wong, "Confucian Perspective on Psychiatric Ethics," John Saddler (ed.), *The Oxford Handbook of Psychiatric Ethics*, Oxford University Press, 2015, pp. 603-615.

上就可以窥一斑而见全豹。

《规范》在知情同意问题上还与中国的《医疗机构管理条例》及在该条例基础上制定的《医疗机构管理条例实施细则》存在不一致。该条例第三十三条规定："施行手术、特殊检查或者特殊治疗时，必须征得患者同意，并应当取得其家属或者关系人同意并签字；无法取得患者意见时，应当取得家属或者关系人同意并签字；无法取得患者意见又无家属或者关系人在场，或者遇到其他特殊情况时，经治医师应当提出医疗处置方案，在取得医疗机构负责人或者被授权负责人员的批准后实施"。实施细则第六十二条规定："医疗机构应当尊重患者对自己的病情、诊断、治疗的知情权利。在实施手术、特殊检查、特殊治疗时，应当向患者作必要的解释。因实施保护性医疗措施不宜向患者说明情况的，应当将有关情况通知患者家属"。管理条例的有关规定相对于《规范》来说，显然是将家属置于与患者同等的决策地位，不仅知情同意权是相同的，而且在知情同意书的签署上也具有同样的法律地位。但是该条例的第三十四条又规定："医疗机构发生医疗事故，按照国家有关规定处理"。因为两个法规在知情同意主体问题上的不统一甚至相互矛盾，一句话的规定就又把知情同意问题推向了一种矛盾的境地。

无论从"历史"还是从"现实"情况分析，在知情同意书签署问题上将患者和家庭分离都不符合中国的实际。家庭主义传统表面上看是一种习惯使然，本质上则是从文化根基生长起来的一种必然结果。我们认为，知情同意书的签署方式，在中国不能是个人主义的，只能是家庭主义的，需要我们回归到文化传统、伦理基础的层面上去寻求价值依据。"这固然是因为，相较于其他社会元素，比如说，相较于市场经济体制、政治民主和科技理性，'传统'和道德文化本身有着更为明显的自封性和历史'惯性'；但更重要的是，道德文化传统的'特殊申认'与'现代性'之间有着更为复杂的历史纠结和现代际遇。"① 中国社会法治进程的加快，包括医疗领域自主权、知情权等价值观念的改变，并没有改变以家庭为核心的社会文化传统。医疗领域的法律、法规需要相互协调到我们的文化传统上来。《规范》应当充分考虑和体现中国文化传统对规范医疗行为的道德价值和伦理意义。只有把《规范》置于文化取向和道德价值的

① 万俊人：《现代道德仍需传统滋养》，载《中国社会科学报》，2012-11-29。

层面，让文化传统见之于医疗活动的细微之处和医院、医生行为的选择之中，对于我们这个具有深厚文化传统的国家来说才是合理的、道德的。进一步说，在知情同意书的签署方式上，由家庭（家属代表）来签署，一般来说，对于病人本身也是最合适的。首先，它体现了对于病人意愿的尊重，因为大多数病人是期望直系亲属来代劳的。其次，它也有助于保护病人的健康利益，因为全家协商（大部分情况包括病人在内）有助于为病人做出最符合其利益的医疗决定。再次，如果既要求病人本人也要求家庭（家属代表）签署，在大多数情况下是多此一举，同时也否定了家庭主义的整体意义。当然，在特殊情况下（如非治疗性实验、器官移植等），双重要求可能更有助于保护病人。最后，少数情况的特殊处理，不应当影响一般政策、法律的走向。

三、回归中国家庭主义的文化传统：中国医疗卫生领域的道德选择

从上述对“历史”和“现实”情况的分析与调查，以及各种医疗卫生法规之间存在的若干矛盾来看，在知情同意问题以及知情同意书签署主体究竟应该是谁的问题上，有悖于中国家庭主义文化传统的情形十分明显。医疗卫生法规的制定者似乎只是在法律起草的技术层面思考问题，而没有把文化的、道德的考虑融入法规的制定过程中去。《规范》与中国医疗行业现实间以及不同的医疗法律间的矛盾实际上折射了当代中国文化的矛盾乃至冲突。

国家制定《规范》来对医疗行为做出限定，是需要根据的。特别是对谁来签署知情同意书这样具体问题的规定，必须给出选择的理由和依据，不能是规范制定者们的嗜好和臆造。法理体现文化，法规则是把这种作为根据的文化转化为具体的规范，选择什么文化作为根据则要分析哪种文化更适合这个社会和社会能够接受哪种文化。《规范》明确规定只有患者本人才是知情同意书签署的主体，把患者与家庭分离开来，很显然是不符合中国家庭主义文化传统的一种主张，抑或说是接受了西方个人主义为基础的医疗权利等思想的影响。实际上，中国医疗家庭主义的传统与西方医疗个人主义并不完全矛盾和水火不容。只是无论在中国传统中还是在当今社会现实生活中，个人与家庭密不可分的关系，并不是血缘或者说生物学意义上的，也不完全是社会结构意义上的，而是由中国传统文化构筑和传承的伦理意义上的。如果说血缘是纽带，社会结构是

基础，而生于斯、长于斯的家庭在中国人的心里则是永远的根。个人对家庭的依赖和家庭对个人的依存都是西方个人主义无法理解和解释的。这是一种文化传统的道德力量使然，而不是单纯的自然关系推动。正如一位中国伦理学家认为的那样："道德传统之于现代社会或'现代性'的意义决不像人们习惯以为的那样仅仅是消极的，也有积极促进的方面。道德文化并不总是落后于社会实际层面——经济和政治——的转型，很多情况下，它往往是一个新的时代或社会转型的理论先导和价值观念的预备。这并不意味着新道德文化传统必定是与既定道德文化传统的截然决裂。在某种意义上说，梳理新旧传统之间的连贯性比强调它们之间的断裂性更为复杂，就某一特定的社会和民族来说，也更为必要、更有价值。道德文化传统的连贯性及其对于现代社会的精神价值资源供应充分证明了这一点"①。

中国医疗领域应当在新的历史条件下维护儒家家庭主义伦理传统，以医疗家庭主义的理念来构筑对具体医疗活动的规范。因为"现代人和现代社会不得不承认的现实是，现代社会的新道德文化传统不仅并没有完全脱离旧道德文化传统的'变体链'，而且也不能单独地有效料理现代人和现代社会的道德伦理问题。或可说，希尔斯教授的忠告是需要我们重视的：传统是秩序的保证，是文明质量的保证。我们仍然需要传统的滋养，我们的生活无法真正逃离传统的掌心"②。无论现代外来文化对中国医疗行业的影响力有多么强大，但是诸如知情同意书签署这样的问题，并不是医疗行业单方面就能左右的，也不是人为地通过建立某种规范就能彻底改变以文化传统为基础的历史和现实的。病人与家庭的关系不会因为不切实际的规范就发生历史性的断裂和改变。所以国家层面在制定有关法律法规时必须回归到医疗家庭主义的轨道上来，用传统文化的力量奠定现代医疗卫生法规的道德基础，用一种相对于独立的患者个人来说更能体现医疗活动社会化特质的家庭关系来构筑和培育这种基础。

在临床医疗活动中关于知情同意及知情同意书签署等具体问题上，如何维护中国传统的儒家家庭主义伦理，有如下三个方面的提议：

首先，要强化中国医疗卫生法律法规体系的系统性和完整性，最重要的是要构建起体系统一的道德认知和道德理念。目前中国的医疗卫生法规体系还处

①② 万俊人：《现代道德仍需传统滋养》，载《中国社会科学报》，2012-11-29。

在逐步形成过程中，在规范医疗活动中的作用不可否认。但是中国的医疗卫生法律在一些具体问题的设计和规制上缺乏高度的一致性或者统一性。造成这种统一性不足的根本原因之一，就是制定者们缺乏在有关问题上一致的道德认知和道德境界。尤其是诸如知情同意这一类的具体问题，在拟定法律条文的过程中，只借鉴西方国家强调的个人权利、个人意志等观念，而忽视中国传统文化决定的中国国情，不能建立起能够统摄整个法律体系的道德理念，在具体法律法规形成过程中，就必然会因为西方观念的无形渗透和又不能完全舍弃的中国社会现实之间的矛盾而导致法律间、法律条文间的不统一。而解决这种矛盾，应当从中国社会实际出发，而不是从不符合中国现实的外来法律观念出发去与中国传统的道德观念和社会现实抗衡和对立，让医疗活动法律化这样一个正确方向上的选择因法律内容上的缺陷而削弱乃至丧失其功能。

其次，要立足于中国历史传统和当代社会现实来对待外来法律和道德文化。知情同意本是西方生命伦理学中一个重要的概念和实践问题，强调的是在各种医疗活动中个人的知情权和自主权的价值和意义，这是一种典型的建立在西方个人主义立场上的观点和理论，源于自由主义的民主观和个人主义的权利观向医疗领域的延伸。历史上中国并不是一个个人主义文化的国家，这本身就与中国社会是一个以家庭伦理文化为基础、视家庭为核心并以家庭成员群体为共同体的社会模式有关。这种伦理传统并没有因为中国社会的发展而发生本质性改变，即便是中国改革开放 30 多年来，社会成员个人独立意识不断增强，权利观念不断提升，法律觉悟不断提高，家庭在社会结构中的地位和角色也没有发生根本变化。尤其是在医疗活动中家庭主义传统显得尤为突出，在这样一个视家庭亲情比任何东西都更重要的社会中，当病痛袭来或者疾病威胁家庭成员生命和健康的时候，家庭就会凸显出比任何时候更强的凝聚力和感召力。这是中国社会无论以什么方式规范涉及患者一方的医疗行为的时候，必须面对和顺从的现实，从一定意义上说，在细节设计上去维护一个家庭的整体权益，比将患者与家庭拆分开来更人性化，更符合中国道德的现实。我们应在家庭主义文化基础上建立自己的个人主义观，同家庭的意义和作用协调一致，而不是照抄个人主义的权利观和权利清单。

再次，包括生命伦理学在内的西方伦理文化不能像近代中国引进西医学一样毫无保留地引进当今的中国。上个世纪 70 年代末，美国学者恩格尔哈特在首次访问中国之后，一针见血地指出中国在对待当今社会诸多生命伦理现实问题的认识和解决上，缺乏一种认识这些问题的哲学精神和理论基础的合理选择。认为中国学者“对多种不同道德系统的差异性缺乏必要的了解和广泛的体验；不习惯将确立某个单一道德体系的实际需要与通过比较发现不同价值观之间的智识长处区分开来；辩证唯物主义将道德和伦理的沉思从属于经济的力量”①。恩格尔哈特的这种看法，对中国照抄照搬和全盘引进西方生命伦理实践的很多具体问题也是一种警示。知情同意问题上就存在真正本土化和融入中国社会现实的需要。西方的知情同意理论不一定完全适合中国临床医疗实际，中国的临床医疗活动要形成与中国伦理文化传统相统一的知情同意方式。任何偏离中国医疗家庭主义的知情同意设计，都不可能真正体现知情同意这一重要临床医疗环节在中国社会的真实伦理意蕴，也就不可能让这一重要程序发挥其应有的沟通医患双方、建立两者间的互信、凝聚家庭情感以共同守望健康的复归和生命的奇迹的作用。如若能够将医疗家庭主义的观念真正融入知情同意程序的设计和法规的建立，或许中国传统伦理文化带给临床医疗的会是完全不同于医疗个人主义的诊疗结果，至少会体现由家庭带给面对疾病折磨和生命失衡的人类个体更多的希望和感情的寄托。

我们的结论是，在中国社会的医疗实践中，保护个人利益和建立个人权利的理论和实践，必须以医疗家庭主义为轴心和基础。由此而来的知情同意及其签署主体等具体问题的设计与解决，必须建立在医疗家庭主义的伦理传统上，从而体现在与这一传统协调一致的法律法规中。

---

① 转引自万旭：《中国生命伦理学面临的挑战及发展趋势分析》，见《中国医学伦理学第17届年会文集》，2013-07-20。

论本真的医患关系——互慈和创的仁爱共同体

蔡　昱*

当前，我们的医疗矛盾重重——医生和患者各自抱守着自己的权利而向对方申讨着义务，利益纷争也渐渐结成死结，各方苦不堪言。或许，已经到了重新探讨什么才是符合人之本性的本真的医患关系和什么才是以人之本性为基础的本真的生命伦理学的时候了！

一、人之本性——互慈和创[①]

人之本性是人之所以为人的内在依据、质的规定性和最根本的特征。在我们讨论人之本性之前，有必要首先讨论基于人之弱点的人的本真需要和人之存在的特征。

1. 人之弱点、本真需要的两面性和本真存在的两面性

人具有急切的自我保存的需要。一方面，人是生物性存在，需要一定的物质以维持生存；另一方面，人是社会性存在，需要与他人在物质、情感和精神上形成关联，不可孤立生存。这两方面形成人的两大弱点——“对匮乏的恐惧”和“对被社会孤立的恐惧”，可统称“畏死的恐惧”。于前者，引起恐惧的匮乏感可能来自真实的匮乏，更多来自由他人制造的虚假的匮乏。人们常因追逐虚假的匮乏和虚假的安全而偏离自己的本真需要。于后者，“对被社会孤立的恐惧”可由真实的或被制造的孤立引发，它常使人以窒息本真自我和牺牲本真自由为代价与他人关联以追求虚假的安全。总之，如被“畏死的恐惧”摄住，便会被他人以虚假的安全为诱饵操控，将宝贵的生命力虚耗在偏离本真需要的外在目的上，从而失落自由而被奴役。

---

* 蔡昱，哲学博士，云南财经大学医学伦理与法学教授。

① 参见蔡昱、龚刚：《守护人之本性——再论节制欲望的共产主义和人类文明再启蒙》，载《南开经济研究》，2016（1），3～17页。

人的弱点造成了人的本真需要的一体两面性。一方面，它表现为自由与全面发展以实现自己潜能的需要，即自我实现的需要；而另一方面则表现为“摆脱恐惧控制的需要”，即不因恐惧而追逐虚假安全的需要，也即发挥自己的本质力量而获得真正的安全感，从而抵御死亡恐惧的需要。下文中将论述人的本真需要的两个方面统一在“互慈和创”的生命实践中，它是人的实在的自由。

人之存在也具有两面性。一方面，人不能弃绝与外界关联而孤立地存在，否则就会灭亡；另一方面，人需要存在感。人与自然的其他部分不同，他具有自我意识，他的存在感、自我意识和个人同一感将自我与外界分开，即人必须在思维、情感、选择和行为中确证自己。因此，人既要与互动者关联，又要保持自己的独立性，即不会失落自己的存在而被周围吞噬——人需要一个强大的自我。下文中将论述这个强大的自我便是扎根于“互慈和创”这种整体关联的存在中的自我，也即人之存在的两面性统一于“互慈和创”这种人的本真存在中。

2. “互慈和创”

“互慈和创”的理论是建立在马克思主义哲学的实践观与社会批判传统，及其“现实的具体的人”和“实在的自由”理念之上的；是建立在康德的“人是目的”的“自律”理念之上的；是建立在儒家“人的关系性”与“人之存在的整体关联性”，及仁爱的情感推动等理念之上的。

具体地说，慈是生命固有的本真的驱动力，此种驱动力肯定、成全与创化生命。其本质既指向整合，又指向创造，即在整合中创造，在创造中整合；于人，因伴随不同形式的情感表达与推动，我们称之为慈爱。它将人的生命力引向满足自由与全面发展的内在目的和本真需要的方向，是人的本真欲望系统和内在动机系统。

“互慈和创”是由慈爱推动的人与人、人与自然之间肯定、成全与扩展双方自我，肯定、成全与扩展双方生命，协同创造的有意识的生命实践活动。第一，“互慈和创”由慈爱驱动，各方以爱、自由、责任和创造相互连接，体现了人与人、人与自然的整体关联。第二，“互慈和创”所形成的关系是人自由选择的结果，是自由和自愿的。第三，“互慈和创”中人与人的关系是“我—你”的关系，而不是“我—它”的关系。这意味着各方都不把对方当作观察、研究、利用的客体或对象，不视对方为可操纵的工具，双方和关系都是康德的

"无条件性"（即无外在目的）意义上的"目的"，即允许自己和对方按照本性存在与行动。因此，"互慈和创"的欲望是人的本真欲望，体现了合内在目的性。

3. "互慈和创"是人之本性

第一，"互慈和创"是人的本真需要。如前所述，人的本真需要包括自由与全面发展和获得真正的安全感（从而抵御死亡恐惧）两个方面，而这两方面的需要统一于"互慈和创"中。首先，人的生命是有限的，再多的名利财的"成功"都难以抵抗死亡带来的恐惧和虚无。而在"互慈和创"中，人因自由选择和慈爱而主动承担了对自我的生命、对方的生命、"我们的生命"和"天地大生命"的责任，也就主动承担了赋予自我、对方、世界以意义的责任。只有在互慈和创的发展自我潜能而不断突破"小我"的"大我"的实现中，在自我的超越与升华中，才能以责任感、价值感和意义感抵抗死亡所带来的虚无与恐惧，从而获得真正的安全感，进而使人有力量和勇气不因压力或诱惑而歪曲他们的本真需要。其次，互慈和创中，人的独立性、个体性、自由性与关联性（社会性）都得到了实现。一方面，人在独立自发地实现自我潜能的过程中与世界互慈地关联着；另一方面，人在与世界互慈的关联过程中发展自我的潜能，实践与扩展自己本质的力量和自由的能力，从而实现自由、独立与个性。总之，当人意识到人之本性，意识到个人通过慈爱而与世界连接并协同创化生命的可能性与责任，他就不会认为自己是形单影只地面对作为他者的外在"威胁"，就不会被恐惧控制。

第二，"互慈和创"是人的"实在的自由"①。所谓"实在的自由"是与虚幻的自由和形式的自由相对应的，是现实化的"有效的自由"。"实在的自由"不仅包括目的自由下的选择的自由，也具有抵御恐惧而做出肯定自我、肯定生命的选择的能力，即可以实现其自由。首先，"互慈和创"关系的形成是自由和自愿的，没有外在胁迫，因此，"互慈和创"中的人具有选择的自由；其次，"互慈和创"中，人在"我—你"的关系中发展着自我的潜能，实践与扩展自己的本质力量和自由能力，这既符合人的内在目的和本真需要，也使其自由更

① "实在的自由"是马克思在《经济学手稿》中提出的。参见《马克思恩格斯全集》，中文2版，第3卷，302页，北京，人民出版社，2002。

加有效；再次，如前所述，在“互慈和创”中，个人通过慈爱、责任、创造与世界关联，便会超越“死亡恐惧”而具有真正的安全感，进而有力量和勇气不因压力或诱惑而歪曲他们的本真需要，即具有“选择自己的自我”的能力，从而使自由具有现实性；最后，“互慈和创”中的协同创造无外在目的，它摆脱了内在他性之力（如贪欲和妄欲）和外在他性之力（如胁迫）的奴役，即人的目的是自由的。总之，“互慈和创”是“实在的自由”的表现、确认和获得方式，是自我的实现方式和产生方式。从某种意义上说，“互慈和创”可以看作是人的存在本身。

第三，“互慈和创”是人的本真存在方式，体现了人的存在本质——“整体关联之在”。前文讨论过的人之存在的两个方面就统一在“互慈和创”中，即在“互慈和创”的“我—你”的开放自在的关系中，双方的本真需要都获得了满足，同时，也都通过将他人的需要看作自我需要而形成的“我们”而扩展了生命，进而参与大生命的创化。于是，自我获得了独立性、个体性和强大的自我存在感与同一感，即自我与外界自发地、创造性地关联与整全，却又不被吸收与吞没。“互慈和创”是人与世界的本真关联方式，体现了“整体关联之在”的存在本质。

同时，离开了“互慈和创”，人的“存在”将会失落。具体地说，当人失落了“我—你”的本真关系，就会进入异化的“我—它”关系，即视自我、对方和关系是工具性的和可操纵的，以依附、控制、屈从和征服与他人和自然机械地关联，从而被周围吞噬，也即掠夺、奴役、失落了本真自我。由此可见，人之存在是“整体关联之在”，是“互慈和创之在”——原子式的个人是虚妄！

二、儒家“无为无对之仁”——“互慈和创”的人之本性

人之本性无疑是人的生命之根，它必须扎根于文化的沃土才可能茁壮强健。我们发现，在中国传统文化中，互慈和创的人之本性就体现在儒家的“无为无对之仁”中。

具体地说，如果将慈爱局限在人与人之间，便是儒家的仁爱。孔子说：“仁者，人也”，即人格完成就叫作“仁”，它是人之所以为人的本质。同时，人格不是单独一个人可以表现的，要从人和人的关系上看出来。所以“仁”字

从二人，郑康成将其解作“相人偶”。总之，“要彼此交感互发成为一体，我的人格才能实现。由此，宇宙即是人生，人生即是宇宙，我的人格和宇宙无二无别”[①]。由上可见，儒家的仁爱具有无对性与无为性的特征。下面，我们将论述“无为无对之仁”如何体现了互慈和创的人之本性。

1. 无为之仁——“大我—大你”的关系

孔子说：“无为而治者，其舜也与？夫何为哉？恭己正南面而已矣。”（《论语·卫灵公》）。显然，这里的“无为而治”绝不是什么也不做，而是不妄为，不违道而为，即所为皆顺民之天赋与本性，从而使他们充分发挥潜能与创造力而自我实现。因此，孔子所说的“无为”的“为”字的读音取 wei 的四声更为贴切。申言之，“无为”就是没有外在目的，尊重人（自己及他人）的本性、内在目的和本真需要，也即康德所谓的“人是目的”。

（1）“仁”应是“无为”的。

孔子讲：仁是“克己复礼”（《论语·颜渊》）；孟子言：“君子以仁存心，以礼存心。仁者爱人，有礼者敬人”（《孟子·离娄下》）。由此可见，儒家的“礼”与“仁”是一体两面的；同时，“礼”来自“敬”，“仁”也与“敬”是一体两面的。中国传统文化中的“礼”与庸俗法律有根本不同。具体地说，儒家的“礼”代表的是庄子所谓“照之于天”的客观天道，即“礼”是“天理之节文”，而不是主观的“人意”。所以，“克己复礼”之“仁”就是在行为上符合作为天道的“礼”的规范，从而是“无为”的。

与此同时，在仁爱的关系中，我们以“天理之节文”相互对待，原因在于我们“敬”的对象是对方所承载的人之本性，也即因仁爱而合于大道和天地大生命的大写的人。因此，“敬”本质上是对生命的敬畏。进一步地，儒家的“礼”也便是“仁”与“敬”的落实，是两个大写的人保持“大我—大你”关系，免于堕入“我—它”关系的行为规则，是双方保持和谐的行为尺度。推而广之，“克己复礼”之“仁”中，宇宙中的一切事物处于各自如是的本然状态，即各得其所互不侵犯，从而彼此和谐共处。与此同时，只有人才可以通过仁而主动突破生命的有限性而进入永恒——在人之本性中实现天人合一，在仁爱中成己与成人。

---

① 《梁启超清华大学演讲录：为学与做人》，北京，东方出版社，2015。

由上可见，儒家之仁本质上是一种“无为之仁”“天道之仁”。此种“无为之仁”与“天道之仁”尊重自己的本性，同时也尊重对方的本性。它允许个人按照本性做出符合自己的本真需要的选择从而实现自我；同时，也通过将他人的需要看作自己的需要，从而在扩展与创化双方的生命的同时，允许和帮助他人实现与扩展他们的自我——即将自己与他人都作为目的，而非工具。

(2)“无为之仁”的前提是“诚”。

“诚”为“真诚”“本然”。以“诚”为前提的“仁”包含一种深情厚谊，以“诚”支撑的“仁”和“礼”才是真正本然而无为的；与之相反，背离“诚”的“乡愿”以“仁的外在表现形式”为手段，以实现其（名、权、利等的）外在目的。此时，关系、关系中的自我与他人都成了工具性和可操纵的，人也就失落了存在。因此，孔子讲：“乡愿，德之贼也。”（《论语·阳货》）《礼记·中庸》说：“诚者，天之道也，诚之者，人之道也。”也即作为“合于天道的人之道”的“仁”必须以“诚”为其前提。这里的“诚之”，便是忠实于“人”与“己”的本然状态，或者说让“人”与“己”的本然状态得以真实地显露，成为本真的承载天道和人之本性的大写人。

对儒家来说，仁爱的来源是亲亲之爱。“人者仁也，亲亲为大。”（《礼记·中庸》）“孝悌也者，其为仁之本与！”（《论语·学而》）“孝者，所以事君也；悌者，所以事长也；慈者，所以使众也。”（《礼记·大学》）“《康诰》曰：‘如保赤子。’心诚求之，虽不中不远矣。”（《礼记·大学》）无疑，孝、悌、慈存在于家庭成员之间，是人类极致的真挚情感，它们天然没有任何做作与附加条件，是人之本性的流露，即不忍于使其德性与本性因自己的一己之私而受到无端的损伤，也即孝、悌、慈都是无为的。因此，将这种真挚的情感外推，以之处理与君、与长、与众的关系，进而治国，其关键与核心是要在人际间保持同样的真挚无为，且应该像保护新生婴儿一样保护这种“诚”与“无为”。由上可见，儒家始终抓住“亲子”这一环节作为仁的核心或根本，其目的就在于通过强调家庭成员间的人类最真挚的情感，从而尽其所能地强调“仁”的“诚”与“无为”的特征。

《礼记·中庸》中又讲：“唯天下至诚为能尽其性。能尽其性，则能尽人之性。能尽人之性，则能尽物之性。能尽物之性，则可以赞天地之化育。可以赞天地之化育，则可以与天地参矣。”即只有极致地对自己真诚而真实地活着的人，才能全面展现自己的天命之性，绽放天赋而实现本真的自我。进而，只有这样赤子般赤诚的人才能通过“无为之仁”这种爱与敬的深情厚谊，在尊重、扩展与成全“己”“人”与“物”的本性中与“人”与“物”和谐整全相互促进，从而参与天地大生命的创化。

(3)“无为之仁”的行为方式——“忠恕之道”。

孔子的“行人（仁）道”就是行“忠恕之道”，这是儒家中庸“爱与度”的体现。其中，“忠”，即公正之心，表现为“己欲立而立人，己欲达而达人”（《论语·雍也》）；“恕”，即真正去体会他人的需要，表现为“己所不欲，勿施于人”（《论语·颜渊》）。儒家“忠恕之道”下的互爱合作是“无为之仁”的必然要求，其本质是实现以人为本——即首先承认人与人在人之本性和生命价值上的平等，进而使人们通过仁爱与责任而主动修身与自我节制，从而成为体现人之本性的纯然本然的大写的人。同时，以仁爱为出发点和归宿才能达成和谐的关系与和谐的社会。

2. 无对之仁

中国传统文化重视人之存在的整体关联性，“天人合一”是中国人自古以来的坚定信念，“与天地同在”是中国人的不懈追求。如孟子认为，人的先天之心可以通过“恻隐”“不忍人”等与他人相感通；他和庄子都认为人可以通过“气”与他人、与自然、与宇宙相连。再者，儒家提倡“仁民爱物”，要求与他人与自然和谐相处——仁者与天地万物一体，即仁者通过“仁”这一人之本质的整合力量而统一于宇宙大生命，浑全无对。

这里的“无对”意指“整全”，也即归于大一。它是借用自梁漱溟先生的提法：“无对者指超离利用与反抗而归于浑全之宇宙”①。梁先生这里所要超离的“利用与反抗”便是前文所述的“我—它”式的机械的关联，所要进入的则是“大我—大你”的关系，即仁爱连接的共同体。在仁爱共同体中，“大我”“大你”“我们”都成为天地大生命的一环并进入天地大生命。也即在以仁爱连接的关系中，我在天道与天地大生命中，而你也同样如此，每一个人都是天道与天地大生命的承载者与组成部分，因而得到了整全。

具体地讲，孟子认为，与后天被污染之心相对应的先天之心（即本心）是

---

① 梁漱溟：《人心与人生》，140页，上海，上海人民出版社，2011。

人之本性的处所，是仁的处所。同时，《礼记·中庸》讲“率性之谓道”，即本心本性即天理，由此，仁便是天道的一部分。进而，顺此“仁”之本心本性就是合于天理，就可以达到孔子所说的“从心（本心）所欲不逾矩”的“成德”境界。在仁爱的关系中，双方都依天道之仁而合于天地大生命，进而浑全无对，实现了天人合一、人己合一的“成德”境界。也就是说，儒家的“成德”充分地体现了仁的无对性——在成己中成物，在成己中成就他人、成就社会。即“儒家推崇成德。成德并不只是个人之成就其自己而已，它指的是将全副的生命回向整个生活世界，而去成就此生活世界中的每一个个我”[①]。由此，也便实现了人的生命与宇宙的同体，进入了时间与空间的永恒，进入了天地大生命的浑全无对。

梁漱溟先生也同样认为，人之所以作恶，主要是因为后天之心的私欲而自为局限，从而自我中心地与外界隔阂不通；而善本应是“通”。所谓“通”，是指情同一体，是“痛痒好恶彼此可以相喻且相关切”[②]，它是人类所代表的宇宙生命本性的无对的特征，是人之先天之心的无对的特征，是“仁”的无对的特征。

由上述对“无对之仁”的讨论可见，“当人类从动物式本能解放出来，便豁然开朗通向宇宙大生命的浑全无对去，正以人类生命自始便打开了通向宇宙大生命的大门；不过一般说来，人生总在背向大门时多耳。其嘿识乎自觉而兢兢业业正面向着大门而生活，由有对通向无对，直从当下自觉以开拓去者，则中国儒家孔门之学也”[③]。

3. “生—生”之仁——德性与生命的创化

《周易》中说“天地之大德曰生”，又说“生生之谓易”。也就是说，宇宙万物的周而复始，其最根本的意义与价值就在于不断地创始生命、延续生命。也就是说，天道的根本在于“生—生之德”，而“作为人道的仁”是天道的一部分，它同样需要体现“生—生之德”的创生性。

《礼记·中庸》讲：“唯天下至诚为能尽其性。能尽其性，则能尽人之性。

---

① 林安梧：《论儒家的宗教精神及其成圣之道——不离于生活世界的终极关怀》，见 http://www.lunwentianxia.com/product.free.1381298.1/。

② 梁漱溟：《我的人生哲学》，183页，北京，当代中国出版社，2014。

③ 梁漱溟：《人心与人生》，140页，上海，上海人民出版社，2011。

能尽人之性，则能尽物之性。能尽物之性，则可以赞天地之化育。可以赞天地之化育，则可以与天地参矣”。也就是说，如果真诚与真实地活着，如果成为“作为天道的仁”的承担者，那么，我们每个人都可以成为社会、宇宙、天地大生命的缔造者，而不是机械的屈从者。也就是说，我们通过成就自己去成就别人、成就世界，与此同时，我们也通过成就别人、成就世界来成就自己——这正是每一个连接天地大生命的个人的生命意义之所在，是他的自由、自主与伟大之所在！

4. “仁”与节制欲望——知行合一

“仁”是人的本真的生命实践活动，是体现了“互慈和创”的人之本性。人们之所以能够表现出仁爱的精神和行为，是因为我们都有看到邻家孩子要掉进井里而惊恐着急的恻隐之心，即“仁”的发端，也即我们都有行善的可能，而是否行善则是选择的问题——即是有没有“克己复礼”的问题，是有没有“存天理，灭人欲”（这里的人欲是指贪欲，即节制欲望，而非禁欲）的问题，是有没有通过去除贪欲而达到“知行合一”的问题，是有没有通过“节制”与“集义”而“不动心”，从而回归人之本性的问题。

《礼记·中庸》说：“喜怒哀乐之未发，谓之中。发而皆中节，谓之和。”这里，“中”便是心处于本然纯一的状态，即先天之心。此时，先天的本心如果发出喜怒哀乐必是人之本性对事物的直接反应，一定是恰当合理的，即“和”。因此，梁漱溟先生与孟子一致，他们认为本真的人心是自发倾向于善的承载了善良本性的先天之心（即良心），人的先天之心内蕴的自觉就是“良知”或“独知”。王阳明说：“无声无臭独知时，此是乾坤万有基”。也就是说，先天之心的良知或独知来自作为乾坤万有基的宇宙与生命的本体，它浑一无对。[①] 而所谓的“慎独”便是慎于保持本心的纯一而不被遮蔽。

需要关注的是，先天之心是深藏于人心中几乎体现为道家关怀的那个层面的；而人的后天之心则是明显不属于道家的，它是外在目的（目标）导向的，是深思熟虑的。后天之心是作为意志和起思考作用的意向性决策器官的“心”。[②] 问题的关键在于：是后天之心最终决定了善良的先天之心将被保留而

① 参见梁漱溟：《人心与人生》，143页，上海，上海人民出版社，2011。

② 参见［美］本杰明·史华兹：《古代中国的思维世界》，373页，南京，江苏人民出版社，2008。

存心还是被抛弃而失心。因此，具有意识能力和意志能力的心的主要任务是永远不要与深藏在人心之自发层面中的倾向于善的惯性趋势失去接触。① 然而，在外界环境的压力、恐吓与诱惑下，它很容易放弃此接触。因此，对于大多数人来说，回归人之本性依靠的是不停歇地在“仁爱”中节制贪欲和实践道德，以使先天之心得以显露。

因此，孟子认为，人们不仅要关注天赋的超越性的先天之心，更要关注日常生活中的“浩然正气”的养成，关注实存性的道德决策和与内在的善之源泉接触的道德努力，下学而上达；王阳明认为，无私欲遮蔽下的先天之心即是天理，而以先天之心行事便是“仁”。同时，知行在本体上本是合一的，知行之所以不合一，只是因为有后天之心的私欲间隔了知与行。要恢复那不曾被私欲隔断的本体，便是朱子所注《大学》中说的：尽夫天理之极，而无一毫人欲之私——冲破私欲束缚，以回归天理之“仁”而回归本真的自我，回归人之本性。因而，“仁”是儒者一生的“慎独”的实践的功夫，是需要永不停歇地在世间事上磨的。

综上所述，“互慈和创”的“无为无对之仁”是人之本性。“互慈和创”及（作为“互慈和创”普遍化的社会基础的）“仁爱共同体”是人的生命之根与生命之源。扎根于“互慈和创”的整体关联之在中的个体才是一株强壮而可靠的“有根的芦苇”，他既不会被死亡恐惧摄住，更不会随波逐流。由此，我们回答了“如何成为一个人——一个自我责任的，独立自由而可靠的，持守存在的人”的问题，也打破了当代困扰人类的“自我中心”的魔咒：真正的个体化与独立性存在于“整体关联”之中！真正的“具有独立性的个体”是“超个体”的“大我”！

三、呼唤本真的医患关系与本真的生命伦理学

人类文明的最终目的在于使人回归人之本性，使人获得“实在的自由”“有效的自由”，而不是虚幻的自由，更不是打着“自由”的幌子对人类生命力的掠夺。也就是说，文明应为人之本性和完整性提供架构，引导人的真正的个

① 参见［美］本杰明·史华兹：《古代中国的思维世界》，374页，南京，江苏人民出版社，2008。

体化、独立和理性的发展。“文明”必须恪守这样的准则：人之本性是最基本的也是最高的价值尺度，是最高和最终的目标和追求，是人类社会任何制度建构的基础。

1. 异化的医患关系

由上可知，人之本性是互慈和创的仁爱，人之本真的关系是互慈和创的仁爱共同体。因此，本真的医患关系也应是互慈和创的，是仁爱共同体式的医患关系。而当前，多数人误认为共同参与的现代性的医疗模式就是以庸俗权利为本位的权利—义务式的医患关系，而没有发现后者其实是一种异化的医患关系。

众所周知，人类早期的医院（如西方中世纪的修道院救济院和教堂附带的医院、中国北魏在洛阳建的别坊和唐朝建在庙宇中的病坊等）曾是在互慈和创的人之本性基础上创建的以慈善救济为宗旨的精神性团体和机构。传统上，医疗被称为“仁术”，医生被称为“白衣天使”，而帮助病人是医疗和医生的根本的行为目的，即医疗是建立在爱与责任基础上的。然而，在被消极的“现代性”全面困扰的当代医疗中，我们看到的是恐怖的一幕：病人面对的不再是详尽而贴心的问诊和体察，取而代之的是冰冷的仪器设备；治疗也省去了安慰与关切，演化成单纯的化学物质对细胞代谢的影响和作用；于医生眼中，病人是检查报告单上的数字或影像，或是多个部件协同作用的机器，而医疗的作用便是将损坏的部件整修或更换，使机器可以重新运转……总之，医院已经异化成冷漠无情的机构，同时，也异化着医疗和其中的参与者。这是世界范围内医患纠纷不断攀升的根本原因。

这种异化的医患关系产生的原因在于原子式个人的理念和权利至上的信仰。韦伯指出，新教所主张的“天职观”将世俗成功作为上帝恩宠的象征，“这意味着在原则上拒绝承认凡人——也就是人人——都可以达到目标，意味着拒绝承认可以因为毫无来由始终只因特殊化的恩宠而得救。事实上，这种非博爱的立场已经不再是一种名副其实的救赎宗教了”①。这种博爱立场的放弃，再加上排他性的“财产权”理论的确立、“经济人假说”和“人性自私”的鼓吹，使得那些在朴实的传统与文化中代代相传的人类互爱和团结合作被打碎，

① 马克斯·韦伯：《马克斯·韦伯社会学文集》，316页，北京，人民出版社，2010。

即互慈和创与仁爱的社会基础彻底丧失，从而制造出原子式个人的孤立、疏离与斗争——人之本性与人之存在失落了。

霍布斯在原子式个人的基础上确立了自然权利的概念，再通过权利运动和大众文化的推动，“人权”成了现代性与全球化时代的“新宗教”，即权利至上与权利本位，也即权利优先于互慈和创的仁爱所表达的爱与责任。然而，以原子式个人为基础的权利是一种庸俗权利，它是本真权利的异化。庸俗权利是现代性的社会文化中的欲望释放机制，表达的是对无节制的非自律的欲望的怂恿，即“任何人的欲望的对象，对其本人来说，他都称之为善”[①]。因此，庸俗权利只能靠他律来限制。与之相反，本真权利则是建立在人之本性的基础上的，即建立在爱与责任的基础之上，也即爱与责任优先于权利。它表达了有节制的自律性的欲望，即人的本真欲望。本真权利是人实在的自由，而不是原子式个人基础上的庸俗权利所怂恿的形式的自由、虚幻的自由、盲目奔突而赚取虚假安全感的自由、自我奴役与被他人奴役的自由。

在权利本位与权利至上的“新宗教”的影响下，现代性的医患关系被想当然地认为是在原子式的个人基础上建立起来的以权利为本位的权利—义务式的医患关系。然而，这种庸俗权利为本位的庸俗权利—义务关系是异化的医患关系。具体地说，这种确立在封闭的“小我”（即梁漱溟所谓的自我中心地与外界隔阂不通）基础上的权利是脱离人之本性的权利，是脱离德性的权利，即“我欲即权利”，于是，医患关系便成为医生与患者之间“权利—欲望”反抗“权利—欲望”的博弈、竞争与防御。根本上，庸俗的权利—义务关系便是医患双方均要求利益最大化和欲望（其中包括贪欲和妄欲）最大化的情形下对欲望和利益所进行的分配，它并不考虑德性和人之本性，是一种典型的工具理性，是双方的机械关联。同时，剥离了人之本性的权利—义务关系是空洞的，它所标榜的自由与平等是形式性的。例如，它罔顾患者在医疗决策中选择能力的巨大缺陷，以形式的平等和形式的自由损害了患者的实质的平等（即肯定自我、肯定生命以自我实现的平等）和实质的自由（即实在的自由），其本质是非理性的。再者，医患双方的庸俗的权利—义务式的博弈机制可以防范负的外部性。却不会支持正的外部性，即没有真正的创生性。同时，不顾历史情境与

---

① 托马斯·霍布斯：《利维坦》，37页，北京，商务印书馆，1985。

现实条件的权利优先和权利至上的庸俗权利理念所导致的欲望膨胀也是医疗所不能承受的。例如，患者常常以生命权为由而要求生命的永远存续，或以健康权为由不承认且不承担医疗的高风险等。

总之，现代性的医患关系以权利为本颠覆了以人之本性（“爱”与“责任”）为本的医疗传统，它是一种异化的医患关系。其形式理性的特征也使得资本乘虚而入，通过技术合理化自身。这表现为：资本主导的所谓“中性”的医疗技术和资本主导的所谓“中性”的医疗管理技术的可计算性规则排除了仁爱，排除了互慈和创的人之本性——医疗彻底非人化了。非人化是医疗的现代属性——医生和患者已经被客体化、物化、符码化为资本、仪器与体制的工具。

2. 呼唤以人之本性为基础的本真的医患关系

由上可见，庸俗权利为本位的权利—义务式的医患关系是偏离了互慈和创的人之本性的异化的医患关系。如果将它认作是本真的医患关系，便是将医患的伦理关系混同于法律关系。同时，法律只是道德的底线，而将庸俗权利作为伦理关系的本位，则是将医疗中的道德拉到了底线，将最低当作最高，从而败坏医德和医患关系，也是对人之本性的否认，是对人本身的神圣性的否认，是对回归人之神圣本性的“向上生活”的否认。

不同于庸俗权利为本位的“权利—义务”式的医患关系，仁爱共同体式的本真的医患关系是以“爱、责任与实在的自由”为本位的；不同于“权利—义务”式的医患关系的被动性、他律性、防御性与疏离性，互慈和创的仁爱共同体式的医患关系则是主动的、合作的；“权利—义务”的契约式的医患关系是一种由“普遍的一般的共相的人”形式性参与的医患关系，即双方都将对方当作剥离了情感和个性的功能、数字或符号来对待。与之相反，互慈和创的仁爱共同体则是一种涉入性参与的医患关系，其中，患者和医生都是具体的、整体的人，医生在仁爱中感到患者的痛苦并予以回应，而医生的仁爱也将唤醒和感通患者的仁爱之心；庸俗的权利—义务式的医患关系中，患者的自主决策只是一种形式的自由，而在建立在人之本性基础上的本真的医患关系中，患者将实现其实在的自由——医患的共同决策将取代患方的决策，由此补足患方决策能力的缺欠，真正满足患者的需要。同时，在本真的医患关系中，医生在职业中通过仁爱而回归人之本性，赢得自我实现，即在成己中成就病人，并在成就病人中成就自己，从而获得超越有限性的真正的生命意义。

与体现了消极现代性的医院不同，传统的医生自由执业制、我国上个世纪50年代至80年代曾出现的赤脚医生制和很多国家中的家庭医生制等都是有助于形成仁爱共同体式医患关系的制度安排。在上述制度的理想运作状态中，医患共同体将成为医疗资源的需求者，医生和患者利益一致。同时，医院和药厂等作为医疗资源的提供者而为医患共同体提供服务。摆脱了资本与制度（如绩效考核）胁迫的医生因积累个人职业声誉的迫切性，也更容易抵制资本的诱惑，也即制度和资本不再能离间医生与患者。当前，借鉴了国际经验并结合了我国国情的医生自由执业制和家庭医生制度正在进行试点与实践，它们将是中国医疗改革的重点环节之一。

3. 呼唤以人之本性为基础的本真的生命伦理学

如前所述，作为人之本性的互慈和创和仁爱是医疗与道德的基础，而“原子式个人”的理念本身便已经隐喻了作为“仁术”的医疗的道德大厦的崩溃——建立在原子式个人的自由主义基础上的现代医疗从开始便是一座人之本性和人之德性的废墟，一座无人之城——医疗中已经触及不到仁爱，触及不到人之本性。在医患双方恐惧与焦虑的眼神中，我们读到的是克里斯蒂娃所谓的“对爱的呼号”！

因此，我们当前最紧迫的任务是使医疗回归人之本性。如前所述，原子式的个人是虚妄。也就是说，只有在互慈和创中的“大我”才能担负起自由与权利的重担。因此，我们需要摆脱那些制造了原子式个人的个人自由与个人权利至上之假象的伦理与哲学，我们必须呼唤以人之本性为基础的本真的生命伦理学。如前所述，儒家的“无为无对之仁”便是互慈和创的人之本性，因此，以仁爱为基础的儒家生命伦理学是一种我们需要的本真的生命伦理学。

同时，在当前不合理的医疗体制还不能全面改变的情形下，拯救医疗和医患关系需从本真的生命伦理学所延伸出来的医生的自我救赎开始——如果我们能修养成活泼泼的本真的生命，“诚意”和“无为无对之仁”必能感通患者达到情意相通，从而使得医疗可以顺应人之本性而舒展自然。

仁爱与责任：中国受试者保护语境中一种温和家长主义模式的辩护

张海洪*

1947年，《纽伦堡法典》颁布，作为国际上涉及受试者保护最权威的法律和伦理文件之一①，它不但将受试者保护作为一个伦理问题正式引入大众视野，在世界范围内引起关注，还标志着人们开始反思受试者保护相关的伦理和制度②。1979年，美国国家生物医学以及行为研究受试者保护委员会发布报告《受试者保护的伦理原则及指南》（即《贝尔蒙报告》），明确界定了尊重、有利和公正三大原则及其应用，成为受试者保护基本的伦理框架并沿用至今。③ 20世纪70年代以来，"机构伦理审查委员会（Institutional Review Board）对研究方案进行独立审查"以及"获取受试者的知情同意"已逐步成为保护受试者的两大制度策略，在国际范围内广泛应用。

然而，即使在受试者保护法制建设较为完善的美国，从20世纪90年代开始，这一制度设计本身的缺陷便日渐显现出来。2000年以来，美国政府会计办公室（Government Accounting Office）④、国家生命伦理顾问委员会

* 张海洪，北京大学医学部科学研究处助理研究员，博士；专业方向：科研伦理，生命伦理，公共卫生伦理。

① Annas，G. J.，The Changing Landscape Of Human Experimentation：Nuremberg，Helsinki，And Beyond. Health matrix（Cleveland，Ohio：1991），1992，2（2）：119.

② Lemaire，F.，The Nuremberg Doctors' Trial：The 60th Anniversary. Intensive Care Medicine，2006，32（12）：2049-2052.

③ Rice，T. W.，*The Historical*，*Ethical*，*And Legal Background Of Human-Subjects Research*. Respiratory Care，2008，53（10）：1325-1329.

④ Human Subjects Research：HHS Takes Steps to Strengthen Protections，But Concerns Remain. GAO-01-775T，May 23，2001.

(National Bioethics Advisory Commission)①、美国卫生部等效保护工作小组(Equivalent Protections Working Group)②、医学研究所（Institute of Medicine)③ 等相继发布报告，探讨其受试者保护制度存在的问题和挑战。细致梳理不难发现，这些问题主要集中在伦理审查，包括审查制度本身存在的结构性问题④以及伦理委员会在实践运行中面临的各种质疑和挑战，如，审查的独立性、利益冲突、培训资质、审查效率等。⑤

在中国，对受试者保护这一问题的认识、讨论以及相关研究可以追溯到20世纪80年代后期。早期的探讨主要集中在对伦理委员会和伦理审查的认识、介绍和学习方面。2000年以后，学者们的研究重点继续侧重于：(1) 探讨伦理委员会的审查机制、运作模式及运行情况⑥；(2) 翻译介绍伦理审查相

---

① National Bioethics Advisory Commission，Ethical and Policy Issues in Research Involving Human Participants. Bethesda，MD；2001. National Bioethics Advisory Commission（NBAC）.（2001）. Ethical and Policy Issues in International Research：Clinical Trials in Developing Countries. Bethesda，MD：NBAC.

② Equivalent Protections Working Group.（2003）. Report of the Equivalent Protections Working Group. Washington，DC：Department of Health and Human Services（HHS）.

③ Institute of Medicine（IOM）.（2003）. Responsible Research：A Systems Approach to Protecting Research Participants. Washington，DC：National Academies Press.

④ 结构性问题主要体现在两个方面：一方面，那些参与到高风险活动中的受试者的权益和福利没有得到应有的保护。只要这些“活动”（例如，在医疗活动中经常会涉及未经证实临床获益或存在未知风险的干预）不满足“研究”的定义，那么这些活动便不需要接受IRB的审查，换言之，将没有独立的第三方对这些“活动”的实施进行监管，从而也就谈不上对其中涉及的“受试者”的权利和福利进行保护。另一方面，由于现有制度的僵化等问题，可能使得那些参与到风险较低的研究中的受试者得到了过度的保护，从而影响研究的及时开始和实施。过度保护不但给IRB带来了额外的负担，还会导致时间、人力、经费等一系列资源的浪费。

⑤ Emanuel EJ，Wood A，Fleischman A，*et al*. Oversight Of Human Participants Research：Identifying Problems To Evaluate Reform Proposals. *Ann Int Med*，2004，141（4）：282-291.

⑥ 参见高维敏、熊宁宁、汪秀琴、刘芳：《临床试验机构伦理委员会审查规程》，载《南京中医药大学学报》（社会科学版），2003（4）；张浩、黄瑾、杨放：《加强伦理委员会建设，促进临床试验健康发展》，载《药学实践杂志》2009（2）；黄瑾、胡晋红、蒲江、项耀钧：《伦理审查委员会规范化建设和质量提升策略》，载《中国医院管理》，2012（12）；翟晓梅、邱仁宗：《如何评价和改善伦理审查委员会的审查工作》，载《中国医学伦理学》，2011（1）；田冬霞：《中国伦理审查委员会的建构与机制》，天津医科大学，2006；张金钟：《生物医药研究伦理审查的体制机制建设》，载《医学与哲学（A）》，2013（5）。

关国际文献[①]；(3) 反思伦理委员会的审查实践[②]；(4) 其他国家伦理委员会建设经验介绍等[③]。值得关注的是，除了对伦理审查制度的学习借鉴和批判之外，不少中国学者也强调要注意中国具体的社会文化环境对知情同意可能造成的影响[④]。然而，大部分对知情同意的探讨主要集中在临床治疗领域，围绕医患关系、家庭决策等角度展开。由此，本文将主要集中在涉及人的研究的语境中，从受试者保护的视角出发，再探知情同意的理论依据及其在中国受试者保护实践中存在的问题与挑战，论证过多地依赖"知情同意"可能存在的道德风险；同时，借鉴儒家仁爱原则的理论资源，建构一种基于责任的温和家长主义模式，以更好地在中国语境中保护受试者。

一、知情同意理论依据再探

作为《纽伦堡法典》[⑤] 的重要遗产，知情同意一直在受试者保护中具有核心的意义与价值。《贝尔蒙报告》明确提出尊重、有利和公正三大伦理原则，其中，尊重原则要求将每个人都作为具有自主性的个体对待，而对于那些不具有自主性或者说完全行为能力的人则要提供额外的保护。[⑥] 知情同意作为尊重

① 参见满洪杰：《论跨国人体试验的受试者保护——以国际规范的检讨为基础》，载《山东大学学报》(哲学社会科学版)，2012 (4)，39～46 页。

② 参见胡林英：《对伦理审查委员会 (IRB) 监管体制的分析与思考》，载《中国医学伦理学》，2006 (2)；张弛、刘利军、翟晓梅：《药物临床试验中受试者权益保护存在的问题及对策》，载《中国医学伦理学》，2012 (2)；邓蕊：《科研伦理审查在中国——历史、现状与反思》，载《自然辩证法研究》，2011 (8)；张雪、尹梅、孙福川、方毅、吴雪松、傅佳丽：《我国伦理审查委员会跟踪审查的困境及现实求解》，载《医学与哲学 (A)》，2013 (5)；邱仁宗、翟晓梅：《有关机构伦理审查委员会的若干伦理和管理问题》，载《中国医学伦理学》，2013，26 (5)：545～550 页。

③ 参见伍蓉：《美国西部伦理委员会 (WIRB) 培训体验》，载《中国医学伦理学》，2006 (4)。

④ 参见邓蕊：《受试者知情同意决策与家庭的相关度研究》，载《医学与哲学 (A)》2013 (9)；张维、彭莉、王靖雯、马忠英、文爱东：《我国国情对知情同意的影响》，载《中国新药与临床杂志》，2013 (4)；魏艳、梁茂植、吴松泽、刘春涛：《临床研究受试者参与意愿及其伦理学考量》，载《中国临床研究》，2013 (9)；聂文军：《规范伦理视域下知情同意原则的局限及其补救》，载《湖南师范大学社会科学学报》，2013 (4)。

⑤ The Nuremberg code. JAMA，1996，276 (20)：1691.

⑥ The National Commission for the Protection of Human Subjects of Biomedical and Behavioral Research，Ethical Principles and Guidelines for the Protection of Human Subjects of Research，http://www.hhs.gov/ohrp/humansubjects/guidance/belmont.html，2016-04-11.

自主性的直接表现，要求在具备自主能力的前提下，每个人都应当享有自主决策的机会。信息（information）、理解（comprehension）与自愿（voluntariness）是保障知情同意有效性的三大要素。理论上讲，提供信息的性质及其数量应当有助于受试者充分了解研究的性质；在理解这些信息的基础上，受试者能够决定其是否参与研究。而且，这样一个决策应当是受试者自愿做出的。在这里，“自愿”意味着免于外部胁迫和不当诱惑的影响。

因此，理论上讲，知情同意是尊重自主性的直接体现，其理论依据也直接源于对“尊重自主性”的要求与辩护。“自主性”（autonomy）可以理解为个体所具有的自主性观念（the ideal of personal autonomy）以及我们应当是自主的个体并能做出自主决定这一信念。对于“尊重”概念的理解，邱卓思总结了三层含义：（1）尊重可以是参考、注意或者说考虑；（2）尊重是认为值得慎重考虑、评估（的一种态度）；（3）尊重超越态度成为一种行动，约束自身不对他人的自主决策和行为进行干预、影响或操纵。① 一般来讲，“尊重自主性”主要是在第三层含义上使用“尊重”概念。于是，尊重自主性原则可以表述为：试图操控或影响他人的行为及其选择等都是不对的。换言之，即不得采取胁迫、欺骗等不当手段或行为影响、干预或操控他人的自主选择和行为。从积极的方面来讲，尊重自主性原则，尤其是在研究的语境中，还进一步要求信息公开以及采纳自主决策的义务。

尊重自主性原则不仅在消极意义上建立起针对个体行为的约束机制，也在积极意义上建构了个体需要遵循的某些特定的道德义务。然而，我们还应看到尊重自主性原则本身的复杂性。因为在通常情况下，一旦谈及尊重自主性，我们往往仅关注个体的自主决策，而忽略了其他一些方面，如具体的社会、文化、历史等情境因素。因此，只有更好地了解了尊重自主性原则本身的复杂性，我们才能更充分地理解尊重自主性原则的要求及其在实践中的具体应用。首先，尊重自主性的前提是要明确被尊重个体的选择、决策或偏好。人际交流与沟通方式的多样化等因素在一定程度上增加了这一前提的模糊性。例如，研究者与受试者，尤其是那些受教育水平较低的受试者之间的沟通与交流在很大程度上会受到双方关系、语言表达、信息理解等诸多因素的影响。其次，个体

---

① Childress，J. F.，The place of autonomy in bioethics. The Hastings Center report，1990，20（1）：12-17.

可能不会明确地表达其偏好或倾向，有时甚至自相矛盾。这一点上中国式的“含蓄”体现得尤为明显。最后，个体很有可能会随着时间的推移改变甚至完全推翻其之前做出的决定。这样一种历时性变化的存在不仅要求我们随时更新信息及时获取有效的知情同意，也要求我们理智地看待并合理地应用知情同意。

正如邱卓思所指出的，尊重自主性原则是一个重要的道德约束原则，但其本身也有限制。[①] 作为一个约束性原则，它对人们的行为提出道德要求；但另一方面，尊重自主性原则也有其特定的适用范围与道德约束力。由此，关于尊重自主性原则的应用，首先要明确的是具备完全行为能力者与不具备行为能力者之间的区分。自主性作为根本的道德特征之一，在规范和约束我们对于他人的行为和态度方面有着重要意义。当所涉及的对象不具备完全行为能力时，尊重自主性原则的要求与对象是完全行为能力人的要求是不一样的。康德将儿童和精神病患者排除在理性个体之外，密尔对自由的探讨也只针对那些心智成熟的人。对于那些具有行为能力的理性行动者，我们需要在严格意义上尊重他们的自主性；然而，对于那些在当下某一特定时刻不具备完全行为能力的人，无论他们是暂时（不具有/丧失）还是永久丧失行为能力，他们都可能面临遭受伤害或损害自身利益的风险，我们就有必要和义务对他们采取特殊的保护。这样一种保护不但没有违反尊重自主性原则，还可以使用有利原则进行辩护。其次，要明确尊重自主性原则是一项义务（a principle of obligation），而不是对义务的解除（liberation from obligation）。[②] 该原则更多地强调对他人自主性的尊重而不是对他人宣称个体具有的自主性。最后，尊重个体的自主性固然重要，但它并不是道德生活的全部，其他一些原则，如有利原则、不伤害原则、公正原则等，也同等重要。因此，尊重自主性原则作为一个道德准则，是一个显见义务。在特定情境中，该原则可能具有优先性地位，也可能会被其他原则所超越，只要能有理由进行合理的辩护，那么对尊重自主性原则的超越便是可以接受的。这些合理的辩护理由包括（但不限于）：（1）比例原则（proportionality）——当下情境中有其他更迫切的竞争性原则存在；（2）有效性（effectiveness）——对尊重自主性原则的违反或侵犯是为了确保其他竞争性原

①② Childress, J. F., The place of autonomy in bioethics. The Hastings Center report, 1990, 20 (1): 12-17.

则；(3) 不得已的选择（last resort）——对尊重自主性原则的违反或侵犯是保护其他竞争性原则的必要条件；(4) 较好的选择（least infringement）——在当下情境中，相比于其他可能的选择而言，违反尊重自主性原则是保全其他竞争性原则的较好的选择。①

由此，我们可以合理地认为，尊重自主性原则是一个非常重要的道德原则，但在某些特定的情境中，在具备合理理由的前提下，该原则并不一定具有绝对的优先性。回到研究以及受试者保护的语境中，众所周知，自纽伦堡审判以来，知情同意作为尊重自主性原则的直接表现和手段，一直为人们所强调和重视。固然，知情同意的重要地位及其意义在保护受试者的问题上不容忽视，但是，对尊重自主性原则的复杂性及其适用范围的反思提醒我们，对知情同意的过度关注可能会让我们忽略其他一些非常重要的问题和事实，如，知情同意是尊重受试者自主性的主要方式和手段，但它本身并不能充分地保护受试者的安全和福利。这一点最直接的证据是，一个有完全行为能力的人，不一定能做出真正有效的知情同意。甚至，在某些特殊情况下，受试者即使做出了有效的知情同意，这个同意本身的合理性也可能遭到质疑。

二、知情同意在中国受试者保护语境中面临的问题及相关原因分析

中国的受试者保护，目前主流的做法也是依赖于伦理委员会对研究方案进行独立审查以及强调获得受试者的知情同意。在一定意义上讲，从最初引入伦理审查制度开始，推动国内受试者保护制度建设的主要动因之一是生物医学领域的“国际合作”或“与国际接轨”。这在很大程度上导致国内相关制度建设一直处于“被动学习”的状态，在具体实践中则表现为不仅缺少必要的整合与创新，甚至可能止步于生硬的照搬，让受试者保护流于形式和过场。除了前文提到的伦理审查面对的批评之外，中国当前的受试者保护还面临一个严峻的现实：将保护受试者的责任过多地交给了伦理委员会和伦理审查，而伦理审查又过分地依赖知情同意。

如前所述，伦理委员会的独立审查和知情同意是保护受试者的两大主要策

---

① Beauchamp，T. L. and J. F. Childress，Principles of biomedical ethics. New York：Oxford University Press，2013，p. 509.

略，但并不意味着仅仅依靠伦理审查和知情同意就能够为受试者提供充分的保护。知情同意书一直都是伦理审查的重点，然而，结合现实，我们可以合理地质疑并担忧，当前的制度实践是否赋予了知情同意过高甚至过当的期望？这样一种担忧主要源自以下考虑：知情同意深深根植于西方个人权利和价值的文化理念之中，在中国的语境下，尤其是涉及弱势群体的研究中，能否真正获得有效的知情同意？知情同意本身在受试者保护中发挥的作用是否真正如人们所期望的那样？

一种普遍的观点认为，知情同意包含信息、理解与自愿三大要素。理论上讲，受试者保护的相关规定都要求充分的信息告知，这些信息包括：研究步骤、目的、风险与受益、可替代操作、随时问询以及退出研究的权利等。除了充分的信息告知，信息的传递与接收同样重要。影响受试者理解信息的因素众多，信息的组织、表达、过程中的交流与沟通，以及信息接收者本身的智力水平、理性能力、语言能力等可能会给受试者对信息的具体理解带来不同的影响。在获取充分信息并理解的基础上，受试者做出自愿参与的决定才能构成真正有效的知情同意。基于此，知情同意是一个过程，而不仅仅是在知情同意书上签字。然而中国当前的现状，无论是相关规章制度的要求，还是管理实践，都主要关注知情同意文本及签字，往往忽略了对于知情同意作为一个过程本身的监管。

有学者发表文章从受试者的认知误区、研究者存在的问题、知情同意书存在的问题以及伦理审查存在的问题四个方面探讨中国临床研究中知情同意的现状。[①] 以涉及人的生物医学研究为例，“治疗性误解”（therapeutic misconception）往往使得受试者不能正确认识研究可能涉及的风险，如果加上现有的治疗效果有限等因素，受试者往往表现为忽略可能存在的风险，过于积极地想要参加研究；与此同时，受试者也有可能因为对研究风险存在一定的焦虑和恐惧导致信息告知和沟通难以进行。在研究者方面，存在一个普遍的认知误解（从现实的考虑出发），即知情同意的目的往往不是确保受试者的知情权，而是保护研究者的手段和措施。此外，为了确保研究能够纳入受试者并顺利进行，研究者往往担心过多的知情可能会影响受试者的参与意愿，从而在信息的充分告

① 参见武志昂、赵璐萍：《我国临床研究受试者知情同意现状及改善措施》，载《中国药房》，2014，25（41）：3844～3846页。

知上往往持保留态度，对于风险信息以及其他可供选择的替代方案相关信息的告知尤其如此。而且，从实践操作的层面考虑，研究者往往因为集中关注知情同意而忽略对决策本身合理性的考虑。伦理委员对于知情同意的审查往往只能集中在对知情同意文本的审查，而无法对知情同意过程及其质量进行有效的管理和约束。此外，笔者曾多次观摩招募受试者的知情同意过程，发现潜在的受试者在知情同意过程中与研究者几乎是“零交流”。进行知情同意的研究者往往采取“一对多”的形式进行讲解，尽管有的研究者也曾鼓励提问和交流，但在笔者观摩的知情同意中并没有任何一个潜在的受试者提问或质疑。而且，绝大部分受试者都是在讲解之后立即签署知情同意书，其间并没有仔细阅读或询问知情同意书上的相关细节。尤其对于那些文化水平较低、社会经济地位低下但又具有行为能力的弱势群体而言，一方面，他们不需要有代理人签署知情同意书，但另一方面，他们能否给出有效的知情同意也深受质疑。同时，另一个值得关注的问题是国内进行相关研究，一般都是医生去获得患者的知情同意，由于医患双方本身的不平等地位以及现有就医条件等多方面的限制，患者很容易受到不自觉的“胁迫”和/或“诱导”从而不能做出真正自愿的“同意”。

综上所述，无论是实践层面存在的现实问题，还是理论反思存在的风险，都警示我们对知情同意的理解和应用应采取一种更加理性和审慎的态度。即，既要意识到知情同意作为尊重自主性原则的直接体现其本身的意义和作用，也要审慎对待知情同意可能面临的问题。第一，作为真实世界中研究的受试者或潜在受试者，他们即使具备完全行为能力，也往往由于多方面因素的桎梏无法真正自主地做出理性决策。这些因素既包括受试者本身的健康状况、受教育程度、社会经济地位，更与卫生保健制度、医疗保险等密切相关。引入对这些背景性因素的考虑在很大程度上警示我们需要更加慎重地考虑“知情同意”的有效性。第二，“尊重自主性是一项义务”，这就强调不能以“尊重自主性”之名通过“知情同意”将所有决策相关的负担都转嫁给受试者。换言之，当下一个流行的观点是：受试者具有自主性，获得知情同意就是尊重他们的自主性，因此，只要有知情同意就可以从道德上进行辩护。表面看来顺理成章，但是，这一论断在赋予“知情同意”至高地位的同时，也借“知情同意”之名将决策负担都转嫁给了受试者。第三，尊重自主性只是众多伦理价值之中的一个，它不是绝对的，更不是唯一的。同理，知情同意也仅仅是众多保护策略之中的一个，它是尊重受试者自主性的主要方式和手段，但它本身并不能充分保护受试者的权益和福利。然而，值得重申的是，强调我们应当对知情同意采取一种更加审慎的态度，并不意味着推翻知情同意的意义及其重要性，相反，是希望借助对知情同意全方位的考察进一步完善和推进受试者保护制度的有效性和可操作性。

三、一条可能的出路：研究者的责任

在中国受试者保护的语境中，伦理委员会的独立审查以及获得受试者的知情同意作为当前受试者保护的主要策略，除了面对制度设计本身存在的缺陷之外，还必须弥合中西文化差异造成的鸿沟。弥合这一差距的努力不但需要制度实践层面的改革，更需要传统理论资源的整合与创新。仔细分析不难发现，“研究者”作为一个最直接的道德主体，在受试者保护中应当承担的责任①一直没有能够在相应的制度设计中得到较好的体现。要解决这一问题，需要我们对研究者的道德责任进行比较明确的界定并加以辩护。对此，笔者认为，儒家的仁爱原则提供了一条可能的出路。

在儒家看来，“‘仁’作为自主自律的道德主体性，必求克制自己私欲，尊敬他人，因此，仁者反身而诚，则必对一人一物都予以尊重……以忠敬待一切人”②。孟子的四端说进一步明确了儒家以仁为中心的生命伦理学理论，强调不忍人之心乃是人之内在的道德主体性，也是一切道德价值与行为的动力根源。不忍人之心即是不忍他人受伤害之心；羞恶之心即是对不道德行为的羞耻厌恶的表现；是非之心一方面是人作为道德主体所自发的道德感，也是一种道德判断。③

“研究”最直接的目的是要产生可普遍化的知识（generalizable knowledge），这意味着作为研究者，首要的任务和关切是研究中可预期获得的知识。

① 2011年，美国总统生命伦理顾问委员会在其报告中便提出要“推进普遍规则改革，明确研究者的责任”。参见 *Moral Science: Protecting Participants in Human Subjects Research*. Presidential Commission for the Study of Bioethics，downloaded from http://bioethics.gov/node/558，2016-04-10。

② 李瑞全：《儒家生命伦理学》，60页，台北，鹅湖出版社，1999。

③ 参见同上。

在涉及人的研究中，对于如何平衡获取科学知识与保护受试者之间可能存在的张力的问题，《赫尔辛基宣言》明确声明："尽管医学研究的首要目的是产生新的知识，但这一目的本身不能超越受试者个体的权利和利益"①。即，当获取新知识与受试者权利之间有所冲突的时候，获得知识这一目的并不能充分地对忽视受试者权益和福利进行有效辩护。另一方面，在研究目的与受试者权益不存在直接冲突的情况下，如何能在开展高质量研究的同时，尽可能地保护受试者的权益和福利也是研究者应当承担的道德责任。相比于对科学发展应有的责任与承诺，此类道德责任的核心在于如何以仁爱之心、不忍人之心公平地对待受试者，尊重受试者，同时又对研究过程中可能出现的问题保持警觉，敏锐地意识和判断存在的问题，并自主自律地遵循相应的伦理原则和道德要求。

首先，这一道德责任的建构要求研究者要对将要进行的研究的科学价值及其有效性负责。"研究本身是否具有价值"是论证一项研究是否值得进行的必要条件；"研究是否具有科学有效性"决定了一项研究是否能够达到其目的。这两个问题是进行一项涉及人的研究不可回避的前提。研究者拥有的专业知识、经验不但确保其有能力对此类问题做出明智的判断，也要求其在相应的研究设计、实施、管理等全过程中扮演重要角色。同时，科学的进步与迅速发展，也要求研究者不断学习、更新自己的知识，以便有足够的能力对相关问题做出正确把握和准确判断。其次，在涉及受试者保护的问题上，虽然伦理审查和知情同意是目前受试者保护制度的主要策略，但是，研究者不能仅仅停留在对这两项要求的被动依从上，而是应该主动承担更大的责任。更具体来讲，根本而言，受试者保护绝不能够仅仅是制度的要求，而应该成为研究（尤其是涉及人的研究）领域的基本道德要求和责任。研究者不但要遵循现有法规关于受试者保护的基本要求，还应意识到现有制度框架可能的缺失，通过追求高的道德标准和科学标准实现高质量研究与受试者保护的融合。

换言之，在某种意义上，这一重构其实是一种温和的家长主义的主张，强调研究者发挥更加主动的作用。这种家长主义模式的基础和前提必须是研究者作为自主自律的道德主体，遵循仁爱原则，承担保护受试者的道德责任。这一责任框架的建构，也是基于对研究者能力及可操作性的现实考虑。在新的责任

① Declaration of Helsinki-Ethical Principles for Medical Research Involving Human Subjects, at http://www.wma.net/en/30publications/10policies/b3/, 2016-04-12.

框架下，要求研究者在保护受试者的问题上与伦理委员会建立新型的合作关系。新的合作关系意味着伦理审查的主要功能将由对不足的批判转变为提供更好的改进建议，它对研究者以及伦理委员会双方都提出了更高的要求。即，研究者在申请伦理审查之前应尽可能合理地设计研究方案，对可能存在的科学问题和伦理问题进行全方面的考虑和设计。对此，研究者不仅需要相关的科学知识来确保研究方案的科学有效性和可行性，还应具备相应的伦理和法律知识。伦理委员会则应提供更好的服务，帮助研究者就相关研究的科学、伦理和法律相关问题提出建设性意见。此外，研究者还必须意识到受试者保护是一个持续的过程。获得伦理委员会的审批以及受试者的知情同意并不意味着保护义务和责任的终结。恰恰相反，一旦获得伦理审批以及受试者的知情同意，研究者便对受试者负有了更直接的保护义务和责任。这些责任和义务体现在对受试者安全和福利的持续关注以及对受试者的尊重上。例如，严格按照科学设计的方案实施研究和/或干预，发生不良事件及时报告并采取措施，发现新的可能影响受试者继续参与意愿的信息时及时告知受试者，尊重受试者退出研究的意愿等。

综上所述，本文通过对知情同意理论依据的梳理和考察，探讨了知情同意在中国受试者保护中存在的实践困难以及过多地依赖“知情同意”可能存在的道德风险。需要强调的是，尽管笔者认为伦理审查以及知情同意两大策略在中国受试者保护语境中存在诸多问题，但并非否定这两项制度设计本身的作用。相反，笔者尝试通过借鉴儒家仁爱原则的理论资源，建构一种基于研究者责任的温和家长主义模式来对现有制度可能的缺陷进行补充。此外，更好地推进受试者保护在中国的发展，除了制度实践层面的改革以及传统理论资源的整合创新之外，还需要在观念层面上实现一个根本的转变，即，意识到保护受试者本身内在的价值及利益相关方对此负有的道德责任。责任框架的建构，不但要求相关各方明确的角色界定，也需要各方的团结协作，更重要的，还需要相关各方自身持续的能力建设以确保相关职责的切实履行。

六、家庭本位的伦理

生命决策中的家庭协商

韩跃红*

西方自古就有个体主义的文化传统，随着权利保护和社会保障的不断加强，“我的生命我做主”渐成西方社会的主流观念、主流规制和主流行为。无论是社会体制还是社会舆论，都对他人（包括家人）左右另一个人做出处置生命的决定保有高度警惕，以各种规制防范这种影响的发生。因此在西方社会，生命处置的家庭协商无足轻重，更不会被当作一个法定程序被贯彻到实践中去，而对个人生命自主权的保护却无处不见。相对而言，在素有家庭主义传统的中国，虽然也在加强对个人权利的保护，也在发展社会保障以减轻家庭负担，但以家庭协商解决生命难题、以家庭应对生死困境的传统从未衰退。时至今日，每逢生、老、病、死困扰个人之时，都是家庭充当了第一把保护伞。家

* 韩跃红，昆明理工大学社会科学学院教授、博士生导师，主要从事生命伦理学研究。

人不仅会尽治疗、呵护之责，还会义不容辞地履行协商和决策义务，使脆弱的生命有了一个主心骨，使他不再孤单，不再无助，而是与家人一起共渡生死难关，也使生命决策因共享了家庭智慧而更为审慎和明智。

范瑞平先生在其《当代儒家生命伦理学》里认为，儒家家庭主义是与西方个人主义截然不同的文化传统，它铸成了医疗中的家庭决定和"家庭主权"。① 笔者赞同他的观点，不仅在医疗决策中，在生命过程的重要节点上，国人都习惯于通过家庭协商来解决问题。家庭协商的过程既充满仁爱精神，又融入了理性、尊重、民主等当代价值，它使古老的家庭主义在生机勃勃的当代中国有了一个很好的表达方式。

一、生育问题的家庭协商

生育总是两个人的事，夫妻协商决定生育问题，中西概莫能外。引人注目的是，在中国，是否生育、何时生育、以何种方式生育，以及孕期、产期、哺乳期内一系列生活和医疗的细节问题都会成为家庭协商的重要议题，而且协商的主体会扩大到夫妻双方的父母和已有子女，甚至扩展到更多的近亲属。如果您认为这只是传统做法，不能反映新生代的主流行为，那么我们来看看 2016 年全面实施"二孩政策"以后的社会反应：一时间，是否生"二孩"竟然成了一个哈姆雷特问题，令所有育龄夫妻都陷入思考。不少夫妻已经决定生育，或已经有了"二孩"，但这个决定或这个"二孩"一般都是大家庭充分协商、共同决策的结果。笔者的一个研究生是独生女，一经达到政策条件，她就毫不犹豫地生了"老二"。她告诉笔者，生"老二"的问题实际上酝酿已久，早在政策放开前，她的父母就一再说两个孩子好，以后不孤单。当得知间隔 5 年后"单独家庭"可以生"二孩"时，她的父母又说："趁着我们还带得动，你们赶快生，晚了谁帮你们带孩子?"正是在父母的长期影响下，小夫妻差不多成了"二孩"政策的最早受益者。笔者曾经问及"老大"是否同意，这位研究生说，他们自从有心生"老二"后，就注意引导"老大"接受一个弟弟或妹妹，结果其女儿很盼望"老二"出生，现在每天从幼儿园回家就要亲亲或抱抱妹妹。

---

① 参见范瑞平：《当代儒家生命伦理学》，第一部分 儒家家庭主义：在西方个人主义的彼岸，1～109 页，北京，北京大学出版社，2011。

以上是一个比较典型的中国式家庭协商案例，协商贯穿在日常生活中，平和而富有成效。一般而言，中国父母无不关心儿女的生育问题，尤其是独生子女的父母，大凡在子女成婚以后就开始考虑下一代的生育问题。尽管没有最终决定权，但中国父母还是会旁敲侧击，以巧妙的协商方式影响子女，而子女大多也乐意听取父母的意见，认为他们拥有更加丰富的人生经验，可以从中获益。两辈人在协商过程中也会产生意见分歧，甚至会争论和争吵，但一般小辈不会怀疑老辈的善意（也就是范瑞平先生所说的“客观的善”①），长辈也不必担心冒犯子女的自主权，这两点成为家庭协商经久不衰的基础。可在西方人眼里，生育纯属夫妻二人的私事，无论他们做出生或不生的决定，其他家庭成员都会欣然接受，哪怕父母认为生育条件不成熟（比如未婚先育）也会违心地向儿女表示祝贺。反之，父母如果公开反对子女的生育决定，会被认为是家长主义或权利干涉，这在西方伦理意识中是一种非常负面的做法。至于生“老二”要征得“老大”的同意，就更加令西方人不可思议，但在中国情境中却顺理成章，因为添丁进口是家庭大事，必须每个家庭成员都同意，才有可能全家人心平气和、高高兴兴地迎接新生命的到来。2016 年新年伊始，多起“老大”抗拒父母生“二孩”的报道见诸网媒，甚至有“老大”以自杀、出走、拒考等方式要挟父母不生“老二”，虽是负面个案，却从反面佐证了家庭协商生育问题在中国的重要性。

笔者访谈过一个“丁克”家庭的男性，他与妻子结婚时就下定决心不生孩子，要把全部精力投入事业和对生命的潇洒体验。然而，双方父母持续多年的劝说正在动摇着他们的决心。他对服膺于传统观念矢口否认，但承认原来对家庭幸福的预设可能有问题，因为父母经常唠叨“没有孩子有啥意思”，“没有孩子的家庭不稳定”。结婚数年后他们夫妻果真觉得家庭生活比较单调，担心以后就更加乏味，甚至害怕以后后悔时已经生不出来了（遭遇怀孕困难）。最近，身边的人正热火朝天地筹划生“二孩”，进一步加剧了这对夫妻的动摇心理。这一案例和前面生“二孩”的案例一样，家庭协商是家庭生活的一个组成部分，重要的是，两代人日常联系非常紧密，要么因为父母帮助照看“老大”而共同生活，朝夕相处，要么身处两地的亲子之间彼此牵挂，经常通电话或相互

---

① 参见范瑞平：《当代儒家生命伦理学》，35～37 页，北京，北京大学出版社，2011。

看望。就在频繁的交往中，父母对子女生育问题的意见得以充分表达，慢性渗透。这说明历史悠久的中国传统家庭（三代同堂）以及心心相印的亲子关系为家庭协商提供了现实条件，但家庭协商富有成效的基础又是什么呢？也就是说，两代人在人生观、生育观、幸福观以及生活方式上存在显著差异，但为什么他们还是可能达成一致意见呢？从上述两个案例我们看到，两代人取得一致意见的契合点不再是“不孝有三，无后为大”，也不是“养儿防老”，传宗接代，而是一些非常现实的幸福考量，诸如独子太孤单，不利于成长，没有孩子会缺少家庭乐趣和创造性等。生育问题上的家庭协商除了父母主动参与，也有子女主动征求意见的。后一种情况既有尊重、讨教的意味，也有取得父母支持、帮助的意义。因为在中国，养育孩子成本高昂，在应试教育环境下长大的新生代疏于家务，若无长辈相助，他们很难挑起孕育婴儿的重担。

可见，以儒家思想为核心的家庭主义可以为生育问题的家庭协商提供文化解释，但解释的侧重点在家庭协商这一决策的形式或者程序。正是中国乃至东亚社会以家为主的生活方式使家人之间可以在生育观上长期影响、相互渗透。至于家庭决策背后看不见的支配性原则，也就是家庭成员达成一致意见的基础，则更多地表现为对现实合理性（如后代的福祉和家庭的幸福）的追求。这说明当代国人传承了儒家家庭主义的生活方式，但在其中融入了理性精神，淡化了家长主义色彩。

二、养老问题的家庭协商

在中国，随着老龄化席卷而来以及养老产业的迅速崛起，以家庭协商解决养老问题显得更加重要，也更为频繁。然而，协商的方式和内容表现出巨大的城乡差异。

在中国的广袤农村，养老问题的家庭协商被传统习俗大大简化了。老人（包括父辈和祖辈）一旦丧失劳动能力就轮流到儿子家生活，轮转时间各家一样，而女儿只需在过年过节、生病住院时看望老人即可。这一习俗意味着儿子是家庭养老的主体，他们平均分配赡养老人的负担，而女儿却被豁免了这样的义务。尽管与现行法律规定（成年子女，不分男女，都有赡养扶助父母的义务）不相符，但儿子养老早已固化在世代更迭的乡村生活里，显示着男主女从这一儒家观念的强大生命力。这种生命力之所以没有被西化的浪潮冲垮，说明它总是在某些方面与现实境况相适宜。首先，体力相对强壮的男性更能胜任农耕和其他体力劳动而当之无愧地成为家庭栋梁，也就是成为家庭的主要劳动力和责任承担者。其次，儿子养老也蕴含着某种权利与义务的对等关系，使之具有广泛的世俗可接受性。父母辛劳一生，为儿子娶亲、建房，换来的是“养儿防老”以及同姓孙辈对家庭“血脉”的传承，而女儿出嫁之后成为夫家的劳动力，父母又从不菲的“彩礼”获得一定的养育回报。所谓的“以亲换亲”就意味着娶媳妇的经济支出与嫁女儿的经济收获大致对等，都约等于“彩礼”的价值。最后，从可行性思忖，儿子均分养老负担还是一种简便可行的农村养老方式，因为女儿可能远嫁他乡，父母很难随其生活，而儿子被住房、田地固定在家乡，在家供养父母更为可行。而且，儿子养老的两个“漏洞”——没有儿子和没有子女的老人供养问题已经在历史长河里找到了解决办法：为女儿“招赘”养老或者由政府出资集中供养孤寡老人。正是这样，儒家的孝文化以习俗作为载体，凭借着内在的道德合理性及与现实生活的适宜性而得以长期持存，村社的社会舆论从外部维护着它，民间教化从内心塑造着它。就像西方人害怕背上干涉子女自由、虐待子女的污名一样，中国人极其恐惧不孝之子的骂名。于是，并不富裕的农村子弟们平静地按照传统为家里老人养老送终，同时因为尽了孝道而获得一份安心，如果孝心出众还会在十里八乡享有赞誉。

但我们在分析传统养老习俗合理性的同时必须看到，老人在其中始终处于被动的地位，不能表达自己的意见，更不能突破习俗去自己想去的家庭生活，他只能以预设的周期在儿子家轮转度日。这样因为均分负担而被安排的晚年生活会给人什么样的感受呢？读者可想而知。即便遇到“不孝之子”或不孝的儿媳妇，老人们也只能忍气吞声地挨过那个既定的周期。所幸的是，习俗也不是铁板一块。在江苏等发达地区，出现了不少农村老人随有孝心的儿子或女儿长期生活的情况；在急剧扩大的城市，家庭协商更是给了老人发言权，也给了老人更多的尊严感。

我们知道，在中国的大中城市，家庭养老依然占据绝对优势，但较快发展的社会养老事业和迅速崛起的养老产业毕竟为人们提供了多种可能的选择，也给老人提供了最后的避风港。更为可喜的是，随着富裕程度的提高和观念转变，家庭协商的重心已经从经济分担移到了生活照料、医疗协助、精神关怀和陪伴等问题。城市子女在协商过程中更加关注父母的福利，也更加尊重父母的意愿。通常情况下，子女们会根据居住条件、时间精力、家庭关系、去医院的距离等多种因素协商权衡，把老人安置在最为合适的一个子女家里居住，其他子女经常看望和协助照料；或者老人住在原来的家里，子女们轮流前往照料或协同雇请保姆照料；当照料实在困难或老人强烈要求时越来越多的家庭开始考虑机构养老。无论何种方式，贯穿养老协商的主要原则还是有利于老人。当老人做出相左的选择时，即便不太符合现实合理性或“客观的善”，子女们在劝说无效的情况下，也趋向于最终尊重老人的意见。

笔者走访了昆明市某家具有医养结合性质的康复医院，对两位老人的情况印象深刻。一位 77 岁的男性老人“脑梗”后入住这家康复机构一年多，肢体和语言恢复良好，心境愉快并很健谈。他告诉笔者，很喜欢这里，不仅条件好，还能与其他老人聊天，周末有大学生志愿者来“关爱”他们。每个月儿子会来交钱（伙食费和护工费共两千多元），但他不想回家，因为子女都很忙，在家没人说话。另一位 94 岁的男性老人就很不同，他平时和二婚的妻子在一个大型矿区生活，6 个子女都住在昆明。他因严重肾积水被子女接到昆明并送到这家医院治疗，一月后病情大为好转，老人表示要出院回家，不愿意多住，也不愿意住到昆明的子女家。笔者见老人时，他坐在轮椅上看报，因听力较差不太愿意和人交流，上述情况是老人的儿媳告诉笔者的。这位已经退休的妇女说，6 个子女都有孝心，认为老人是离休干部，继续住院是最好的选择，即便出院也应该随儿女住在昆明。但老人执意要回家，没有办法，可能稳定一段时间后就只能将其送回矿区。这两位老人的情况都有一定代表性，一位愿意长住机构，治疗慢性病的同时实现他所向往的养老；另一位执意要同二婚的妻子生活在一起。虽然两位老人想法不同、去留迥异，但共同点是，他们都敢于在家庭协商中表达并坚持自己的意见，而不是任凭儿女安排老年生活；协商的结果是子女们最终顺从了老人的选择，以对父母意愿的尊重来体现其“孝心”，使古老的“孝道”融入了尊重自主的新元素。也就是说，在城市有关养老问题的家庭协商里，老人有了更多发言权和自主决定权。

家庭养老在城市和农村的显著差别，有可能是一种历时性变化，预示的是未来中国的养老图景：其一，真正的协商代替了习俗。协商背后看不见的支配性原则不再是儿子均分养老负担，而是老人福利的最大化，这无疑增加了老人的福祉，是了不起的历史进步。这种进步貌似远离了传统，但却更为接近儒家敬老孝亲的伦理精神。其二，协商过程中老人的意愿得到更多表达和尊重，使老人们生活得更为自主也更有尊严。因此笔者认为，在养老问题上，历史演进的主流是更趋近于儒家对“孝”的核心理解——敬和顺。孔子提出“孝子之事亲也，居则致其敬，养则致其乐”（《孝经·纪孝行》），孟子认为，“不顺乎亲，不可以为子”（《孟子·离娄上》）。相对而言，儿子轮流养老的习俗更多考虑了兄弟之间的利益均衡，正所谓“名不同得则怨，以为彼荣则我辱也；利不均得则争，以为彼多则我少也”，[①] 而较少考虑父母的快乐和自主。这说明经济发展和生活水平的提高可以淡化养老协商中的“均利”原则，强化养老协商中的敬老、顺亲原则。这些可喜的变化应该可以成为“重构”儒家生命伦理学的元素。

中国尚存巨大的城乡差别，但在养老这件事情上，城乡家庭都很有担当，子女们或根据习俗来分担养老义务，或通过协商形成有钱出钱、有力出力的态势，如此维持了庞大的家庭养老比例。无须回避，城乡都有“不孝之子”，父母状告子女不养或不“回家看看”的事例也不鲜见，但总体来看，一个即将跨入现代化门槛的人口大国，并没有在城市化和老龄化的双重夹击下出现养老危机，极为开放的民众也没有奢望把照料父母的责任推卸给政府和社会，而是默默地延续着家庭养老的传统，以家庭协商解决养老中的各种麻烦和矛盾，保持了社会“老有所养”的基本面貌，这不能不让人感怀于儒家的孝文化及其当代价值。然而，目前中国正陷入空前的养老焦虑。数不清的独生子女远走高飞，“空巢老人”遍布城乡各地，家庭养老的功能正在客观上被削弱。公共政策如何支持家庭养老、如何鼓励家庭通过内部协商化解矛盾和维系和谐等将是新的研究课题。

三、病、死问题上的家庭协商

家庭在医疗决策中的作用已有学者做过深入研究，他们不仅论证了“家庭主权”或“医生、患者、患者家属共同决策理论模式”在中国或东亚社会的道

---

① 转引自唐文明：《人伦理念的普世意义及其现代调适——略论现代儒门学者对五伦观念的捍卫与重构》，载《道德与文明》，2015（6），10页。

德合理性，还建构性地提出其实践方式。[①] 笔者已无更多贡献，只是感到因医疗决策专业性很强，对家庭主权的实现方式需要特别注意：第一，家庭协商必须有医方的专业指导，只有在明确了病情、治疗方案、预后、医学的最佳选择和次佳选择的前提下家庭协商才是有意义的。为此，一是医生不能置身为家庭协商的局外人和旁观者，而是必须扮演好科学引路人的角色。为了规避医疗风险而有意夸大病情和不明示最佳选择的做法是不负责任的，极易对家庭协商形成误导，使之做出不利于患者最佳利益的选择。二是家庭成员不仅要积极参与协商，更重要的是应该扮演好医患之间沟通者、合议者的角色。因为家庭内部意见不统一常常根源于医疗信息不充分或不一致。这时，最好的协商方式就是继续咨询医方，包括多次反复找不同级别的医生咨询、寻求会诊、寻求远程医疗等。一旦家庭获得比较一致而又权威的医学意见时，家人之间的分歧也会随之消解。

第二，当家属意见与患者意见发生冲突时，同样需要在医方指引下家庭反复多次协商来寻求一致。然而，随着个人自主性的增强，特别是青年一代知识和价值观的改变，患者决定与家属意见常常难以统一。如果通过反复多次的咨询和协商也无济于事时，一般情况下还是应该把最终决定权交给患者本人，大家要善待的生命毕竟属于病人自己；生命伦理倡导的尊重对象也首先是患者本人。也就是说，在中国情境下，我们确实应该承认医疗的家庭自主或家庭主权这一特殊行为方式，法律规制也应当为充分的家庭协商提供保障（如重大医疗处置要求同时获得患者和家属的知情同意），但我们不能回避的是当患者与家属意见不可调和时究竟谁说了算这一现实难题。中国现行法律并未对此做出明确规定，医疗实践中医生也只能把患者与家属的冲突踢回家庭，让他们达成一致意见之后再签字实施医疗处置。这样做在病情不急的情况下尚有益处，它可以促成家庭协商和促进家庭和睦，但在病情紧急的情况下就可能延误救治，在家属认知有误或不以病人利益为首要考量时还可能酿成家属拒签阻拦施救、伤害病人的悲剧（这在中国时有发生）。因此笔者主张，在保障医疗家庭主权实现的同时，应当对家属意见设置必要的限制：一是明确医疗的最终决定权是患

① 参见范瑞平：《当代儒家生命伦理学》，第一部分 儒家家庭主义：在西方个人主义的彼岸，1～109页，北京，北京大学出版社，2011；李泉：《论家庭在医疗决策中的作用》，济南，山东大学博士学位论文，2013。

者而非家属；二是当家属做出明显不利于患者的代理决定时，赋予医方根据一定程序否定家属意见的权利。

长期以来，中国实施医疗知情同意时过于倚重家属意见，一方面是认为家属比虚弱的病人更有决策能力，另一方面也有规避病人失治后家属“扯皮”的意图。这种倾向长期持存是有法律根源的。也只有在今后的修法中对家属意见做出如上限制，才有可能扭转这一倾向，让知情同意回归尊重病人自主这一伦理本意，更加有力地保护病人利益和个人生命，同时，体现出家庭协商的时代特征——弱化家长主义色彩，强化对生命主体的尊严保护。

在生命的另一极——死亡的问题上，中国也实际存在着家庭协商，而且协商的基础是传统共识。众所周知，中国人对死亡的态度非常实际，一方面专注于生，忌讳谈论死的问题；另一方面，当死亡不可抗拒时，又能顺其自然，坦然向死。这一务实态度成为民间处理死亡事务的思想基础，也为家庭协商提供了基本共识。当家人尚有救治希望时，家庭协商的重心是医疗决策，即尽一切力量挽救亲人，通过家庭协商配合医生做出一个最好的治疗方案。此种情况下，即便病人明确提出安乐死请求，家人通常也不会接受，更难以将其作为家庭协商的议题进行公开讨论，而是不自觉地倾向于忽略病人的请求，或以善意的谎言劝慰病人坚持治疗。这样一种对死亡的回避、对生的积极追求不仅是民间共识，也得到医疗体制的遵从而得以在实践中畅行，所以，主动安乐死在中国虽然讨论火热，但要打开这扇门却难上加难，因为它在根本上与儒家好生恶死的观念水火不容。但被动安乐死的情况就大为不同。当家庭经过千方百计的治疗仍然挽救不了亲人性命的时候，家庭协商就有很大的变通空间。

一种情况是，许多老人在“寿数已到”的时候会提出在家“终老”的请求，家人通常理解这一特殊的文化需求，或顺其自然让老人在家里“无疾而终”，或怀着强烈的义务感把老人护送回老家，按照习俗召回儿孙，老人在亲人们的陪伴和呵护中安然、满足地离开人世，葬入祖坟地。这种充满家庭温情的死亡方式在国人看来可谓“善终”，但在西方人眼里可能会觉得家人尽责不够。另一种情况是，老人随遇而安，在医院救治无果后葬于子女所在城市的公墓。即便此种情形，随着寿命延长和医疗维生技术的广泛使用，越来越多的家庭倾向于适度治疗、姑息治疗（临终关怀），甚至必要时放弃治疗。正是在尽心诚意照顾老人的过程中，儿孙们深切感受到靠先进技术维持漂浮不定的生命要在老人身上施加太多难以言状的痛苦，这时，顺应天命的观念融进了不忍之心，“孝”与“顺”契合为对放弃治疗、姑息治疗（也就是被动安乐死）的无奈选择。

我们知道，中国大陆至今没有开启安乐死立法的进程，但安乐死的请求和安乐死案件日渐增多，后者多为家人协助自杀后被提起公诉。在社会需求巨大而法律踌躇不前的境况下，民众早就在自发探索现实可行的道路，结果便是被动安乐死悄然成为广泛存在的事实。如上所述，老人在家或回家终老的情况司空见惯；医疗机构也充分尊重家庭协商的结果，只要有患者和/或家属的书面签字，不治病人可以“自动出院”或转为姑息治疗；老人一旦住院，患方就可以和医院订立不做心肺复苏、不插管、不上呼吸机等提前预嘱。中西差异最大的恐怕是撤出维生医疗（如鼻饲管、呼吸机等）的要件。西方把个人主权贯彻到底便是家属无权决定撤出维生医疗，除非提供本人自愿的证据。德沃金在其著作《生命的自主权：堕胎、安乐死与个人自由的论辩》里多次提到的南西·克鲁赞案就是如此。[①] 但在中国，对失去自主性的末期患者，家庭有权决定撤出维生医疗或改用药物做短暂维持。由于拥有相同的文化传统，台湾地区在2012年修正了《安宁缓和医疗条例》，放宽了末期病人撤除心肺复苏术或维生医疗的门槛，对于无意愿书，也无法表达意愿的末期病人，只需一名病人家属如配偶、成年子女、孙子女、父母同意，不需再经医院医学伦理委员会审议就可以撤除维生医疗。[②]

显然，中国大陆的患者、家属、医院三方形成了对被动安乐死的默认，且这种情况并未引起太大的学术争论和社会争议，也没有爆发太多的家庭和法律纠纷，究其缘由，一是儒、道、释对死亡的顺应态度迥异于基督教生命神圣观对死亡的竭力抗拒。庄子曰：“死生，命也；其有夜旦之常，天也。”（《庄子·内篇·大宗师》）意思是说，死和生均非人为之力所能安排，犹如黑夜和白天交替那样永恒地变化，完全出于自然。另一方面，同样浸染在儒家家庭主义中的医、患双方都不会轻易怀疑家属的善意，于是，医疗中的家庭主权自然而然

① 参见［美］德沃金：《生命的自主权：堕胎、安乐死与个人自由的论辩》，239、248页，北京，中国政法大学出版社，2013。

② 参见林连金：《末期病人——家属签同意书就可拔管》，台海网，http://www.taihainet.com/news/twnews/twsh/2012-12-22/998800.html。

地延伸到了被动安乐死决定。这在西方人看来已经飞涧越池、有所僭越，但有儒家家庭主义伦理和经验的有力支撑，民众事实上已经接受了它。

由此看来，在病、死问题上的家庭协商同样广泛存在，也同样充满仁爱和理性，其中有些在西方人看来不够尊重个人自决权和个体生命的做法，在儒家实践理性和亲亲之爱的解释框架内并无不妥，反倒显衬出亲子、夫妻、手足之间强烈的不忍之心和帮助至爱之人早日解脱的责任担当。

四、结论

在中国，儒家思想历经多次劫难，但与东亚其他地区无异，家庭主义依然融入了民众的生活方式中。家庭协商是家庭主义生活方式的一种具体形式，它淡化了家长主义，增加了民主元素，代表着家庭主义演进的方向。

本文通过对生、老、病、死的一些现象考察，发现个人在解决生命难题时都要仰仗家庭协商。这种仰仗除了文化心理因素，也可能与国人的生活状态有关。中国社会保障和社区发育相对滞后；人多地少，社会竞争强，个人在整个生命周期都对家庭有很大的依赖性。婴儿一来到人世就要仰仗祖辈照看（城市全职妈妈极少，农村留守儿童众多），失能后能进养老机构的占比很小，看病难、看病贵的现实使得一人患病全家出动成为常态……而在西方社会，孩子一旦成人就离开家庭独立生活，当其生、老、病、死时可以获得有效的社会保障和社会援助。马克思认为，社会存在决定社会意识。家庭主义价值观在每个时代都有它活下来的现实土壤。国人在生命决策时之所以养成家庭协商的习惯，除了生命如此重要、必须整个家庭群策群力的因素外，生活方式和生活状态可以提供社会存在方面的解释。

从形式上看，生命决策时的家庭协商不拘一格，有时表现为家人共同遵守某种传统习俗（如儿子均分养老负担），有时呈现为家人的相互影响，有时反映为某种文化默契（如护送老人赶回老家善终）；协商的方式时而开放民主（如生育“二孩”要征求父母和“老大”的意见），时而显露家长主义色彩（如向患者隐瞒绝症诊断、代替末期病人做出医疗决定）。形式各异的家庭协商一般都能在家人最需要、其生命最脆弱的时候给予他强有力的智力和精神支持。正是以协商为开端，调动了全家老小对脆弱生命展开实际行动的援助。家庭支持——一种蕴藏在民众日常生活中的无形力量，是当今中国宝贵的社会资源和道德资源。这种资源不仅在保护生命、凝结亲情、稳定家庭等方面发挥着润物细无声的作用，实际上，它还在为政府分忧，在老龄化浪潮汹涌而来的情势下弥补着需求与社会供给之间的巨大缺口。

从内容上看，生、老、病、死时的家庭协商各有不同，但撇开具体内容透视协商背后的支配性原则，发现人们考虑问题的价值取向是整个家庭或其成员的福祉最大化，如生育前就考虑子女未来的成长环境和教育条件，购房时考虑老人出行和就医方便，家人病重时安排“守夜”时间表等，协商后总能制定出一个伤害（代价）最小、受益最大的行动方案，体现出对现实合理性的追求，故本文将贯穿于家庭协商内容的支配性原则概括为现实合理性原则。当现实合理性指向的不是协商者自己而是家人时，儒家的仁爱精神尽在不言之中。正是对仁爱的体认使得被生、老、病、死困扰的个体充分信赖家庭，乐意接受家庭的协商和建议，甚至愿意把个人自主权完全转让给家庭。就是这样，有关生命决策的家庭协商内发于亲亲之爱，外生于生存环境，显效于实践理性，在维系良善而有序的社会生活中扮演着重要角色，与西方社会“我的生命我做主”的生活习惯形成鲜明对比。

现象考察还发现，家庭协商融入了新时代的元素。有学者认为，儒家的人伦思想，特别是三纲的观念中包含着对人伦中主导一方（君、父、夫）的重视和强调，因而包含着一种支配性因素，形成了基于客观位分的支配与服从关系。[①] 这种支配性因素在传统社会自有其理，在当代维护和谐方面也有一定参考价值，但就生、老、病、死问题进行家庭协商这一特定语境而言，父亲、丈夫、兄长的支配性已经被协商本身的民主性和支配协商的现实合理性取而代之。我们经常看到，协商时父亲可以弱得像孩子，丈夫可以对妻子言听计从，年轻能干的小辈可以挑起家庭大梁。家庭协商偶尔也会显露家长主义，但已不是纲常的主佐关系所使然，而是家人代为决策、代为做主以免去老弱病残者负担的情形。只有在一种情况下，家庭协商的现实合理性可以被完全否决，那就是当生命主体始终坚持另外一种选择时，而且此时他完全清楚家人考虑的合理性，但他有自己不同的价值取向，比如为了最后的尊严他要放弃治疗，为了完

① 参见唐文明：《人伦理念的普世意义及其现代调适——略论现代儒门学者对五伦观念的捍卫与重构》，载《道德与文明》，2015（6），9页。

成至关重要的事情他强烈要求家人告知病情，为有同伴交流他坚持离开条件更好的家庭，等等。这些要求若放在过去很容易被无情否定，但在今天，人们在新时代学会了尊重不一样的价值观，越来越倾向于把生命健康的最终决定权交还给本人。就像多数父母不可能再强迫子女生育一样，多数子女也不会以“客观的善”为由去否定父母真挚而持久的愿望。

总之，历史展现出家庭主义强大的生命力，这种生命力的源头活水就是它的与时俱进。医疗决策中的家庭主权是家庭主义生活方式的一种典型形式，其中最有现代色彩的便是家庭协商这一程序。家庭协商是家庭主义文化之树上结出的新鲜果实，不仅是实现医疗家庭主权的应有方式，也是有效解决生、老、病、死、残等生命难题的通用程序。在此程序之中，家庭既表达了对亲人的生命和生活的无限关爱，又不失对个人自主权的尊重和对科学、法律的虔敬之心。仁爱、理性、民主和尊重已然成为家庭协商的主旋律。这些掩隐在民众日常生活中的道德变化值得学界关注和体制关照。

老年远程护理：儒家观点

翁若愚*

远程护理（telecare）是临床护理在近代比较新的发展，首先发展于英国及美国，然后世界各地也发展了远程护理。[①] 粗略地说，远程护理就是透过通信科技及电子系统为用户提供一些日常的护理、协助，令他们能够维持相对独立的生活。远程护理主要由几部分构成：生物医学的监测（例如为使用者量血压并传送到远距离的控制中心做记录）、生活方式的监测（例如提示服药、记录服药的次数）、安全的监测（在紧急关头通知救援介入）。远程护理能够有效支持居家安老的政策，所以对老年护理及社会有重大影响。在西方社会远程护理的主要服务对象为相对健康的老年人，但也包括长期患病的老年人、残障人士、智障人士。由于远程护理应用上涉及不同的受照顾者，所以也带出许多的道德议题。例如健康的老年人与长期患病的老年人作为受照顾者对护理的需要就很不同，与智障人士分别更大。由于远程护理在西方发展较早，西方生命伦理学对远程护理的道德问题早有注意及研究。[②] 因应人口老龄化及抚养比例上升的长期趋势，中国社会对远程护理有很大的潜在需求。中国生命伦理学不应该忽略远程护理的道德问题。

本文首先介绍远程护理的一些定义、发展背景，然后审视远程护理带出的一些道德议题及道德考虑。后部分会集中讨论索雷尔如何批评四原则的局限性

* 翁若愚，东英格兰大学（University of East Anglia）哲学博士，香港城市大学公共政策学系高级导师。

① 在英国称之为远程护理。在美国除了远程护理之外也称之为远程健康护理（telehealth care）。除了名称上的分别，在英国的应用主要涉及在居家设备上适应、配合使用者小区护理的需要。而在美国的应用则主要在诊断及医疗处理之上。更详尽的描述可参考 Kinsella，A. 2007. *Switched on to Telecare：Providing Health and Care Support through Home-based Telecare Monitoring in the UK and the US London：Housing Learning & Improvement Network*，http://www.housingcare.org/ downloads/kbase/2997.pdf（accessed 15 July 2016）。

② 本文会集中讨论以索雷尔（T. Sorell）对远程护理的观点为代表的西方生命伦理学。

及应用罗尔斯的公义论观点支持老年远程护理。最后本文勾画儒家观点并通过与索雷尔观点的比较做出总结。

一、远程护理的定义、发展背景及道德议题

1. 定义

班斯（N. M. Barnes）的定义：远程护理就是通过电子通信及计算机系统，把健康及护理服务，遥距投送到人们的居处。①

诺斯（A. C. Norris）的定义：远程护理就是利用信息及通信科技，传送医疗信息，以为居家的病人提供临床服务。②

索雷尔（T. Sorell）的定义：

(1) 远程护理就是利用监视科技，协助长者、残障人士、智障人士，在护理机构以外相对独立地生活。③

(2) 远程护理就是利用传感器及其他科技，协助残障人士或长期病患者独立地生活。④

从上述各人的定义可见，远程护理的定义越趋完善。首先在技术应用层面方面，电子通信、计算机系统、信息及通信科技是必不可少的。索雷尔的定义提及监视科技及传感器的应用则比较具体。在器材方面，有各种监视器、警报器、精确定位追踪器等，可以由使用者操控也可以由其他人操控，把使用者的日常生活情况、身体状况传送到在远方的支持中心或照顾者，在有需要时介入，提供协助或安排救援。例如精确定位追踪器显示用户停留在一个特定位置几小时以上，而监视器没有侦测到其他活动，那么使用者很有可能在家发生了

---

① Barnes, N. M., Edwards, N. H., Rose, D. A. D. and Garner, P. 1998. "Lifestyle monitoring: technology for supported Independence," *Computing and Control Engineering Journal*, 9 (4): 169-174.

② Norris, A. C. 2002. *Essentials of Telemedicine and Telecare*, West Sussex: John Wiley & Sons Ltd., p. 4.

③ Sorell, T. 2011. "The Limits of Principlism and Recourse to Theory: The Example of Telecare", *Ethical Theory and Moral Practice*, 14 (4): 369-382.

④ Sorell, T. and Draper, H. 2012. "Telecare, Surveillance and the Welfare State," *American Journal of Bioethics*, 12 (9): 36-44.

意外，例如在浴室摔倒失去了知觉。远方的照顾者就可以代为通知救援人员，安排紧急救援。如果没有远程护理的介入，在家摔倒的老人就有很大的可能在意外后因为没有人发现并施救而丧生。一方面远程护理可以监测使用者的日常健康情况，在有需要时（例如摔倒、中风或其他紧急的情况下）发出警报，让使用者能够得到及时的救助。另一方面远程护理也属于辅助科技（assistive technology）的一种，可以增强残疾人士的自理能力。例如自动启动的烟雾警报、水浸警报、自动照明系统等。不过远程护理也有别于辅助科技。辅助科技的定义十分广泛，由浴室的扶手、开瓶器到方便残疾人士的坡道，几乎无所不包。而远程护理则通常涉及电子通信、计算机系统、信息及通信科技。[①] 其次在服务对象方面涉及长者、残障人士、智障人士或长期病患者。[②] 他们的共同特征就是因为认知能力的衰退，生活自理能力受影响，而且容易受到伤害。最后在目的方面远程护理就是为了协助上述人士维持相对独立的生活。诺斯的定义只说临床服务没有清楚说出是护理服务。而索雷尔的定义则强调维持相对独立的生活。

2. 发展背景

远程护理有别于远程医疗（telemedicine）。例如索雷尔认为远程医疗泛指遥距诊断、监测及管理病人医疗状况；而远程护理就是，能帮助有一般护理需要的病人继续居住在家的监测。[③] 诺斯也认为远程医疗泛指利用信息及通信科技传送医疗信息，以便提供临床及教育的服务。[④] 远程医疗的发展较早，美国内战期间已有应用，例如前线以电报通报死伤名单及要求补给。美国 60 年代多次的外层空间探索计划也推进了远程医疗的发展。之后的大气电波广播、电视广播及其他电子科技，尤其是互联网的广泛普及大大促进了远程医疗的发展。北美洲以外的第一个远程医疗计划于 1990 年在澳大利亚出现，名为西北远程医疗计划（North-West Telemedicine Project），为昆士兰偏远地区的原住

---

① 可参考 Porteus，J. ed. 2003. *Assistive Technology and Telecare Bristol*，UK：The Policy Press.

② 英国及西方社会的政策锁定健康的长者为远程护理的主要服务对象，他们代表了当地大多数的老年人（Sorell 2011）。

③ Sorell 2012，p. 365.

④ Norris 2002，p. 4.

民提供医疗服务。[①]

以下三个原因造成远程护理的需求：首先是医疗成本不断上升，远程护理可以降低成本。其次是随着人口老龄化，老年人占人口的比例上升，对公共医疗构成重大压力，尤其是临床护理方面。最后是平均寿命提高及出生率下降则造成家庭照顾者（family caregiver）的短缺，远程护理可以解决照顾者短缺的问题。[②]

效益方面，远程护理可以支持长者、残障人士、智障人士或长期病患者在自己的家中维持相对独立的生活，延迟入住院舍的日子。另外，远程护理可以缩短病人在治疗以后住院观察的时间，让病人留在家中接受观察，降低医疗成本。远程护理不仅可以舒缓残障人士、智障人士或长期病患者对家庭照顾者的需求，而且也可以舒缓家庭照顾者长期单独照顾的压力。

3. 道德议题

不同状况的远程护理使用者有不同的护理需要。远程护理涉及不同的使用者，在应用上自然有不同的情况。此外法律也可能跟不上科技的发展。[③] 一些道德议题如下：在家护理还是住宿护理比较合适？老年护理责任谁属？是应该将公共资源投放到老年人的远程护理之上，还是应该把资源投放到其他的公共医疗卫生项目，例如怀孕分娩及产后护理之上？老年人虽然是公共医疗卫生的最大服务对象之一，但是他们的利益并不能因此压倒其他公共医疗使用者的利益。应该让私人或民间推动发展远程护理，还是应该由政府牵头发展？远程护理在英国的发展较好，是因为有政府的参与。远程护理在美国的发展较缓慢，规模也小，因为没有医疗保险的支持，远程护理的使用者必须自费参与。远程护理虽然能减省人手，降低成本，但是也需要耗用一定的资源成本。于是产生资源分配的问题。有不同的病人组别，如何才能发挥最大的成本效益？应该首先照顾社会上最弱势的族群，还是应该奉行平均分配资源的原则？计划远程护

---

① Ibid.，p. 7.

② 家庭照顾者（family caregiver）也称为非正式的照顾者（informal caregiver），区别于专业照顾者（formal caregiver）。

③ 英国的法例（Mental Capacity Act）是一个例子，见下文的讨论。摩耶在《什么是计算机伦理》中提出的政策真空是另一个情况。参见 Moor，J. H. 2005. “Why we need better ethics for emerging technologies，” *Ethics and Information Technology* 7（3）：111-119。

理的政策时，应该以维持病人独立自主为主要目的，还是应该以增加独立自主为目的？是应该以减低健康突发事件例如中风为主要目的，还是应该以维持或增加社会网络为目的？

二、索雷尔的自由主义观点

1. 远程护理与四原则的不足[①]

尊重自主权：根据尊重自主权的原则，应该视病人为道德行为者（moral agent），尊重他们在衡量与自身相关的信息的情况下所做的医疗决定。知情同意（informed consent）也建基于尊重自主权之上。英国的法例（Mental Capacity Act）规定，一般情况下必须假设病人有能力为自己做医疗决定，除非有证据显示经过反复尝试之后仍不能成功取得病人的决定。

在没法取得病人决定的情况下，则以病人的最佳利益为治疗或护理的方法做定夺。[②] 可是有些情况下，要取得受照顾者对于远程护理的知情同意，可能比较困难。例如智障人士、患有脑退化症的老人就不一定能明白远程护理使用的科技、用途、效益及其缺点。有人认为在这些情况下以病人的最佳利益作为准则，并不构成不尊重病人的自主权。[③] 但是索雷尔却认为真正的问题是，就算自主权是人们生活的目标，但这并不代表在所有的情况下都应该假设人们有自主权。例如初生婴儿就并没有自主权，虽然他们也是人类。事实上，他们在将来成长后才取得自主权。所以法例假设人们有自主权的做法并不恰当。这个问题在牵涉智障人士的情况下，更加严重。尊重自主权似乎不能应用到智障人士、患有脑退化症的老人身上。

不伤害的原则：远程护理跟打击恐怖主义及罪犯的遥控监视应用相似的技术，似乎把使用者视为罪犯，贬低使用者的尊严。远程护理深入人们的生活起

---

① 关于四原则可参见 Beauchamp，T. L. and J. F. Childress 2009. *Principles of Biomedical Ethics*，6th ed. New York：Oxford University Press 及 Beauchamp，T. L. 2001. Principlism and its Alleged Competitors，*Bioethics*，ed. J. Harris，Oxford：Oxford University Press，pp. 479-493。

② 法例条文参见 http://www. legislation. gov. uk/ukpga/2005/9/contents。

③ Perry，J.，S. Beyer，and S. Holm，2009. "Assistive technology，telecare and people with intellectual disabilities：ethical considerations，" *Journal of Medical Ethics* 35（2）：81-86. 索雷尔批评的对象正是此文的观点。

居场所，如睡房、洗手间，是否侵犯了个人的私生活及作为基本人权的私隐？远程护理是否因此构成伤害？是否因此不道德？索雷尔认为因为国家安全而做的监控，收集非法行为或危害国家安全的证据，目的在保护社会大众，而不是提升嫌疑人（即监控对象）的福祉。相反远程护理的操作则是为了被监视的对象，即用户的福祉。远程护理可以使使用者维持相对独立的生活，及早警示健康问题或者在突发健康事故时协助救急扶危。远程护理得到使用者的同意，本质上不是窃听或偷拍。而且一般情况下远程护理的监控不会导致使用者被拘捕、审讯、入狱。

行善及公义：索雷尔认为跟尊重自主权相比，仁慈及公义与远程护理的关系较大。首先，有别于针对恐怖分子的监视，远程护理的监视的本质是仁爱的。其次，远程护理涉及公义，因为它影响到护理责任与利益的整体分配。但是索雷尔认为四原则下的公义原则除了提供一个空洞的框框做讨论之外没有什么实质内容可以引用。他认为相比之下罗尔斯的公义论能提供更多的思考帮助。

索雷尔并非认为四原则完全没有价值。只是四原则有它的局限性，在解决远程护理产生的道德问题上，捉襟见肘。事实上，索雷尔在另一篇讨论远程护理的学术论文中也引用四原则下的尊重自主权。① 有人认为透过远程护理的精确定位跟踪器防止老人出街闲晃也属于自由的剥夺。老年人终日无所事事，生活无聊，在身体许可、能活动的情况下就会出街走走以解寂寞。出街闲晃因此就是老年人对抗生活无聊的方法。阻止老人出街闲晃就是限制了他们的自由。索雷尔认为如果因为让老人出街闲晃而发生了危险或意外，不单会对老人造成直接的伤害，也会给照顾者带来困扰，甚至会给护理体制带来风险。虽然这些考虑也许比不上自由的重要性，但是也不完全是无关痛痒。例如患痴呆症的老人或需要倚赖其他人以确保其安全的受照顾者如残障人士、智障人士，让他们出门闲晃肯定会为照顾者带来额外的负担。这些额外负担的问题似乎大于出门闲晃的好处。总的来说，远程护理就是为了防止伤害。如果让依赖别人照顾的老人自由出街闲晃会不成比例地增加照顾者的责任，利用远程护理的精确定位跟踪器防止这些使用者闲晃似乎是合理的做法。

① Sorell 2012.

另一方面索雷尔认为如果独立并且有能力自理的老人，因为不喜欢被监视起居生活而拒绝接受远程护理，社会应该基于尊重自主权的原则，不能强制他们接受远程护理。因为安全性的增加并不能够压倒自主权。这些老人即使在家中跌倒通常也没有大碍，他们在拒绝接受远程护理的时候清楚明白其后果。在一般情况下，如果有病人拒绝接受治疗，社会并不会强制病人接受治疗。如果那些独立并且有能力自理的老人拒绝接受远程护理，而社会却强制他们接受远程护理，那显然是双重标准。社会不应该强制他们接受远程护理，否则就构成不公平的对待。

最后，远程护理令护理变得冰冷、非人性化。四原则似乎也无助解决孤立的问题（the problem of isolation）。另外，有人质疑政府考虑推行远程护理的目的是为了节省社会福利的开支，并非纯粹为了病人的福祉。索雷尔认为这些是对远程护理比较合理的质疑。远程护理提高使用者的独立性，主要就是透过通信科技及电子系统，把居家的护理接受者及不在家的照顾者联系起来。所以孤立的问题似乎无可避免。[①] 索雷尔批评四原则的不足，认为应该回归道德哲学，因为道德哲学能为道德思考提供适当的概念与思考框架，帮助找出问题与解决办法。

2. 应用罗尔斯的理论支持老年远程护理

索雷尔认为让健康的长者独立生活不但有助他们维持既有的生活方式，而且可以保存他们行使公民权利的机会。这完全是因为远程护理可以让长者居家安老保留自己的住址，相反入住院舍则会导致自主性的重大损失，甚至失去行动的自由。索雷尔认为尽管没有证据显示罗尔斯把老年与公民自由的丧失画上等号，但是根据他的理论，如果对老人的安排构成对其公民权利的剥夺，就应该改变这些安排。[②] 总的来说只要远程护理能够延长公民权利的行使，它就能够得到罗尔斯理论的支持。根据罗尔斯的理论，孤立是不公义的。但这不是因为孤立所带来的精神困扰、不愉快经验，而是因为社会性的孤立所导致的公民权利剥夺。索雷尔认为罗尔斯的理论明显较四原则优胜，能够处理四原则不能处理的问题。索雷尔认为能够应用罗尔斯的公义论以支持远程护理。因为远程

---

① Sorell 2012，p. 42.

② 关于罗尔斯的公义论可参见 Rawls，J. 1971. *Theory of Justice* Cambridge，MA：Harvard University Press 或者 Rawls，J. 1958. “Justice as Fairness，” *Philosophical Review*，67（2）：164-194.

护理不但可以维持私人生活上的独立，与此同时也能促进公民积极参与社会事务、行使自由的权利。尽管人们可能不一定如此看待远程护理的目标，但这却是远程护理的其中一个效果。

三、儒家观点

儒家观点看远程护理，跟以索雷尔为代表的西方生命伦理观点有相同相异之处。首先，相同之处在支持远程护理这一点上，儒家观点与索雷尔的立场基本上并没有分歧。不论儒家观点或索雷尔的观点都会支持远程护理。远程护理对老人、残障人士、智障人士等受照顾者的起居生活带来帮助，有效支持老年人居家安老，令残障人士、智障人士等能够维持相对独立的生活。儒家观点自然是支持的。《礼记·礼运》"大同篇"的理想社会就是"老有所终"，"鳏寡孤独废疾者皆有所养"。①

儒家观点看远程护理跟西方生命伦理有一根本的分别。儒家观点与索雷尔观点的分歧在于其背后主导思想的差别。索雷尔对远程护理的看法，反映了自由主义以个人为中心的、独立的、自主的个人主义观点。可以说自由主义贯穿索雷尔的观点，跟儒家思想的人生观点形成强烈对比。儒家思想着重和谐，以家庭为基础，以美德为人生目标。②

索雷尔应用罗尔斯的公义论思想支持远程护理，主要论点是出于对自由的考虑。远程护理是好的，因为有了它老人可以留在原来的居所生活，老人的小区关系、历史感得以保持并一直延续下去，对参与小区行使自由的权利大有帮助。可以说索雷尔的观点是以自由为准则。凡是影响了自由就不好，凡是有利于自由则好。于是孤立是不好的，因为孤立构成了对自由的剥夺。

儒家观点会认为远程护理对家庭有帮助、对和谐有帮助，所以应该支持。

---

① 关于儒家孝道思想及长期护理可参考 Fan Ruiping，2006. "Confucian Filial Piety and Long Term Care for Aged Parents," *HEC Forum*，18（1）：1-17 及 Fan Ruiping，2007. "Which Care? Whose Responsibility? And Why Family? A Confucian Account of Long-Term Care for the Elderly," *Journal of Medicine and Philosophy*，32（5）：495-517。

② 关于自主的个人主义观点跟儒家思想的人生观点对比差异，可参考 Fan Ruiping，1997. "Self-Determination Vs. Family-Determination：Two Incommensurable Principles of Autonomy," *Bioethics*，11（3-4）：309-322。

远程护理当然不能取代家庭成员的关爱互动，但是它能带来便利，甚至促进和谐。人与人相处时间长了，冲突在所难免，远程护理可以减少冲突的发生。因为它一方面减少了受照顾者对家庭照顾者的依赖，另一方面也减轻了家庭照顾者长期照顾的压力，尤其是如果家中有多名受照顾者。

索雷尔认为用远程护理限制老人的自由活动在某些情况下是合理的。另外，远程护理并不构成对个人隐私的侵犯。儒家观点会看老人的远程护理安排是否合乎礼仪。“子曰：‘生，事之以礼；死，葬之以礼，祭之以礼。’”（《论语·为政》）关于老人的远程护理安排可以从“生，事之以礼”的角度考虑。假如用远程护理限制老人的自由活动令老人感觉受到冒犯，似乎于礼不合。同时也可以从“敬”的角度考虑关于老人的远程护理安排。“子游问孝。子曰：今之孝者，是谓能养。至于犬马，皆能有养。不敬，何以别乎?”（《论语·为政》）假如用远程护理限制老人的自由活动是“不敬”，那就是不应该。

可见“礼”统摄孝道思想下面的行为举止，甚至内心的态度。这并不是说以和谐或合乎礼仪与否作为原则指导解决问题。儒家观点不是四原则。儒家的生命伦理学并不只是单纯地把原则与个别问题的解决配对，或者为解决问题找寻指导性的原则。如果只为解决问题提供原则那只能算是为决定找支持，只是把决定做合理化的处理。正如范瑞平指出，儒家道德观嵌入生命中，以品德为目标，以礼仪做指导，重点不在提供某些原则解决矛盾冲突，而是了解何谓德性的人生。[①] 范瑞平认为儒家传统下的道德的生命，不能单独只由道德原则指导行为决定。礼仪有重要的功能。人们应该学习礼仪，并且在生活中彰显礼仪，才能活出合乎道德的生命。儒家德性伦理学提出的不只是道德原则，还包括礼仪与道德原则交互作用下的反思均衡，即儒家思想下的道德反思均衡。所以远程护理对避免侵犯个人隐私、解决老年人孤立的问题和出街闲晃的问题所做的安排必须合乎礼仪，同时体现出尊重生命、珍惜和谐的人际关系、以礼相待等价值观。

---

① Fan 2012，p. 4. 参见 Fan Ruiping，2012. “Confucian Reflective Equilibrium：Why Principlism is Misleading for Chinese Bioethical Decision-Making，” *Asian Bioethics Review*，4（1）：4-13。

四、结论

中国社会对远程护理有很大的潜在需求，中国生命伦理学不应该忽略远程护理的道德问题。本文的观点是，儒家思想支持远程护理。远程护理的目标合乎儒家的孝道思想及“老有所终”“鳏寡孤独废疾者皆有所养”的大同理想状态。索雷尔认为四原则有不足，不能为远程护理的道德思考提供适当的思考概念与框架。他引用罗尔斯的公义论观点，认为远程护理有利于自由，所以应该支持。索雷尔的观点主要是自由主义的思想。本文认为对中国生命伦理学而言，范瑞平提出的儒家反思均衡是更合适的理论框架。儒家传统下礼仪有重要的功能，不能只由道德原则单独指导行为，应该是经由礼仪与道德原则交互作用才能产生合乎道德的决定。远程护理的安排必须合乎礼。

从中西亲子关系理论差异看家庭本位思想在中国社会的适用性

徐汉辉*

众所周知，中西方在“如何看待家庭，如何处理家庭关系”等问题上有很大理论差异，亲子关系理论的差异就是其中之一。然而，在亲子关系的理论中，中西方差异究竟在哪里，这种差异有何体现？这将是本文关注的第一个问题。家庭理论往往是基于社会现状而形成的，长期以来中西方家庭关系的差异导致了中西方亲子关系理论的差异。然而，中国社会近代以来，经历了重大变革，从农耕文明逐渐向工业文明转变，传统的宗族式的大家族也逐渐被现代家庭模式所取代。一种观点认为，中国近代以来所走的路实际上是西方国家走过的路，比如工业化、城镇化等，因此，当代中国家庭更加趋向西方近代以来的家庭模式，也更加适用西方的亲子关系理论，中国传统的亲子关系理论已经失去了其赖以生存的土壤，已经“过时了”，应该摒弃。那么，当代中国家庭的现状，是否真的趋向于西方家庭，传统亲子关系理论是否真的“过时了”呢？这将是本文关注的第二个问题。

一、西方亲子关系理论的发展及特征

在人类社会发展史上，家庭作为连接个人与社会的重要环节，受到了许多哲学家的关注。古希腊哲学家柏拉图在其《理想国》一书中，对于家庭有着详细的阐述。然而，在柏拉图看来，家庭恰恰是阻碍其“理想政府（理想城邦）”的绊脚石。包括“私人家庭”在内的私有财产都应该被共有（或公有）。柏拉图在《理想国》中借苏格拉底之口说道：“这些女性应该被所有男性所共有。任何女性都不应该仅仅和某一个男性生活。同样地，儿童也应该属于他们所有

* 徐汉辉，英国贝尔法斯特女王大学哲学系博士研究生。

人，父母不应该知道哪一个是他们的孩子，孩子也不应该知道谁是他们的亲生父母。”[①] 这样的好处之一就是能使所有孩子都得到城邦所有成员不偏不倚的照顾。同时，取消私有还有利于城邦作为一个整体的团结，柏拉图这样解释道：“这与我们之前说的是一致的。我认为，我们的观点是，如果他们想成为真正的（城邦）守卫者，他们就不应该有自己的私人房产、土地或者财产。但是，他们应该从别的公民那里获得戍卫城邦的报酬。大家一起使用各种资源。”[②] 柏拉图之所以提出了所谓“共产共妻共子（女）”的观点在于他认为，私有制会使得城邦守卫者存私心而忘公义，都在各自争夺和保护自己的私产，那么，城邦作为一个共同体就面临着从内部瓦解的危险。只有将私人事务共有化，才能使得城邦守卫者目标一致，荣辱与共，成为称职的守卫者。因此，柏拉图说：“‘那么，正如我所说，我们之前所认为的安排，和现在讨论的（措施），能否使得他们成为真正的城邦守卫者呢？能否使得他们不把各种东西看作是自己私有的，而不是各自据为己有使得国家分裂？（我们的策略）是否能够阻止他们（城邦守卫者）把房子看作是私产？这样，任何一个（城邦守卫者）能够得到的，其他人也能得到（或使用），不仅是他的房子，还有他的妻子和孩子，以及从私人事务中得到的悲喜。我们的策略，能够给他们（城邦守卫者）一个关于他们究竟拥有什么的统一的意见，使他们目标一致，分担喜忧？’‘是的，可以。’他（格劳孔）说。”[③] 可以看出，在柏拉图理论中，“家庭”或者说“私人家庭”是应该被消灭的，这样一来，以家庭为依托的亲子关系，在柏拉图看来也应该被消灭，取而代之的是城邦共同抚养儿童，以及儿童把每一个人都看作是自己的亲人。

柏拉图的观点遭到了亚里士多德的反对，亚里士多德并不认为取消“家庭”从而使得每个孩子都能被城邦中的人平等地照顾是可行的。相反，亚氏认为，人们对待自己的东西总是比对待他人的东西更加重视，这是人的本性。他说：“此外，从另一方面说，这种模式也是有害的。大多数人共同具有的东西往往最不被关心：相对于共有的，人们更在意属于自己的（私人东西），人们

---

① Plato, *The Republic*, Edited by Ferrari, Giovanni RF, and translated by Tom Griffith, Cambridge University Press, 2000, pp. 154-155.

② Ibid., p. 163.

③ Ibid., pp. 163-164.

不关心共有的，或者仅仅只关心这里面对自己有意义的。他们忽视这些共有的事物因为他们有理由相信即使自己不照看，别人也会去过问；就好像打扫房子，人多并不一定比人少效果更好。（同样地），（如果）每个公民都有一千个儿子，可这些儿子不分别是这些公民的孩子，而是每个公民都是他们的父亲，那么，这些公民也会不关心这些儿子。”[①] 那么，在亚氏主张的私人家庭中，亲子关系又该是如何的呢？他在《尼各马可伦理学》一书中，将亲子关系界定为“友谊”（friendship），并且是一种“（地位）不平等的友谊”（unequal friendship）。他说：“但是，有另外一种友谊，即，这种友谊涉及其中的双方（地位）是不平等的，比如，父亲和儿子，以及更广义上，老人和青年。”[②] 而这一观点，即“亲子关系是友谊”，被后世哲学家所继承并扩展。当代西方“孝道”（filial obligation）[③] 理论中的观点之一即认为：子女对于父母的道德义务可以看作是朋友之间的道德义务；当朋友遇到苦难需要帮助的时候，我们有义务去帮助他们，同样地，当父母需要子女支持的时候，子女也应该尽力而为。[④] 至此，我们得到了西方哲学史上第一个影响深远的亲子关系理论，即亲子关系是友谊，或者说，亲子关系可以被看作是朋友间的关系。

基督教哲学家对于亲子关系有着不同的看法。首先，基督教认为每个人都是上帝的儿女。“圣灵与我们的心同证，我们是上帝的孩子”[⑤]，“看，天父给予了我们多么大的爱，使我们可以被称作上帝的孩子——事实上，我们也确实是的”[⑥]。既然我们都是上帝的子女，在上帝面前，每个人的地位就都是平等的；换句话说，在上帝面前，子女和父亲的地位也是平等的，或者说，在上帝面前，没有谁是谁的父母，谁是谁的子女，大家都是上帝的孩子。其次，“儿

---

① Translated by Carnes Lord，Aristotle's “Politics”，University of Chicago Press，2013：149.

② Translated by Ross，David，Aristotle's “The Nicomachean Ethics”，University of Oxford Press，2009：150.

③ 西方并没有与中国哲学中“孝道”完全相符的概念，但是相近的概念有“filial piety”或者“filial obligation（duty）”，filial obligation 理论关注的重点之一是子女出于什么样的原因应该对父母负有道德义务。这一问题类似于中国哲学语境下子女为什么要孝敬父母。

④ Keller，Simon，“Four theories of filial duty，” *The Philosophical Quarterly*，56.223（2006）：254-274.

⑤ Bible，Romans，8：16.

⑥ Bible，1 John，3：1.

女是来自上帝的礼物，怀孕的果实是一种恩赏”[①]。既然儿女是上帝所赐，这说明，儿女本不是父母的，而是属于上帝的，是上帝将儿女赐给或者说委托给父母，并叮嘱他们要好生照看。这种观点被也被洛克所采用。洛克认为，“人们无法创造自己，也就不能拥有自己，因为每个人都是上帝所造，是上帝的财产”[②]，“上帝将照看、保护、抚养儿女的义务交给了父母”[③]。再次，基督教还特别强调，无论是父母还是子女，在他们的心中，地位最高的，或者说他们最爱的，一定只能是上帝。“爱父母胜过爱我，不配做我的信徒；爱子女胜过爱我的，也不配做我的信徒”[④]；“不要喊地上的任何人为‘父’，你只有一个父亲，他在天堂”[⑤]。从基督教的角度出发，亲子关系似乎并不单单是父母与子女的关系，这其中还有上帝的角色。是上帝将孩子委托或者说赐予父母，让其照看；同时，任何人对于子女或者父母的爱，都不应该超过对上帝的爱，因为，上帝才是所有人“真正”的父亲。

近代以来，社会契约论兴起，霍布斯等哲学家尝试用契约论解读家庭关系。契约论的核心是涉及其中的各方“知情同意”达成一致，共同遵守维护所订立的契约。比如，在霍布斯的政府理论中，处在“自然状态”（the state of nature）中的人们，是互相争斗的，即所谓“人对人是狼”；这种状态下，即使是最强势的人也“恐惧”（fear），因为他也有睡觉的时候，当他睡着了，别人就会来伤害他。为了结束这种状态，人们达成协议，同意交出一部分权力给君主，成立国家；作为回报，君主（或政府）制定规则，保障人们的生命权、财产权不受侵犯。与君权神授的理论相比，契约论强调了君权（或政府的权力）是人民约定的。在亲子关系中，霍布斯也尝试用契约论来解释，父母和子女分别是契约中的两方，子女为了得到父母的照看和保护，同意服从父母的权威。“管辖权有两种获取方式，一是代际生育，一是征服。前者是父母对子女的管辖，可以被称作家长式（父权）。但这种父母对子女的管辖并非因为父母生下了子女，而是来自孩子的同意；这种同意（即愿意被父母管辖），要么被

① Bible，Psalms，127：3.

② Blustein，Jeffrey，“Parents and children：The ethics of the family，”（1985）：75.

③ Ibid.，79.

④ Bible，Matthew，10：37.

⑤ Bible，Matthew，23：9.

明确地表达出来，要么被其他充分证据所证明。"[①] 然而，问题在于，孩子不同于成人，并没有能力来真正"知情同意"，也就很难被看作是契约中的与父母地位相同的一方。对于这个问题，契约论哲学家的回应是，霍布斯实际上暗示了契约是孩子的"未来人格同意"（future-oriented consent）[②] 的。也就是说，亲子关系是一种契约关系，而契约中的双方分别是父母和孩子的"未来人格（成年后具有行为能力的人格）"，孩子是由其"未来人格"托付给或者按照约定交给父母照看和管辖的。契约论的亲子关系对后世影响深远，当代西方"孝道"理论中的另一种观点即认为：子女对父母的义务是一种债务偿还的义务，而债务的本质是契约。父母在养育子女的过程中花费巨大，那么，作为成年子女，应该根据父母付出的成本加以偿还。[③]

不难看出，基督教的亲子关系和契约论的亲子关系有一个共同的特点，即认为，子女不是父母的，而是由第三方委托（或者交付）给父母照看管辖的。这个"第三方"，在基督教理论中，就是上帝；在契约论那里，就是孩子的"未来人格"。至此，我们考察了西方哲学史上几种重要而对后世影响较大的亲子关系理论，除柏拉图外，大多数理论肯定了家庭应该存在，并尝试对亲子关系进行更多的理论分析：亚氏将亲子关系看作是友谊，而基督教和契约论则把亲子关系看作是委托关系。

二、儒家亲子关系特点及中西差异

本文尝试做中西方理论比较，尽管中国哲学中流派众多，先秦有诸子百家，后世有儒释道三教对立与合流，但是，就家庭伦理、亲子关系理论而言，理论最为丰富、影响最深远的还是儒家，因此这部分，笔者将关注重点放在儒家的亲子关系理论。

首先，在儒家看来，亲子关系（在儒家典籍中，很多时候是父子关系）是

---

① Hobbes，T，*Leviathan*，Revised student edition（R. Tuck，Ed.）Cambridge，England，(1997)：139.

② Schochet，Gordon J，*The Authoritarian Family and Political Attitudes in 17th-Century England：Patriarchalism in Political Thought*，Transaction Publishers，1975：232.

③ Keller，Simon，"Four theories of filial duty，" *The Philosophical Quarterly* 56.223（2006）：254-274.

各种关系中最为重要的。儒家特别强调家庭伦理，在儒家的思想体系中，家庭是社会的基本单位，当然，这里的“家庭”更多的时候是指大家族，亲子关系则是整个家庭的根基。儒家的亲子关系理论更多地体现在“孝道”理论上，即要求子女对父母尽孝。是否孝顺成为评判一个人德性、能力的重要标准。汉代选官制度被称为“举孝廉”，其中一项就是推荐当地有名的孝子，或者说在“事亲”上表现出色的子弟为官。汉代以后，历朝历代都有推崇孝道的皇帝，在多个历史时期，出现了所谓“以孝治天下”的风气。究其原因，有孔子说的：“其为人也孝弟，而好犯上者，鲜矣；不好犯上，而好作乱者，未之有也。君子务本，本立而道生。孝弟也者，其为仁之本与!”[①]，即认为“忠孝”一体，能够孝顺父母的人，也能够对君主尽忠；同时也体现出，传统社会非常看重一个人处理亲子关系、家庭关系的能力，如果一个人连“事亲”都做不好，或者说，连父子关系、家庭关系都处理不好，难堪大用。综上，不难看出，儒家理论以及传统社会给予了亲子关系特殊的关注，所谓“百善孝为先”，能否“事亲尽孝”，能否处理好亲子关系，成为一个人德性、能力的重要体现。

就亲子关系的重要性和特殊性来说，儒家亲子关系理论与西方友谊式的亲子关系理论有很大不同。在儒家看来，亲子关系与朋友关系截然不同，是不能够进行模拟的，或者说父子是绝不应该像朋友的。之所以如此，是因为在儒家看来，亲子关系中，子对父，要待以“敬”，如“子曰：孝子之事亲也，居则致其敬，养则致其乐，病则致其忧，丧则致其哀，祭则致其严”[②]，又比如，“子游问孝。子曰：‘今之孝者，是谓能养。至于犬马，皆能有养；不敬，何以别乎?’”[③] 而朋友之间，则要以“诚”相待，也就是说，处理亲子关系和处理朋友关系的基本原则根本不同。因此，在儒家看来，如果像对待朋友那样对待双亲，那反而是不孝。更为重要的是，亲子关系不仅不应该用朋友关系来模拟，甚至不能用任何关系来模拟。比如，在儒家理论中，需要待之以“敬”的对象有五种，即“天、地、君、亲、师”，而且我们也听过“一日为师终身为父”的说法，即要求“弟子事师，敬同于父，习其道也，学其言语”[④]。但是，

---

① 杨伯峻译注：《论语译注》，2 页，北京，中华书局，1980。

② 胡平生译注：《孝经译注》，25 页，北京，中华书局，1996。

③ 杨伯峻译注：《论语译注》，14 页，北京，中华书局，1980。

④ 汪泛舟：《太公家教考》，载《敦煌研究》，1986。

我们不会反过来说“一日为父终身为师”，或者是要求“弟子事亲，敬同于师”；因为，亲子关系要比师生关系更重要、更特殊，尽管都需要“待之以敬”，但是“敬双亲”要胜过“敬老师”。简单说来，在儒家看来，亲子关系就是亲子关系，亲子关系最重要和特殊，它不是也不应该是其他任何关系所能替代或者比拟的。这就与西方把亲子关系看作是友谊的理论大为不同。就亲子关系的重要性和特殊性来说，儒家亲子关系理论还不同于基督教亲子关系理论。如上文所述，在基督教看来，无论是父母还是子女，在他们的心中，地位最高的，或者说他们最爱的，一定只能是上帝。“爱父母胜过爱我，不配做我的信徒；爱子女胜过爱我的，也不配做我的信徒”①。而儒家认为，“爱有差等”，人就应该最爱和自己关系最亲近的人，而关系最亲近的恰恰就是亲子关系。

其次，在儒家看来，亲子关系是一种以血缘为纽带的血脉相承、一体同心的有机整体。儒家文化中没有神灵崇拜，所谓“子不语怪力乱神”②。但是，儒家又十分重视“祖先崇拜”，这一点尤其表现在对于祭祀的强调。“孟懿子问孝。子曰：‘无违。’樊迟御，子告之曰：‘孟孙问孝于我，我对曰，无违。’樊迟曰：‘何谓也?’子曰：‘生，事之以礼；死，葬之以礼，祭之以礼。’”③ 这里可以看出，孔子眼中的尽孝，包括了三个部分，即事之以礼、葬之以礼和祭之以礼。由于祭祀成为尽孝的一部分，这里的祭祀不仅仅是祭祀去世的父母，还包括了其他祖先，这样一来，儒家也就格外看重血脉延续，因为，如果膝下无子，百年之后将没有人为祖先祭祀，这就意味着无法完成尽孝的责任，所以，孟子讲：“不孝有三，无后为大”④。对于血脉相承、家族传承的强调，使得儒家把每一个个体看作是整个家族延续的不可或缺的一环，每一个个体都有着继往开来的家族使命，这也就意味着，个人的命运荣辱不仅仅是个人的“私事”，而关系到整个家庭和家族。具体到亲子关系中来，父母是子女的过去，是子女生命的开端；子女是父母的未来，是父母生命的延续，这是一个不应该被割裂的有机整体。正因为我们的一切都是来自父母的，而且我们在家族延续中都有着重要的意义，这是一个有机的整体，所以，关乎我们个体的事都不应

---

① Bible, Matthew, 10: 37.

② 杨伯峻译注：《论语译注》，72 页，北京，中华书局，1980。

③ 同上书，13 页。

④ 杨伯峻编著：《孟子译注》，182 页，北京，中华书局，1960。

该简单地看作是个人的“私事”，“身体发肤，受之父母，不敢毁伤，孝之始也”①。

就亲子关系是有机整体而言，儒家的观点与西方基督教和契约论把亲子关系看作是委托关系有很大差异。在委托关系中，无论委托方是基督教的上帝还是契约论的未来人格，父母和子女的关系都是“异己”的；比较而言，儒家则强调了父母和子女之间的“一体性”或者说是“整体性”。这种理论差异，最为明显的体现就是父母和子女双方互相“介入”对方事务的程度不同。强调“一体性”就意味着，父母与子女双方的“个体性”边界较为模糊，子女的事不仅仅是子女个人的事，同时也是父母的事；同样地，父母的事也不仅仅是父母个人的事，同时也是子女的事。而西方“异己的”亲子关系中，父母与子女的“个体性”边界比较清晰，这一点在契约论中表现得尤为突出。根据契约，父母受孩子的未来人格委托，那么，当孩子成年之后，委托也就结束了，父母就很少介入子女的事务。这里需要指出的是，笔者使用“介入”一词，以区别于“干涉”。有种观点认为，儒家的家庭伦理是一种家长制的或者父权主义的（Paternalism）。问题在于如何理解父权主义。德沃金（Dworkin）将“父权主义”定义为：在违背其意愿的情况下干涉他人或他国事务，并辩称初衷是为了其更好或是免受伤害。② 如果这样理解父权主义的话，那么儒家的家庭伦理或者亲子关系，有出现父权主义的可能，但不是一定，关键在于父母对子女事务的“介入”并不总是违背子女意愿的“干涉”。消极的“介入”可以被看作是“干涉”，但积极的“介入”，即并不违背子女意愿的“介入”则不应该被看作是“干涉”。比如，传统社会中父母包办婚姻，可以说成亲之前的一系列有关嫁娶事宜都有父母的介入，但这种介入并不一定就是干涉子女婚姻自由，因为即使是青梅竹马两小无猜一起长大的情侣，要想结合，也必须按照习俗完成嫁娶的各种仪式和环节，而这些都必须有父母的介入。综上，我们能够看出，儒家亲子关系强调父母和子女的一体性、整体性，相较西方的“异己性”的亲子关系，儒家的亲子关系呈现出父母和子女更加紧密的联系，同时，父母和子女之间更多地介入到对方的事务中。

---

① 胡平生译注：《孝经译注》，1页，北京，中华书局，1996。

② Gerald Dworkin，“Paternalism”，Stanford Encyclopedia of Philosophy.

三、当今中国家庭现状

一种观点认为，中国近代以来所走的路实际上是西方国家走过的路，比如工业化、城镇化等，因此，当代中国家庭更加趋向西方近代以来的家庭模式，也更加适用西方的亲子关系理论，中国传统的亲子关系理论已经失去了其赖以生存的土壤，已经“过时了”，应该摒弃。那么，当代中国家庭的现状，是否真的趋向于西方家庭，传统亲子关系理论是否真的“过时了”呢？在这一部分中，笔者将关注于当下中国家庭的现状。

首先，当今中国社会仍然十分重视亲子关系，认为亲子关系具有特殊的重要性；而且，孝敬父母仍然被视为最为重要的美德之一。更为重要的，当今中国家庭，父母和子女彼此介入对方事务的程度仍然比西方家庭大得多。比如，成亲结婚，在中国很多地方都有男方出聘礼女方出彩礼的习俗，这些彩礼和聘礼一般都是由男女双方的父母出资，结婚时的喜宴也往往是由新人的父母来安排。更具中国特色的是，新婚夫妇有了孩子，照顾第三代的工作也往往是由双方的父母来承担，俗称“带孙子（女)”。当然，父母在介入子女事务的同时，子女也在介入父母的事务。比如，很多客居他乡的子女，尤其是独生子女，在成家立业后，往往会把年迈的父母接到身边安顿下来，有的甚至住在一起，共同生活，以方便照料父母。像“带孙子（女)”或者老年后和子女住在一起，类似的情况在西方社会则并不多见。具体到医疗实践中，西方社会的医疗实践侧重个人本位，比如医生仅把病情告知患者，同时出于隐私权和为患者保密，患者家属便被排除在知情范围之外；又如，西方国家的医保制度也是以个人为单位，个人医保账户仅能个人使用，其他家庭成员则不包含在内。[①] 然而，当这些基于西方个人本位传统制定出的政策应用到中国的医疗实践中的时候，就会出现“水土不服”。很多中国医生在临床上，仍然是把患者家属尤其是成年子女，看作是和患者并列的知情同意的对象，甚至有些时候优先把病情告知家属，而让家属决定是否将真实病情告知患者，这就体现了在中国社会中家庭关系的特殊地位。不仅社会习俗中能够体现出对于亲子关系的重视，立法中对于

① Fan, Ruiping,“Reconstructionist Confucianism and health care: an Asian moral account of health care resource allocation,” *Journal of Medicine and Philosophy*, 27.6 (2002): 675-682.

孝敬父母的考量也同样反映出儒家亲子关系、家庭本位思想对当代中国社会的影响。2013 年 7 月 1 日，修订后的《老年人权益保障法》颁布实施，其中第十八条规定："家庭成员应当关心老年人的精神需求，不得忽视、冷落老年人。与老年人分开居住的家庭成员，应当经常看望或者问候老年人。用人单位应当按照国家有关规定保障赡养人探亲休假的权利。"这条被称为"常回家看看入法"的法条曾引起过激烈的争论。从儒家亲子关系理论出发，这条法案恰恰符合儒家家庭伦理的要求。如前所述，儒家认为，亲子关系是各种关系中最为重要的，父母子女的关系也最为亲近，彼此之间的关心照顾自然也是人之常情。家庭是一个有机整体，家庭成员有责任维护家庭内部和谐，有责任为其他家庭成员提供帮助和支持，家庭成员不是孤立的个体，而是有机的整体。然而，近代引来，社会结构发生变化，传统社会中几代人长期生活在一起的情况逐渐消失。改革开放之后，人口流动性不断增强，很多人长年在外求学、工作，忽视了对父母的照顾和情感交流。该法案以法条形式要求子女常回家看看，更是体现了中国社会在此问题上的共识，即认为亲子关系具有特殊的重要性，成年子女负有陪伴、照料年迈父母的义务。

四、结论

综上所述，儒家的亲子关系理论与西方亲子关系理论有很大差异，主要体现在两个方面：第一，在儒家看来，亲子关系最为重要和特殊，非其他关系所能比拟和代替；第二，在儒家看来，亲子关系是一体性的血脉相承而非异己性的委托关系。这种理论差异体现在现实层面，就是中国传统家庭特别重视亲子关系、家庭伦理，形成了以家庭为本位的社会结构，家庭被看作是一个有机整体；同时，父母和子女都更多地介入到对方的事务中。而这些特点在当代中国家庭中仍能找到，且十分普遍。这就说明，儒家传统的亲子关系理论、儒家的家庭本位思想在当今中国仍有用武之地，仍然是指导实践的重要理论源泉。

严重缺陷新生儿医疗决定权的伦理学研究
——西方个人自主与儒家家庭自主决定模式的比较分析

简小烜*

有数据显示，我国是世界上新生儿缺陷高发国家之一，在每年1 600万～2 000万出生人口中，有80万～120万出生缺陷儿，占每年出生人口的4%～6%。[①] 出生缺陷又称先天缺陷，是由于先天性、遗传性和不良环境等原因引起的出生时存在的各种结构性畸形和功能性异常的总称。根据其严重程度可分为重大和轻微两类，前者是指需进行较复杂的内科、外科及矫形处理的出生缺陷，后者则不需进行复杂处理。[②] 随着医疗技术的日益进步，越来越多的严重缺陷新生儿得到挽救，但是，在挽救的背后，却出现了一系列伦理问题，如在有严重缺陷的新生儿中，哪些婴儿应该得到救治，哪些婴儿可以任其自然死亡？救治或放弃的决定应该由谁做出？谁是婴儿最佳利益的代表者？等等。本文将重点讨论新生儿医疗决定权问题。

决定权对于新生儿来说非常重要，因为他们自身的特性决定了他们不具备行为能力，必须由他人来代替他们做出决定。从世界范围看，目前主要存在两种医疗决策模式：以中国为代表的、建立在家庭主义伦理基础之上的家庭自主决定模式；以西方国家为代表的、建立在个人主义伦理基础之上的个人自主决定模式。家庭自主决定模式将决定权赋予家庭（父母），认为家庭（父母）是病人最佳利益的代表者，家庭（父母）能够替病人做出最佳医疗决定。具体的实践是：医生首先从医学的角度，告知父母各种医疗方案及其结果，包括治疗或者放弃治疗的结果，同时也会给出治疗或放弃治疗的建议，但是否治疗则交

---

* 简小烜，长沙大学思政课部副教授，湖南师范大学科技哲学与科技政策研究所博士生。

① 参见中华人民共和国卫生部：《中国出生缺陷防治报告（2012）》，2012。

② 参见王卫平主编：《儿科学》，北京，人民卫生出版社，2013。

由家庭决定；家庭成员则基于医生的专业建议，共同进行具体的商量与权衡后做出最佳医疗决定。在家庭自主决定模式之下，其他任何人，包括医生、律师、法官，都不能干涉父母的决定。西方个人主义伦理大旗之下的个人自主决定模式则将决定权赋予个人，然而，具有决定权的新生儿不具备做出决定的能力，事情变得复杂起来——谁能代表新生儿的最佳利益？谁是有权做出决定的代理人？这些问题的答案都非常不具备确定性，因此，在严重缺陷新生儿伦理问题上，个人自主决定模式面临的情况非常复杂，容易陷入困境。

一、个人自主决定模式面临的困境

在西方，从文艺复兴时期开始确立的主体性原则将人界定为理性存在的实体，并赋予个体平等、自由等权利。正是从这样的观点出发，个人主义伦理构建起来，其核心价值是促进个人的独立、自主与自我实现。体现在生命伦理学领域，则是高度尊重自主与权利，并形成以权利为基础的人格概念和以自我决定为主导的个人自主决定模式——个人是医疗决定的权威，有权做出他自己的决定与选择。

（一）诉诸法院的事件

个人自主医疗决定模式提倡自我决定，即在不伤害别人的前提下，个人有权以自己认为合适的方式来做出自己的决定。这种模式给予个体充分的自主与自由。个人的自我决定针对的是有行为能力的人，按照比彻姆和邱卓思的理论[①]，必须具备：(1) 有意图的；(2) 理解；(3) 不受其行为的控制性因素的影响，只有这样的个体才能施行自我决定，与医生签订契约。个人自主模式在面对有行为能力者的医疗决定事件中发挥了巨大作用，保证了个体的自主与权利。但是，新生儿不具备行使自我决定的能力，个人自主模式无法发挥作用，它首先必须解答两个问题：谁是新生儿最佳利益的代表者？谁是替新生儿做出决定的代理人？父母？医生？律师？法官？个人自主决定模式没有给出具体答案，这个问题在西方世界也充满了争议。而当父母、医生、律师的主张不一致

① 参见［美］汤姆·比彻姆、詹姆士·邱卓思：《生命医学伦理原则》，第5版，60页，北京，北京大学出版社，2014。

时，问题越来越大，在最初的一段时间里，关于严重缺陷新生儿的医疗决定权问题，往往演变成一场场法庭战。前些年在美国闹得沸沸扬扬的无名氏婴儿和珍妮婴儿案件①就是典型的案例。

就无名氏婴儿案例而言，当时各门各派的观点与干预已无法调和，于是交给法院，法院经过多次审理后判定：父母有权决定采取治疗或者不予治疗。然而，地方检察官不同意这个判决，之后连续两次上诉，接连失败后又强烈请求美国最高法院大法官进行紧急介入，不过，在他们赶到华盛顿之前，婴儿已经死亡。如果婴儿没有死亡，可以想见，又是一番唇来舌往的斗争，让很多人陷入无谓的折腾。这之后，里根政府要求对类似病例都必须进行强制性治疗，结果造成后来一段时间内对严重缺陷新生儿的过度治疗，其间还出现无名氏婴儿热线和无名氏婴儿调查队。婴儿调查队采取了非常极端的行动，比如经常出其不意地到达某个医院进行突袭调查，让很多医院饱受所谓“盖世太保奇袭战法”之苦。再如珍妮案例，当父母决定不予治疗后，也是很多人出来进行干预，各有各的观点与理念，法庭战、媒体战打得不亦乐乎，而父母则被折腾得筋疲力尽，一度绝望。“自由主义者将自我决定提到很高的程度，但随之而来的就是自相矛盾。”②

总之，如果关于治疗方案有不同的意见，最终的道路似乎就只有一条：让拥有司法权的法庭进行裁决。然而，和医师、医院一样，法院在新生儿问题上也十分为难。“为难”的背后，其实是众多观点的难以平衡与协调。我们知道，个人主义伦理主张个性、自由，承认不同的人持有不同的观点，并且每个人都有权选择自己的生活方式，因此西方社会一直面临一个道德价值观持续增长的多样性和多元化的状况。③ 而在个人自由主义大旗之下，关于严重新生儿缺陷问题的各种观点更是风云般涌现，局面则是各执一端，莫衷一是。有的人认为，放弃治疗者只考虑自身负担与利益，非常自私，反对者则认为不能把生活

① 此处两个案例请参阅格雷戈里·E. 彭斯：《医学伦理学经典案例》，第九章，210～216页，长沙，湖南科学技术出版社，2010。

② Fan，R，“Reconstructionist Confucianism in Health Care：An Asian Moral Account of Health Care Resource Allocation，” *Journal of Medicine and Philosophy*，2002，27（6）：675-682.

③ 强调个体、理性的主体性原则一方面使得个体摆脱了传统宗教和道德的束缚，另一方面彻底摧毁了传统的、宗教的律令，使得西方社会从那时起便丧失了一种整合、统一的力量。于是，自由化、多元化接踵而来，不同观点之间的对抗和冲突变得不可避免。

的目的看作是为他人而活，所以并非自私；有的人认为，每一个新生婴儿，无论完美抑或畸形，都是一个具有独特珍贵性的人，必须想方设法拯救，反对者则认为，新生儿还未形成认知标准，还不能算是真正的人，可以不予治疗、任其死亡[①]；还有人认为，直接杀死严重缺陷新生儿是严重道德问题，反对者则认为直接杀婴与不予治疗在道德上没有不同，其动机和后果都一样；又有人指出，如果预后表明生活可能完全是痛苦而悲惨的时候，可以要求放弃治疗，反对者则提出质疑：预后一定准确吗？应该选择何种预测性标准？等等，不一而足。观点非常之多，而且似乎每一派观点都能发言与干预，让人无所适从。

（二）生命质量计算方法

当然，西方学者一直致力于该难题的解决。Wilkinson 提出了颇为深刻的阈值观点。[②] 他鲜明地主张，新生儿个体的未来生活质量需要用某种专家标准来衡量，由专家决定什么为好处，什么为害处，因此构建了一个生命质量计算方法，以此方法为指导，来决定继续还是撤除为严重缺陷新生儿维持生命的治疗。Wilkinson 认为，生命质量计算是一个决定孩子最佳利益的合适指标。他将“值得的生命”定义为：“在将来的生活中，个体的受益大于负担。未来生活存在净增加的福利”；将“不值得的生命”定义为：“对于个体而言，将来的负担超过受益。未来生活存在净减少的福利”。这个计算方法确实可作为一个有用的工具来帮助家庭分析与思考在新生儿生命受到威胁时，他们所面对的各种治疗方案。然而，这个方法面临三个困境：首先，专家的某一标准到底是何标准？每个个体是不一样的，能有统一的标准码？应该说，关于生活质量是没有统一或者说单一的标准来进行衡量的。其次，这套方法排除了其他因素的影响，如“我”作为一个成年个体，如果要为自身某不可逆的重大疾病做一个医疗决定，可以有权要求取消维持生命的治疗，免除为已经不值得的生命付出昂贵的费用，从而避免使“我”的家庭变得贫困。最后，Wilkinson 似乎倾向于用此方法得出的结论可以强制执行在不知情或者反对的父母亲身上，这很可能

① 这里涉及人的本质问题。关于这个问题，哲学家们各有各的看法与解释，争议较大。可以参阅库尔特·拜尔茨的《基因伦理学》一书中“人的本质”一节。

② Wilkinson, D, “A life worth giving? The threshold for permissible withdrawal of life support from disabled newborn infants,” *American Journal of Bioethics*, 2011, (2): 21-33.

又会如无名氏婴儿案一样，最终造成争端与冲突。

二、儒家家庭自主决定模式的决定权赋予

综上所述，无论是法院途径抑或是生命质量计算方法，都不是解决严重缺陷新生儿伦理问题的理想道德策略。反观我国，我们几乎听不到有关严重缺陷新生儿医疗决定方面的争议与纠纷，也很难看到有关这方面的法庭战和媒体战。这源于我国采用的是家庭自主决定模式。与个人自主决定模式不同的是，儒家家庭自主决定模式明确主张：家庭（父母）是病人最佳利益的代表；家庭（父母）也是做出医疗决定的权威。这两个主张非常重要，解决了一个关键问题，即新生儿医疗决定权的代理问题，或者可以说解决了替新生儿做决定的代理权赋予问题。

（一）两个主张

第一个主张：家庭（父母）是病人最佳利益的代表。家庭自主决定模式源于儒家的家庭主义伦理。儒家家庭主义认为，是家庭，而不是个人，具有本体论上的实在性。[①] 家庭代表了人类存在的基本模式，是赖以理解个人的基础性实在——每个人都在家庭中出生与成长，个人的身份首先表现为家庭中的各种角色：子女、兄弟、姐妹等；个人的存在与发展依赖于家庭的完整、连续与繁荣，家庭的完整、连续与繁荣也有赖于个体成员的完整、连续与繁荣。儒家家庭主义的核心价值就是家庭的完整、连续与繁荣，基于此，儒家非常注重家庭的整体智慧与关怀，强调家庭对个人利益与价值的保护和支持以及为家庭成员谋福利。“家庭通常是关怀备至、通情达理和具有自我牺牲精神的共同体”[②]，能做出审慎的、明智的决定，帮助病人获得最大利益，因此是病人最佳利益的代表者。

但仍有人质疑，家庭主义是整体主义，家庭整体逻辑上优先于个人，你如何可以说家庭能代表个人的最大利益？应该是家庭压制个人的利益才对。对于儒家而言，个体和家庭都具有内在价值，因此既不能说家庭是个体的工具，也不能说个体是家庭的工具，对两者的利益要综合、平衡地考虑。儒家的理想是

① 在此基础上，儒家将人界定为关系中的，并且首先是家庭中的、具有潜在德性的人。

② 范瑞平：《儒家生命伦理学》，48 页，北京，北京大学出版社，2011。

家庭利益与个人利益的和谐一致，目标是家庭的和谐与繁荣，儒家非常注重和谐，“体现在儒家道德思想中的基本价值是和谐、相互依赖以及能为他人着想”①，所以不会只强调家庭或者个人的利益以引起冲突或争端，也不会拿家庭利益压制个人利益。如果个人的事项关涉到家庭利益，或者家庭利益与个人利益发生冲突，那么事情的决定必须由作为整体的家庭共同做出，家庭成员必须通过交流与协商来达成共识与和谐，这就是家庭导向的共同决策模式，或者说家庭自主决定模式。通过家庭共同决策，可以在家庭成员之间建立一种和谐共存、平等对话的交往形式，从而既能通过协商、探讨达成共识，又保证了病患的最大利益。从这个角度而言，儒家的家庭共同决策实质上是一种协商伦理，这种协商伦理始终包含共识、团结、沟通、协调等内容。不过，与其他领域不同，儒家的家庭自主决定模式在具体的医疗情境中，自始至终考虑的是病人的最佳利益，一切的协商、探讨都围绕病人的最佳利益而展开，无论治疗抑或放弃，都是基于对病人最佳利益的考虑而做出的决定。对于儒家家庭主义而言，病人的利益包括了病人的医疗价值、生命价值、生命质量、生活负担与成本等；家庭的利益是指家庭的连续、完整、繁荣，具体而言，是指病人的康复、幸福，家庭的成本、负担等，而这些内容其实就是病人利益的体现。因此，在医疗领域，病人利益与家庭利益是高度和谐一致的。汤姆·比彻姆也承认，“家人和病人的利益理所当然是一致的，家人也最深切关怀病人，最熟知病人的愿望”②。

既然家庭（父母）是病人最佳利益的代表者，儒家便顺理成章地提出第二个主张：家庭（父母），而不是个人，才是做出医疗决定的权威。在儒家看来，与个人判断相比较而言，家庭判断更具整体性、敏锐性和成熟性，家庭会基于病人的最大利益，在共同协商的基础上，做出共同的决定。“在实践中，每个家庭都自然会出现一位家庭成员作为家庭代表在医生和病人之间起着协调作用，并代表全家与医生交谈、协商与签字”③。这位代表是不能自作主张的，

① 范瑞平：《儒家生命伦理学》，48 页，北京，北京大学出版社，2011。

② ［美］汤姆·比彻姆、詹姆士·邱卓思：《生命医学伦理原则》，第 5 版，150 页，北京，北京大学出版社，2014。

③ Cong，Y，“Doctor-Family/Patient Relationship：The Chinese Paradigm of Informed Consent，” *Journal of Medicine and Philosophy*，2004，29 (4)：149-178.

他的决定其实是同全家成员（大多数情况下包括病人在内）商量探讨后的共同决定。

家庭共同决定不会被认为是对病人决定权的争夺，相反，这种共同决定将病人的自我决定整合进来，成为更高层次的道德决策。或者说，在家庭主义模式中，病人的自主权并不体现在病人身上，而是体现为包括病人在内的整个家庭的自主权。① 按照比彻姆的理论进行推导，这种家庭协商式自主其实也是尊重个人自主原则的体现，其实质是扩大了个人自主，而非压制自主。② 所以，尊重自主原则的内涵应该既包括尊重个人自主，也包括尊重家庭自主。对儒家来说，医疗决策中的家庭自主就是病人的个人自主，只是表现形式不同而已。一般情况下，中国的病人也不想参与一些医疗决策的过程，他们相信家人会妥善地照顾好自己，并且代表自己的最佳利益③，他们的决定就是自己的决定；作为整体的家庭则有责任承担起对病人的照顾以及其他与病人相关的事情，包括听取医生治疗建议、对治疗方案进行选择等。当有严重的诊断与预后事宜时，医生一般会告诉病人的家属，而家属一般会选择对病人进行隐瞒，以免给病人造成更大的心理负担与阴影，不利于疾病的治疗。家庭主义干预的理由就是病人的福利，因为减轻了病人的负担与痛苦，这种不讲真话的行为是值得赞赏的。要澄清一点，家庭主义并非家长主义。家庭中的家长主义表现为：由一位家长来做出有利于病人的医疗选择；这位家长有最终的权威来做出所有决定。这与家庭主义的共同决定差别很大。④

就严重缺陷新生儿案例而言，个体无行为能力，个人自主原则失去效应，被赋予了决定代理权的家庭（父母）会基于病患的最佳利益，结合医生的专业建议，进行具体的商量与权衡后做出自主决定。给出建议的医生则不会干预家

---

① 参见陈化、李红文：《论知情同意的家庭主义模式》，载《道德与文明》，2013（9）：103～107页。

② 参见［美］汤姆·比彻姆、詹姆士·邱卓思：《生命医学伦理原则》，第5版，63页，北京，北京大学出版社，2014。

③ 所以预先指令、代理决策很少被中国人采用。即使是挑选一个家庭成员为自己的决策者，也会被认为是破坏整个家庭的团结与和谐，更不用说挑选一位家庭以外的人作为自己的指定代理人了。

④ 笔者认为，从近代开始，儒家家长主义伦理受到西方个人主义的冲击与渗透，在对抗与融合的过程中，也吸收与借鉴了个人主义的合理之处，家长主义逐渐转变为家庭主义伦理。此点将另外行文撰述。

庭的决定，如果医生不同意家庭的决定，他只能说服而不能强行干预，其他人也没有权利实施干预。所以在儒家国度里，一般不会出现类似无名氏婴儿、珍妮婴儿等医疗纠纷或诉讼案件。

（二）道德基础与道德方法

儒家家庭自主决定的道德基础是德性。众所周知，儒家伦理是德性伦理，儒家的家庭主义建立在德性基础之上。儒家认为，“无论人是什么，他都首先是德性的拥有者和践履者”①。对儒家而言，人生下来就具有“不忍人之心”（这颗心既是实体，也是作用），也即具有德性发展的种子；这种“不忍人之心”首先表现在家庭中的发展与培育，如亲亲、亲子之爱，然后逐渐推至家庭之外的其他人。每一个人都要成为具有德性的人，要爱人②，这样才可能建立起一个和谐美好的社会。德性发展的目标是“仁”，在孔子看来，仁是一种意义深远的、完善的、基础的人类德性。那么，德性的种子如何发展为“仁”这颗果实呢？要通过“礼”，“克己复礼为仁”（《论语·颜渊》），所以儒家有一套囊括各个领域、各个方面的礼。

在儒家看来，维系家庭的终极力量是德性而不是权利。儒家将人看作是处于关系之中的、有“不忍人之心”的人，而不是拥有权利的个体。儒家强调家庭中各种角色关系的维护、共处与和谐，因此强调各个角色的道德意义，也即孔子的“正名”——“父父、子子、君君、臣臣”。“‘父’与‘子’不仅是生物学上的分类，而且已经意指某种道德位置和相关的责任。”③“父”与“子”其实就是道德角色。这与个人主义对人的理解形成鲜明对比。因此，儒家一般会把重点放在我对他人的义务上，而不是他人对我的义务上，儒家绝不会先把自己当作是权利的拥有者。所以，就具体医疗情境而言，即使家庭成员掌握了病人医疗的决定权，他们考虑的是如何为病人获取最大的利益、选取最佳的医疗方案，而不是图谋获取有关自身的所谓利益和权利。儒家认为每个人都天生是义务的拥有者，所以特别反感自由主义者的宣言：“我有权做任何事，即便它是错误的！”当然，儒

---

① 范瑞平：《儒家生命伦理学》，121页，北京，北京大学出版社，2011。

② 这个爱，是以人的血缘亲疏关系为核心，逐步由内向外扩展的，即爱有差等。

③ 范瑞平：《儒家生命伦理学》，88页，北京，北京大学出版社，2011。

家也赞成权利①，但并不认为权利和自由可以超越一切，它们和其他善之间应该要达成一种平衡；在德性不能起作用的情况下，个人权利才可以作为必要的手段来保证个人的合理利益不受损害②。放到教育领域，儒家注重的是对儿童德性品质的培养，个人主义者提倡的则是对儿童自我决定、自由权利和独立能力的提升。我们也看到，由于个人自由主义的提倡与渗透，一部分年轻人也越来越丧失一些传统美德，如孝顺父母、尊重老人。

儒家有一个最基本的道德要求——追求利益必须符合“仁”，或者说“义”。“君子喻于义，小人喻于利”（《论语·里仁》），这句话表明：每个人在面对利益之时，都必须坚持仁义的道德品质。对病人最佳利益的考虑由此被纳入到一个以德性为基础的系统中。退一步说，不管家庭成员是基于何种利益做出的医疗选择与决定，都应该是符合“仁”的决定，不应违背儒家德性的要求。与此相对，个人主义者则过于强调谁有权做出决定，而不管是善还是恶的决定。

当儒家将病人医疗利益、生活质量、生活成本等都纳入道德讨论中，在很多时候，尤其面对没有自我决定能力的病人之时，就更有可能根据这些利益元素找到一个合适的平衡点。过分强调新生儿的生命具有至高无上的价值和不可侵犯的道德地位肯定不是儒家的做法，而一味强调生活成本、未来负担也不是儒家的做法。如果一个严重缺陷新生儿通过积极救治，预后很好，儒家会积极对其进行救治、抚养和培养；如果他的预后很差，儒家可以选择不予治疗、任其死亡。有人说，德性意味着不能做不道德的事，而不予治疗、任其死亡是不道德的，因此儒家应该不允许这么做。这是对儒家家庭主义的片面解读。因为，救治一个预后很差的严重缺陷新生儿就是对孩子最佳利益的损害，尤其是对其未来利益的忽视。一个预后很差的孩子，他的德性能力、生活质量都会很差，并且生活将会非常困难，他不可能健康、快乐、幸福地成长，如果救治，将是对他的“不义”“不仁”。而且，由于家庭利益和孩子利益的一致性，家庭利益无疑也受到损害，不但给家庭带来沉重的负担，也严重削弱了家庭繁荣的能力。与任其死亡相比，让孩子痛苦地活着和损害自身及家庭的繁荣价值，是

① 与义务相对的就是权利。孝顺父母是子女的义务，那么，反过来讲，父母就有要求子女孝顺的权利。这是义务与权利的相互性。

② 参见范瑞平：《儒家生命伦理学》，121页，北京，北京大学出版社，2011。

更大的“不义”、不道德。

作为德性伦理学，在家庭决定中，儒家注重的是珍惜与促进，个人价值（德性的能力、健康、完善、幸福等）和家庭价值（家庭的完整、连续与繁荣等），而不是像个人主义，纠结于何为人的本质、胚胎是否是人、胚胎何时为人、谁有权做出决定等问题，这些问题势必充满了激烈的争执与冲突。儒家家庭主义需要把握的是：什么才是人类生活中最重要和有价值的事情。儒家不推崇任何普遍主义的、绝对的原则和方法，更不会说家庭高于个人价值，或者个人价值高于家庭价值，但是儒家会采取以德性为导向、以家庭为基础的共同决策方式，并对具体问题进行具体判断。[①] 因此有人说，儒家家庭主义可以作为治疗个人自由主义社会的一味良药。

三、家庭：严重缺陷新生儿医疗决定权的代理者

始终包含共识、团结、沟通、协调等内容的家庭主义德性协商伦理，从人之本质、谁之决定等抽象或具体的争议性问题抽离出来，为严重缺陷新生儿的医疗决定提供了一种更为恰当的道德策略。所以，面对无行为能力者，当个人自主决定模式还在为一些问题纠缠不清的时候，为何不给家庭以自主决定的地位和权利，让家庭成为严重缺陷新生儿医疗决定权的代理者呢?

（一）本体论和契约论的家庭观念

关于家庭，恩格尔哈特曾论证了三种不同的范畴：（1）自然范畴。家庭为一个社会生物学单元，由一男一女组成，是进行长期性活动、生殖活动和社会活动的联盟。（2）契约范畴。家庭是经由其参与者同意而创造出的一个共识统一体，家庭的结构、义务都是基于自由、平等的个人的同意而产生的。（3）本体论范畴。家庭是永恒的社会范畴，它一旦成立，无须协商，便将其义务和权威赋予家庭成员。[②] 儒家不赞成契约式家庭观念，也超越了自然范畴，与本体论的家庭概念保持一致。儒家认为，家庭成员间的爱是超越契约关系的，家庭

---

① 参见范瑞平：《儒家生命伦理学》，121 页，北京，北京大学出版社，2011。

② Engelhardt, Jr., H. T., “Long-Term Care: The Family, Post-Modernity, and Conflicting Moral Life-Worlds,” *Journal of Medicine and Philosophy*, 2007, 32 (5): 519-536.

之爱的基础是家庭成员之间深层的依恋与关怀。人不会天生就能做出理性选择，“有时他们可能被诱惑做一些难以做到的、有潜在危险的和无可挽回的决定。有时他们又可能经历不可抗拒的心理或社会压力而做出具有不合理风险的行为”①，而家庭可以帮助他们进行选择，协助他们发展与修身。由于重要的问题都由家庭成员共同商量后决定，可以减少个人决定的错误，以及由此而造成的个人伤害。没有家庭的支持与培养，个体很难发展。在一个互相关心、互相支持的家庭中，人们能够获益良多。在此意义上，家庭主义可以说是一种旨在保护家庭成员的“保险政策”。应该说，作为人类生活的最基本社群或共同体，家庭的道德性质、伦理地位很难由某个其他社群来代替。

个人主义者认为契约型关系才是社会的主要关系模式；共同体的组织结构，包括家庭，应该在个人的价值、愿望和协议的基础上以契约的形式建立起来。因此他们视家庭利益为各个家庭成员利益的总和，认为家庭和其他共同体是个体的工具，共同善是实现个人利益的工具与手段。在此基础上，个人主义进一步认为家庭价值是工具性的，是以契约为基础的人工制度，可以因个人的利益、愿望而拒斥、拆分和重构家庭，因此否认家庭成员的相互依存在人类生活中的深度，不能充分认识到个人实质上是相互依赖和相互依存的家庭与社会中的一个成员；并且认为，家庭的和谐美满只是一种美好的理想，理想并不等于现实，现实就是：为了实现家庭的和谐，个人必须付出很大的代价。他们所说的代价是家庭对个体的压制与约束。然而正如前所述，儒家并非个人主义者所认为的，将家庭利益凌驾于个人利益之上，儒家既重视家庭价值，也重视个人的利益与价值。由于个人主义的盛行，西方社会的离婚率较高，单亲家庭较多。而我国近些年在个人主义观念的冲击之下，年轻人主张个性、自由，孝心与道德感下降，离婚率也是逐步上升。

对于有严重缺陷的新生儿，他已是这个家庭中的一员，父母对他的爱是谁也无法替代的，放弃治疗，最痛的恐怕是父母的心了。放弃治疗的决定，要在多少次的辗转反侧、权衡纠结之后才能做出呢？个人主义在强调个人独立、自主、权利的时候，却忽略了这一点，忽略了人与人之间的相互依赖（特别是在家庭中）是人类生存和繁荣的根本方式。在珍妮婴儿案例中，很多人基于自己

① ［美］汤姆·比彻姆、詹姆士·邱卓思：《生命医学伦理原则》，第5版，179页，李伦等译，北京，北京大学出版社，2014。

的判断或道德理念，都在实施干预，干预父母放弃治疗的想法与行动，并由此而有了一系列的诉讼、听证会、媒体报道，法庭战、媒体战，开战非常激烈。即使法院已做出“把决定权赋予父母”的判决，美国卫生和福利部以及司法部仍在采取措施实行干预。面对干预，婴儿的母亲说：“让我们和我们的女儿在一起，别再管我们了……即使是地狱，我们也已经走过来了”[①]；婴儿的父亲说：“我从身体上、精神上和情感上都已经筋疲力尽了。我相信你们根本没有看到我们做了什么就说我们错了”[②]。话语中流露着多少痛苦与无奈呢？法官最终还是把决定权判给了父母，但在这之前，婴儿的父母又经历了多少的折磨呢？正如 Sade（2011）所指出的，“在为严重缺陷新生儿做决定的案例中，使用预测算法或计算而忽视孩子父母的决定或者完全凌驾于他们的决定之上是对父母权的不尊重，潜在地削弱了家庭关系的构造，可能成为对家庭生活的不当干预”[③]，这里同样是对父母和家庭的不当干预。或许我们只能说，作为一种片面的伦理，个人自主决定的道德观真的很难诠释与解决严重缺陷新生儿以及其他无行为能力病人的伦理问题。

（二）利益相关者理论

我们还可以从利益相关者理论来进行探讨。在此案中，谁是最大的利益相关者？是家庭（父母）。“尽管婴儿没有个人的价值观或喜好，他们最终无疑与他们家庭的联系要比与大一些的社区的联系更为紧密。事实上，社区越大，它的标准与孩子世界的标准的联系越弱——最弱的联系是一个国家的或者国际的标准，比如孩子权利国际公约。”[④] 不是社区，不是国际公约，而是父母，才是最大的利益相关者，只有他们懂得一个生下来就严重残疾的孩子，对他们到底意味着什么，救治或者放弃的合理性只有他们最为清楚。从利益相关者理论来说，只考虑医疗利益肯定是不对的，正如儒家所指出的，孩子的最佳利益并

---

① ［美］格雷戈里·E. 彭斯：《医学伦理学经典案例》，215 页，长沙，湖南科学技术出版社，2010。

② 同上。

③ Robert M. Sade，“The Locus of Decision Making for Severely Impaired Newborn Infants，” *The American Journal of Bioethics*，2011，11（2）：40-41.

④ United Nations. 1989/1990，Convention on the rights of the child，Available at：http://www2. ohchr. org/engl ish/law/pdf/crc. pdf（accessed November 3，2010）.

非只包含了医疗利益，现实比这更为复杂，它包含了许多其他因素，比如新生儿个体的价值、今后的生活质量、家庭的利益、家庭的负担等，父母都必须予以考虑。如果养育一个严重缺陷孩子的负担过于沉重，严重损害到一个家庭的生活质量，应该把决定权交予利益关涉性最大的家庭，并允许家庭放弃治疗。很少有父母不爱自己的孩子，放弃治疗，他们比其他任何人更觉痛苦与绝望。有人说他们是自私，考虑到照顾终身残疾的孩子所需的时间、经济上的负担，我们只能说，他们是基于现实考虑所做出的决定。“如果我们不从某些方面考虑到家庭的利益，我们果真会认为，每个家庭都必须宿命地接受一个残疾新生儿，而无论带来多大的艰难吗？现代家庭作为一个机构已经动荡不安；要指望多数家庭能承担多大的压力呢？”① 在有些个人主义者看来，家庭的艰难就可以不予考虑，而且，他们只要拿一个“人”的概念，便把整个家庭的行为给压制了。有学者指出，美国政府在此点上比天主教还残酷严苛，天主教的观点是，如果后果对于家庭“负担过于沉重”，可以不予治疗。无论如何，严重缺陷新生儿的诞生，对相关家庭的影响是最大的，不可能避开家庭来做一个纯粹有关个体的决定，新生儿的道德意义也不可能脱离家庭的伦理价值来确定。

应该说，周围的人忽视了家庭的地位、价值和作用，强调的是父母应该怎么做。每个人都在拿自己的道德观点来干预他人，尤其是父母的行为（其实，从这个角度而言，他们侵犯了他人的自由和隐私权）。《每日新闻》的作家弗雷德·布鲁宁（Fred Bruning）对不干预父母的决定进行辩护：“除了父母，谁能真正理解一个生下来就严重残疾的孩子的意义？在这一现实情况中，只有‘感觉’是不够的……一切是对的，也是错的。道德只是欺骗性的东西……”② 他强烈反对以“道德”二字来责怪放弃救治的父母。“我们应该让父母们去与医生协商，作出决定……我们应该尊重他们的痛苦和愿望，而不要再去打扰他们。”③ 他明白无误地肯定了父母的决定，肯定了家庭（父母）的伦理价值与意义。

（三）趋势

卡伦·昆兰案的最终判定是：宪法所含有的个人隐私（自由）允许一个临终的无行为能力的病人的家庭决定拆除维持生命的手段而让病人死亡；无名氏

①②③ ［美］格雷戈里·E. 彭斯：《医学伦理学经典案例》，217页，长沙，湖南科学技术出版社，2010。

婴儿的最终判定是：父母有权决定采取治疗或者不予治疗；珍妮婴儿案的判决是：当两种选择“在医学上都合理时”，法律把决定权赋予父母。上诉法院还很动情地称律师沃史本的干预是“无礼的”，而且说，韦伯也不应该被授权；总之，不应该无视家庭（父母）的愿望来替婴儿珍妮做决定。这是西方的实践，而在理论层面，也有一些学者肯定了家庭（父母）的地位与作用，倾向于将决定权交予父母。如 Ross 指出，“父母有孩子将成长于其中的社会环境的文化与价值体系的相关知识，所以他们可以以孩子的成长环境为背景，为孩子对生命质量进行最恰当的评估，包括家庭中其他孩子的需求与利益”①。Dare 也承认，“包括美国在内的许多国家的传统与法律认可父母是为孩子做决定的合适代理人，前提是，在内心深处他们比其他任何人都更为孩子的利益着想，比其他任何人都更懂得孩子将被抚养成人的条件”②。Sade 则明确指出父母是新生儿最合适的代理决策人，他说，“孩子并不像真空中的原子般出现，它出生在一个家庭和父母亲所在的社区，包括了间接和延伸的家庭、宗教、事业或职业群体，以及政治或司法意义上的分类。父母亲懂得并且亲历了孩子的世界，而这是专家不可能经历的。正如成人个体是决定哪种行为对自身最好的最合适人选，因此他们也是最适合为他们的孩子选择最佳方案的人（尽管在限制范围内）”③。他进一步指出，“因为父母是孩子最合适的代理决策人，医生和医院管理者没有权力忽视孩子父母的选择。对于严重缺陷新生儿案例，他们必须要么尊重孩子父母的决定，要么努力劝说孩子父母接受他们矛盾的观点，或者在法庭上挑战他们视为不充分的父母抉择”④。这与儒家家庭自主决定的思想不谋而合。

综上所述，我们建议：在个人自主无法发挥作用的情况下，或者说在面对无行为能力的患者之时，应还家庭（父母）以自主权，让家庭（父母）做出合适的决定。

---

① Ross，L. F，*Children，families and health care decision making*，Oxford：Clarendon Press，1998.

② Dare，T.，“Parental rights and medical decisions，” *Pediatric Anesthesia*，2009（19）：947-952.

③④ Robert M. Sade，“The Locus of Decision Making for Severely Impaired Newborn Infants，” *The American Journal of Bioethics*，2011，11（2）：40-41.

四、结语

当然，受西方个人主义、权利意识的影响多年，我国并非完全没有争议事件。2010年的小希望就是个典型事件。小希望一出生就患有肾积水、肛闭等疾病，家庭基于治疗的痛苦、严重残疾的伤害以及未来生活质量的考虑，决定放弃治疗。消息一出，从作家到普通志愿者、从警察到律师，很多人纷纷出来干预。但与无名氏婴儿和珍妮案件不同的是，国内的干预并未演变成法庭事件。因为按照儒家伦理，终归由家庭（父母）做出决定，其他人无权代为决定。

不过，也有人质疑，无良父母肯定存在，有的父母不会基于病人最大利益考虑，那还要将决定权交予父母吗？确实应该考虑这种情况，虽然在实际生活当中，这种父母非常之少。儒家的应对原则是——当家庭（父母）做出的决定与医生对病人所做的最佳利益的专业性判断非常不一致时，医生必须直接与病人进行交流，或者由医生按照病人的最大利益做出决定[①]，以此来避免这千万分之一的例外[②]。不过，又有人提出，万一医生也有失误呢？的确，完全由医生来承担此责任确实不具备合理性。这也是家庭主义伦理的一个不足之处。所以笔者建议，对于家庭成员间或者家庭与医生间有异议的放弃治疗，由父母提交申请至伦理委员会，由伦理委员会审核批准后方可实行。申请包括新生儿病情、预后程度、家庭状况等内容，伦理委员会须充分调查取证后做出是否批准的决定。当然，这需要建立一个申请机制，有的病例还须与社会救助机制协调对接，因此有待进一步的探讨，限于篇幅，在此不做探讨。

很多人只一味地说，个人主义是现代自主的、平等的理念的体现，是天赋人权的保障，家庭主义是落后的东西，代表了过去，他们并没有去做任何论证，或者看看儒家的成功实践。在实践中，我们不能以权利为标准来衡量儒家以德性为标准的伦理观点和理论的合理性与合法性，也不能直接从儒家的道德人格概念及其家庭主义理论进行考察，来论证儒家理论是否可以建立起以权利为基础的人格概念。这两种衡量和考察都是非常不合理的，因为我们是在以西

---

① “由医生按照病人的最大利益做出决定”这一条是针对无行为能力的人而言的。

② 参见范瑞平：《儒家生命伦理学》，13页，北京，北京大学出版社，2011。

方的理论标准来评判儒家。“我们需要的，是要以中华文化的核心价值及其原则为标准，探索解决我们所面临的挑战和问题的政策与方法。这一工作当然需要我们学习和借鉴西方的学说，但不能照搬。”然而，东方合理的道德资源，西方是否也可以考虑借鉴呢?

从“二孩排斥”浅析儒学思想视阈下的伦理适用

尤晋泽　赵明杰*

一、“全面二孩”后的“二孩排斥”

（一）“全面二孩”政策

所谓“全面两孩”政策（即“全面二孩”政策，下同），是指一对夫妇可以生育两个孩子的政策。2015 年 10 月 29 日，中国共产党第十八届中央委员会第五次全体会议公报由中国共产党第十八届中央委员会第五次全体会议通过，其中明确提出：促进人口均衡发展，坚持计划生育的基本国策，完善人口发展战略，全面实施一对夫妇可生育两个孩子政策，积极开展应对人口老龄化行动。而后中共中央、国务院于 2015 年 12 月 31 日发布《关于实施全面两孩政策　改革完善计划生育服务管理的决定》，从依法组织实施全面两孩政策、改革生育服务管理制度、加强出生人口监测预测以及合理配置公共服务资源这四个方面入手，以期稳妥扎实有序地实施“全面两孩”政策。在十二届全国人大四次会议“实施全面两孩政策”记者会上，国家卫生计生委主任李斌也表示：截止到 2016 年 3 月 10 日，广东、上海、湖北等 13 个省区市已经完成了地方人口与计划生育条例的修订，多数省份将于 3 月底完成地方条例的修订工作，“全面两孩”政策正在依法有序的实施过程中。根据测算，全国符合“全面两孩”政策的夫妇有 9 000 多万对，政策全面实施以后，预计未来这几年，人口会有所增长，特别是新生儿会有所增长。到 2050 年，劳动年龄人口会增加 3 000 万左右，老年人口在总人口中的比例会有所降低，这样使人口的结构更趋于均衡。①

---

* 尤晋泽，大连医科大学人文与社会科学学院博士研究生；赵明杰，大连医科大学人文与社会科学学院教授、院长、博士生导师。

① 中华人民共和国国家卫生和计划生育委员会：《李斌主任等就“实施全面两孩政策”答记者问文字实录》，见 http://www.nhfpc.gov.cn/zhuzhan/xwfbh/201603/98b84b2992a442748793dbf040f9f004.shtml/，2016-03-10。

(二)“二孩排斥”

“全面二孩”政策的出台引发了公众对相关问题的热烈讨论。如“二孩”能否生得起、养得起的问题，与二孩情况相关的教育、医疗、就业问题也被广泛关注。需要明确指出的是，以上的诸多问题或多或少都属于“将来时问题”范畴，即对即将发生或可能发生的情况的考虑甚至担忧。显而易见的是，“将来时问题”需要被认真对待，并根据有关情况做好相应的判断、预测和谋划工作，但与“将来时问题”相比，“现在时问题”以其现实的紧迫性和问题自身的严峻性更应该被关注和重视。在“全面二孩”政策背景下，最突出的“现在时问题”莫过于“二孩排斥”。

所谓“二孩排斥”是笔者给出的定义，是指家庭之中的“一孩”，也就是第一个孩子，对“二孩”警惕、敌视、抵触、排斥的现象。翻阅新闻不难发现，“二孩排斥”的表现形式多种多样，且贯穿孕育二孩的全过程。其伴随“双独二孩”政策初露端倪，而后在“单独二孩”尤其是在“全面二孩”政策下愈加严峻。武汉 13 岁女孩雯雯（化名）在母亲怀上二孩之后，相继以逃学、拒绝参加中考、离家出走威胁父母，最后竟坚持只要父母再生一个孩子，她就要以自杀“解决问题”。其母亲最终无奈终止了妊娠；沈阳 14 岁女孩小兰在有了弟弟之后感到父母“不再爱她了”，遂离家出走；江西 18 岁男孩得知父母计划再要一个孩子时，竟提出“要生可以，以后分财产时，我可要多分”。类似的“二孩排斥”屡见报端，不禁让我们思考：出现这种排斥的原因究竟是什么?

二、“二孩排斥”出现原因探究

通过对“二孩排斥”诸多表现形式的搜集，查阅相关资料和文献，笔者认为应该遵从下述框架进行研究分析：首先，从“二孩排斥”的具体表现形式入手，观察家中“一孩”对父母生育“二孩”的看法以及对家中“二孩”的态度；而后通过分析、归纳、总结，由具象的表现形式上升到相对抽象普遍的原因分析层面。通过分析相关案例不难发现，“二孩排斥”现象的产生与“一孩”自私的心理状态有密不可分的关系。而子女自私心理状态的形成主要有两个原因，一是家庭模式的客观现状，二是溺爱教育方式的主观影响。

（一）独生子女自私心理状态的养成

通过对相关案例尤其是对上述引用的几个相对极端的例子进行分析不难发现，“一孩”反对父母孕育“二孩”的理由大致有以下几个：（1）本来全部属于自己的爱将被一定程度地分享；（2）自己作为哥哥或姐姐有了照顾弟弟妹妹的责任，丧失了家中“小皇帝”的地位，不可避免地存在心理落差；（3）会一定程度上失去自己的私人空间。

中国受计划生育政策影响而产生的独生子女群体现今已陆续进入婚育年龄。在逐步放开生育政策之前，他们走入婚姻之后将很可能组成“四二一”家庭。所谓“四二一”家庭是指三代人里连续两代父母选择只生育一胎的结果，计划生育政策是影响人们生育胎次选择的重要外部制约因素，它对于“四二一”家庭结构的形成作用明显。[①] 通俗来说可以把“四二一”家庭理解为“金字塔”式家庭，位于金字塔顶端的就是祖父母、外祖父母的“掌上明珠”，父母的“小公主”“小王子”——家中的第三代。他们集万千宠爱于一身，存在自私这种非良性的心理状态的概率大大增加。

诚然，“四二一”家庭模式在一定程度上助推了这种自私心理状态的形成，为其提供了客观条件。面对已然如此的情况，人类的主观能动性就显得格外重要。需要明确的是，主观能动性是一把双刃剑，运用是否得当决定了其产生正面抑或是反面的效果。顺着这个思路分析，造成“二孩排斥”的另一个主要原因就是相关个体没有正确地发挥主观能动性，而应该为此负主要责任的就是孩子的父母，其溺爱的错误教育方式加大了子女自私心理状态的形成概率。

（二）溺爱造成孩子自私心理

所谓溺爱，即过分的宠爱，是在包办基础上向极端发展的家教方式。[②] 溺爱在儿童家庭教育中主要表现为：（1）过分注意；（2）全力满足；（3）姑息迁就；（4）剥夺独立；（5）过度保护。[③] 具体来说，在没有“二孩”之前，家长

---

① 参见杨宁：《对“四二一”家庭结构的梳理与分析》，载《经济研究导刊》，2011（24）。

② 参见史春宜、陈立人：《论对儿童的溺爱型家庭教育》，载《时代人物》，2008（4）。

③ 参见王月莲：《儿童家庭教育中溺爱的危害分析与思考》，载《科教文汇》，2010（10）。

对于家中的“一孩”存在过分的关注，切实贯彻了“一切以孩子为中心”的理念，使原有的家庭重心发生偏移，家庭结构发生变化。家长的注意力完全集中在孩子身上，孩子的需求被近乎无条件地满足；顺从、迁就甚至放纵孩子的任性；大包大揽地帮孩子做本应该他们身体力行的事情；把孩子“圈养”在温室里，存在过度的保护欲。孩子的自私心理就在这种“掌中宝”式的教育模式下悄然形成。当家中计划出现或者已经出现“二孩”来打乱原有的家庭结构、“挑战一孩权威”“觊觎无上地位”的时候，问题便油然而生。

以往独属于自己的爱和关注将被分享，甚至可能被很大程度地分享；以往由父母包办的诸多事项在需要自己独立完成的同时，还需要帮助弟弟妹妹们完成；自己的任性在一定程度上也不会如以往一样被包容，而是被解读为“不懂事”；自己的私人空间也将被一定程度地剥夺。这样，家中的“一孩”就产生了巨大的心理落差，认为父母“只爱弟弟妹妹，不再爱我了”“原本属于我的一切都被弟弟妹妹夺走了”，由此产生了上文提到的“二孩排斥”。

至此明晰，“二孩排斥”出现的具体原因是孩子的自私心理，而孩子自私心理状态的形成与父母的教育方式有直接的联系。在得出相关结论后，就要求我们透过现象看本质，将相关问题上升到社会价值观角度进行分析。

三、家庭模式的转变呼吁儒学思想框架下家庭责任感的理性回归

随着“全面二孩”政策的逐步贯彻和落实，现存的“四二一”家庭也会逐步被“四二二”家庭所取代，总会存在处于相关模式转型期的家庭因为上述原因而面临不同程度的“二孩排斥”问题。诚然，每个家庭面临的问题都有其特殊性，需要结合现实状况进行分析讨论。但在具体问题具体分析这一层面之上，必然存在一个探究问题共性的层面。将相关问题和现实上升到社会价值观角度，我们发现：家庭模式的转变呼吁儒学思想框架下家庭责任感的理性回归。

（一）关于理性回归的特别说明

本文所指的“理性”具体体现在以下两个方面：

（1）儒学思想框架下的家庭责任感历史悠久，具有鲜明的时代特征。所以

在现今理解其内涵时，切忌将其局限于某一特定的框架下，要贯彻一个“去粗取精”的过程。与现实发展状况相符合的、可以推动社会和谐健康发展的、闪耀中华民族古老而深邃智慧的思想精华需要被保持和发扬，而与现实发展不相符合的、对社会发展有阻碍作用的思想桎梏则需要被打破和剔除。所谓“取其精华，去其糟粕”，就是这样一个“扬弃”的过程。

（2）在解决具体问题时，需要对儒学思想框架下家庭责任感的思想精华进行理性的再筛选。“二孩排斥”及其衍生的相关问题表明，在现今的家庭责任关系网之中有链条间不平衡的状况出现。父母对子女往往有很强的甚至过度的家庭责任感，而相反子女对父母的家庭责任感却很匮乏。这样就导致了家庭责任关系网的相对畸形，打破了家庭相对稳固的结构，不利于家庭关系的良性发展。所以针对这样的状况，就要筛选出其中平衡家庭责任关系的相关内容。

（二）儒学思想框架下的家庭责任感

针对以上对本文涉及的儒学思想框架下家庭责任感的范围界定，将从以下几个方面浅析其思想内涵：

1. 儒学思想框架下家庭责任感的误读

儒学思想框架下的家庭责任感历史悠久，贯穿从先秦时期到两汉南北朝时期，再到隋唐时期、宋元明清时期的各个历史阶段，对现代家庭发展也有潜移默化、深远持久的影响。现今我们提到“儒家传统家庭伦理”的时候，公众的第一反应大多都是“三纲五常”“家长权威”。概括来说，儒家传统家庭伦理备受批判的主要原因，就在于家庭责任义务的不平等。这种不平等确实是儒家传统家庭伦理之中的内容，不能说公众理解错误，只能说公众理解得不全面。公众所批判的儒家家庭伦理，是在汉朝“罢黜百家，独尊儒术”后，随社会意识形态变化、绝对化、纲常化的内容。在强调“父父子子”的基础上，进一步规定了父为子纲，极度失衡的家庭责任关系就此出现。

与绝对化时期的家庭状态相同，现今家庭结构中也存在责任关系的失衡。不同的是二者天平倾斜的方向。在现今的家庭结构中，子女成为家庭重心，“铁三角”的家庭结构畸形发展。父母对子女不仅在质上尽到了相应的责任，而且在量上也远远超过了其必要的限度；而子女则往往乐于一味地接受父母给予的爱和关怀。当父母的“过犹不及”与子女的“习惯成自然”相碰撞，便产生了“二孩排斥”这种棘手的状况。

2. 儒学思想框架下家庭责任感的本意

先秦时期，儒家家庭伦理十分强调家庭成员之间的家庭责任感。当时的思想家认为，只有做到“父慈子孝”“兄友弟恭”“夫义妇顺”，家庭关系才能和谐。《论语》中齐景公问政于孔子。孔子对曰：君君，臣臣，父父，子子。就父父子子来说，它强调了在家庭关系中，父亲要有父亲的样子，相对应的孩子也要有孩子的样子。我们可以这样理解，家庭成员之间对彼此都负有相应的责任，从而构成了家庭关系之中的动态平衡。在孔子的思想框架之中，如果对方无法恪守其基本的应尽义务，则不存在一种单向度的忠孝伦理概念。①

《孟子·滕文公上》中提道：“使契为司徒，教以人伦：父子有亲，君臣有义，夫妇有别，长幼有序，朋友有信。”这样的“五伦观念”是中国传统社会中重要的儒家伦理思想。从“五伦”的构造来看，它包括父子、君臣、夫妇、长幼、朋友五种对应的人伦关系。其中，父子以纵向、夫妇以横向构成家庭关系；狭义的“长幼”关系为家庭中的兄弟关系，它构成了平行关系，进而可以衍生新的家庭关系；君臣为政治关系；朋友则为社会关系。从“五伦”排序来看，显然家庭关系居于核心地位，政治关系乃至社会关系分别是其延伸与扩展。②“五伦”中“父子有亲”“夫妇有别”“长幼有序”三者阐述了儒家传统家庭伦理思想。以“父子有亲”为例，其意在表明父子之间的恰当关系是相互的关爱而非单方面的服从，这种父子之间的关系是双方互动了解的过程。爱体现为一种理解和宽容，而父子之“亲”不仅仅来自一种生物本能的亲近，更多的是相互沟通、相互理解中的认同。这在今天仍然具有现实意义。③

此外，“礼”不仅在儒家思想框架中有着举足轻重的地位，而且在中国古代社会中也发挥着极其重要的作用。“礼”作为一种规范或者说一种手段，旨在维护社会的稳定发展和持续进步。“礼”在我们的传统中备受重视的另一个原因是人与人之间相互关系的重要性。《礼记》中这样写道：“何谓人义？父慈

---

① 参见邓小明、廖永林等：《儒家传统家庭伦理的困境与现代启示》，载《河南社会科学》，2013（6）。

② 参见杨铮铮：《传统五伦的现代建构》，载《湖南师范大学社会科学学报》，2009（3）。

③ 参见张渊：《浅析儒家传统现代转化的家庭动力——以“三纲”权威主义与“五伦”仁爱思想为中心》，载《内蒙古农业大学学报》，2008（6）。

子孝，兄良弟弟，夫义妇听，长惠幼顺，君仁臣忠，十者谓之人义。”也就是说，儒家学派认为人与人之间的道德关系应该是权利和义务的关系，而不是单方面地享受权利而不去履行义务。①

由此可以看出，儒家思想强调的并不是一种教条的单向关系，而是一种双向交互的关系。这样的双向交互性体现在社会生活的各个方面，贯穿社会群体的各个层次。就家庭关系中的家庭责任感来说，其产生和发展也并不是一个单向的过程，而是家庭之中任意两方主体双向交互的过程，即家庭之中的每一位成员均对家庭之中其他的成员负有责任，区别在于对彼此所负责任的性质及程度。这样就在家庭成员之间形成了相互的、交叉的责任关系网。所以显而易见的是：家庭责任感并不只约束家庭之中的成年人，它对家庭之中的未成年人也提出了相应的要求。

所以，根据现今家庭关系的失衡，面对“二孩排斥”问题，我们要对同样隶属于儒学思想视阈下的孝道思想特别重视。

3. 儒学孝道思想解读

我国孝道思想历史悠久，影响深远。学界对于孝道思想的理论研究层出不穷，涉及孝道文化的各个方面。关于孝的内涵，不同学者从不同角度做出了界定。但对于传统孝道的评价，大多数学者均认为传统孝道经过漫长的发展，其内容全面丰富，但同时良莠杂糅，既有精华又有糟粕。② 传统孝道思想如此，儒学孝道思想作为其中一部分亦是如此。笔者认为，儒学孝道文化中应该被重视、继承和发扬的是其中所蕴含的深厚的家庭责任感。

《论语·为政》记载：孟武伯问孝，子曰：“父母惟其疾之忧。”即孔子认为，孝的一种表现形式就是子女要关心父母的健康状况。孟子曰：“孝子之至，莫大乎尊亲。”即子女对父母最大的孝顺就在于尊重、侍奉双亲。由此可见，儒学孝道文化中的家庭责任感集中体现为子女对父母所负有的责任感。

在中国传统的儒家孝道文化中，子女对父母的责任感体现在“侍奉”“尊重”“感恩”等关键词上。许多学者认为，“孝”的重要意义在于：在现今老龄化社会背景下有利于促进家庭和谐，解决相应的社会养老问题。所以，公众对

---

① 参见汤一介：《儒家思想及建构性的后现代主义》，载《人民论坛》，2013 (21)。

② 参见赵仲杰：《关于“孝道文化”的研究综述》，载《天水行政学院学报》，2010 (1)。

于“孝”的关注点便普遍落在成年子女对老年父母的赡养问题上。在这样的现实状况下，人们往往忽略了家庭中未成年子女对父母应具备的家庭责任感。而恰恰是儒学孝道文化中蕴含的深厚的家庭责任感，正可以用来应对日益严峻的“二孩排斥”问题。

四、培养儒学思想框架下的家庭责任感对解决“二孩排斥”的意义

（一）在问题认识上以责任代替自私，在问题处理上以理性代替极端

首先，一个独立的个体融入家庭结构之中的程度越深，与家庭之中其他成员以家庭责任感为媒介联结得越紧密，他便越倾向负责任地、理性地思考。因为当个体被置于家庭关系之中进行价值判断和价值选择时，他不再仅仅作为一个独立的个体进行活动，他深知他的判断选择必然会对家庭框架中的其他成员产生相应的影响，且不论程度大小。当这种家庭责任感内化成为一个人的思维方式和行事原则时，他无疑会更倾向以更有责任感、更理性的方式认识问题和处理问题。

其次，子女对父母尽孝道的过程，就是子女履行家庭责任感的过程。当子女以“尊敬”“侍奉”“感恩”的心态对待父母，他们便深知自己认识问题的自私心态和表达相关诉求的极端方式会给父母和家庭带来困扰甚至伤害，这显然与孝道文化相悖。所以当类似情况出现时，子女对父母的家庭责任感使子女更可能以理性的思维方式进行相关的情感表达，避免相应的不良影响。

（二）培养儒学思想框架下的家庭责任感不仅致力于治标，更着眼于治本

儿童时期对一个人的一生有重要的作用和影响，相关专家称这一时期是人生的“关键期”。所谓关键期，也就是说在这段时间内儿童最容易学习某种知识和经验，错过这个时期就不能获得或达到最好的水平。神经科学家哈罗德·丘格尼也指出：学前儿童的大脑几乎是以能量消耗为主，对葡萄糖的消耗是成

年人的2.25倍，早期学习的效率比较高，学习也比较容易。[①] 这里的“学习”需要广义地理解，它并不仅限于知识的获得，更涉及行为模式、道德境界的培养，且后者较前者来说更为重要。所谓“才者，德之资也，德者，才之帅也”就是这个道理。所以针对“二孩排斥”，治标的方法就是采取多种方式，例如家庭教育、学校教育、社会熏陶，对儿童进行家庭责任感的培养。

个体在社会中的生存状态并不是静止和孤立的，其本身充满着动态的变化。儿童终将在一系列相对动态变化中、在一定时期内成为社会的中坚力量。所以对儿童家庭责任感的培养并不单纯是一个治标的手段。通过对儿童进行家庭责任感的培养，以责任代替自私，使年青一代从认识家庭责任感到认同家庭责任感，最终内化为约束自身的、自律性的道德准则，在遇到具体问题时可以正确地指导实践，从而形成一种生生不息的良性循环，积极作用于相关社会价值观的构建。

（三）培养儒学思想框架下的家庭责任感要以亲情为媒介

一般情况下，选择生育“二孩”的家庭中“一孩”为未成年人。一方面，未成年人是无完全民事行为能力人或限制民事行为能力人，并没有完整健全的能力进行相关的事实判断和行为选择；另一方面，正如王海明教授在相关著作中提出的：婴孩时期是一种“无德状态”，即尚未形成具体品德、既不属于美德境界也不属于恶德境界的尚不稳定的状态。对一个小儿讲高深的道理使其不自私、不极端是有困难的，那么我们就需要一个媒介，这个媒介就是亲情。

在家庭关系中谈责任感建设，尤其是未成年人责任意识的养成，就必须要发挥亲情的重要媒介作用，从同理心出发，最终确立内化自身的家庭责任感。同理心（empathy）又可称为共情，指站在对方立场设身处地思考的一种方式，即在人际交往过程中，能够体会他人的情绪和想法、理解他人的立场和感受，并站在他人的角度思考和处理问题。[②] 具体来说，同理心包含两个阶段。第一阶段重点在情绪的体会和理解，第二阶段重点在换位思考处理问题。我们不难发现，同理心的两个阶段包含着情感因素和理性因素的动态变化。在第一阶段中，情感因素是主导因素，强调双方在情感上的相互理解，达成一种情感

① 参见冯扬：《学前期是儿童语言发展及性格形成的关键期》，载《考试周刊》，2012（47）。

② 参见张舒、刘汉龙等：《关于医学生同理心的实证研究》，载《中国医学伦理学》，2014（27）。

上的“共识”；在第二阶段中，理性因素占据上风，强调在情感“共识”的基础上能够理性地分析问题和解决问题，从而进行与之相关的价值判断和行为选择。在同理心的结构框架中，情感因素是理性因素的前提和基础，理性因素是情感因素的延伸和发展。当同理心在家庭之中建立起来，家庭成员之间便更易于形成以情感为基础、以理性为延伸、自觉自主地承担相应责任和义务的心理状态。

所以，就“二孩排斥”问题来说，跳过情感阶段而直接跨入理性阶段，不仅不符合儿童的认知水平和心理状态，也不利于家庭责任感的形成和发展。所以，在培养家庭责任感时，要注意对青少年的亲情教育。例如，家庭教育中家长要给孩子树立良好的榜样，学校教育中要重视情感体验的过程，社会教育中要注重情感氛围的积极构建。

（四）培养儒学思想框架下的家庭责任感需重视的问题

理论来源于实践，而后作用于实践的过程是漫长且富有挑战的，尤其是后者。以上的讨论和分析在相关理论框架的构建上进行了一定程度的、粗浅的新尝试，与儒学思想框架下家庭责任感相关的实践问题更需要我们进一步研究和思考。在儒学思想框架下家庭责任感渗透养成的过程中，有一个问题必须引起足够的重视，那就是如何切实有效地在社会中推进其普及和发展。

社会对于生活在其中的个体有多种约束形式，广义来说大概有两种：（1）法律约束；（2）道德约束。二者之间的一个最大区别就在于双方的作用机制和强制力水平不同。法律以国家强制力保障实施，而道德对个体的约束主要通过自律和他律来实现，而相对于法律约束来说，这种他律的约束力也显然逊色不少。显而易见，儒学思想框架下的家庭责任感广义上隶属于道德范畴，其有很大可能因为道德约束自身的强制力特点会在推进过程中遇到困难。

从道德约束的自律角度出发，似乎不存在上述社会推进的问题。因为如果社会之中的每个个体都能够把儒学思想框架下的家庭责任感内化成为约束自身的内在准则和动力，自然就会在社会层面形成一种良性的互动机制，发挥其积极作用。然而从道德约束的他律角度出发，就需要对相关问题进行认真思考。面对道德约束强制力弱的特点，是否可以运用一些手段对其约束力进行一定程度的加强。例如，是否能够建立相对于一般“软道德”来说与法律更为贴近的

“硬道德”，对这种家庭责任感采取适当有效的约束及考核机制；是否可以将家庭责任感纳入关乎每个个体的相关评价体系之中，并赋予一定的权重比例，旨在使其对每个社会个体能够产生实质影响，进而有效地推进儒学思想框架下家庭责任感的社会构建进程。其中的相关问题，仍需要我们加以重视，并进一步结合实践探讨和思考。

图书在版编目（CIP）数据

建构中国生命伦理学：新的探索/范瑞平，张颖主编．—北京：中国人民大学出版社，2017.3

ISBN 978-7-300-23885-2

Ⅰ．①建…　Ⅱ．①范…②张…　Ⅲ．①生命伦理学-研究-中国　Ⅳ．①B82-059

中国版本图书馆 CIP 数据核字（2017）第 009192 号

建构中国生命伦理学：新的探索

范瑞平　张　颖　主编

Jiangou Zhongguo Shengming Lunlixue：Xin de Tansuo

出版发行	中国人民大学出版社		
社　　址	北京中关村大街 31 号	**邮政编码**	100080
电　　话	010－62511242（总编室）		010－62511770（质管部）
	010－82501766（邮购部）		010－62514148（门市部）
	010－62515195（发行公司）		010－62515275（盗版举报）
网　　址	http://www.crup.com.cn		
	http://www.ttrnet.com(人大教研网）		
经　　销	新华书店		
印　　刷	涿州市星河印刷有限公司		
规　　格	170 mm×230 mm　16 开本	**版　　次**	2017 年 3 月第 1 版
印　　张	19.5 插页 1	**印　　次**	2017 年 3 月第 1 次印刷
字　　数	311 000	**定　　价**	58.50 元